U0142213

天 然 物 概 論

Introduction to Natural Materials

張 效 銘 著

五南圖書出版公司 印行

作者序

　　天然物和我們的生活息息相關，舉凡日常生活中所使用的化妝品、食品添加劑、藥物等，許多都源自於自然界的天然物質。雖然化學工業進步，使人們可藉由化學合成大量製造生活必需品，但伴隨著技術發展，也逐漸意識到化學品對人類所造成的負面影響。在受到嶄新健康生活方式的引導、對化學藥物的反彈以及對於基因改造產品的反抗等市場需求因素的影響，使得強調對人體自然無害之「天然萃取產品」，在全球市場上逐漸走紅。天然萃取物的應用廣泛，可以作為食品、化妝品及清潔用品、藥品的原料。天然成分或者天然產物種類繁多，不外乎源自於動物、植物、海洋生物、微生物、礦物。在眾多天然物來源中，以植物萃取物的應用範圍最廣，故本書撰寫的重點著重在植物萃取物的來源為主。

　　本書是接續化妝品相關科系的基礎課程，係針對化妝品科系設計的中高階課程。本書同時可以做為生物技術、醫學及藥學科系的專業教材，亦可以做為化妝品生產企業製造人員的參考用書。在本書編排架構上，先針對「天然物的定義、應用及分類」進行說明，引導讀者認識天然物。接著介紹「天然物在萃取及分離」的重要方法，讓讀者了解如何由天然物來源萃取和分離得到天然物。最後，針對天然植物或中草藥之有效二次代謝成分（三萜皂苷、甾體皂苷、香豆素、黃酮類化合物、類萜化合物、木脂素、鞣質、萜類化合物及生物鹼等）的結構及分類、物質特性、分離與萃

取及具有代表性的有效成分，在各章節中逐一詳細介紹。科學發展日新月異，資料之取捨難免有遺漏，尚祈國內外專家學者不吝指正。《天然物概論》一書有助於您具備天然化學成分之基礎知識，並應用於化妝保養品活性成分配方，或其他健康概念產品之技能。

張效銘

二〇一六年於台北

目錄

作者序

第一章 緒 論

　　天然物和我們的生活息息相關，舉凡日常生活中所使用的化妝品、食品添加物、藥物等，許多都源自於自然界的天然物質。雖然化學工業的進步使人們可藉由化學合成的技術大量製造生活必需品，但在意識到化學品對於人類所造成的負面影響後，及受到健康生活方式的引導、人們對化學藥物的反彈，以及對於基因改造產品的反抗等市場需求因素的影響，使得強調對人體自然無害的「**天然萃取產品**」，漸漸在全球市場上走紅。

第一節　天然物的定義

一、天然物的定義

（一）廣義的定義

　　自然界的所有物質都應稱為天然產物。天然萃取物應用於日常生活的例子非常多，而萃取物的來源也非常廣泛，常見之天然萃取物及其來源如下：

- **動物來源之天然萃取物**：透明質酸（玻尿酸）、膠原蛋白、明膠。
- **植物來源之天然萃取物**：香料、色素、精油、植物激素。
- **海洋生物來源之天然萃取物**：甲殼素、藻膠、膠原蛋白、DHA。
- **礦物來源之天然萃取物**：礦物質。
- **微生物來源之天然萃取物**：酵素、抗生素。

（二）狹義的定義

在化學學科內，天然產物專指由動物、植物及海洋生物和微生物體內分離出來的生物二次代謝產物，及生物體內源性生理活性化合物，這些物質也許只在一個或幾個生物物種中存在，也可能分布極為廣泛。

天然產物化學提以各類生物為研究對象，以有機化學為基礎，化學和物理方法為手段，研究生物二次代謝產物的萃取、分離、結構、功能、生物合成、化學合成與修飾及其用途的一門科學，是生物資源開發利用的基礎研究。目的是希望從天然物中獲得醫治嚴重危害人類健康之疾病的防治藥物、醫用及農用抗菌素，並開發高效低毒農藥以及植物生長激素或其他具有經濟價值的物質。

第二節　天然萃取物的應用

天然萃取物目前主要可作為食品、化妝品及清潔用品、藥品的原料。在各種商品化的天然萃取產品中，其成分不外乎源自於動物、植物、海洋生物、微生物、礦物。

一、天然萃取物應用分析

目前美國所使用的天然萃取物有高達 33% 為精油（essential oils），28% 屬於樹脂、凝膠、聚合物（gums, gels & polymers），另有 22% 為植物萃取物（botanical extracts），以及 17% 其他來源的天然物。應用情況，大致是使用在食品及飲品（food & beverages）、殺蟲劑（pesticides）、指甲油及清潔劑（polishes & cleaners）、藥品（pharmaceuticals）、膳食補充品（dietary supplements）、化妝品（cosmetics & toiletries）等各類產品中。針對全球天然萃取物的應用分析，以保健食品、化妝品、藥品等三個領域應用最多，且此三個領域相互關聯（圖 1-1）。

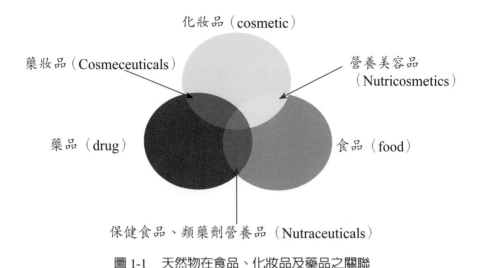

化妝品（cosmetic）

藥妝品（Cosmeceuticals）

營養美容品
（Nutricosmetics）

藥品（drug）

食品（food）

保健食品、類藥劑營養品（Nutraceuticals）

圖 1-1　天然物在食品、化妝品及藥品之關聯

（一）天然化妝品

　　愛美是人的天性，因此在身體健康的維持之外，對於美麗的追求，更是人類所關注的一個熱門主題。以往天然物運用在身體保健、疾病治療為主，現在卻有逐漸朝向天然化妝品發展的趨勢。由於化妝品裡往往含有人工合成的添加劑或化學成分，易引起使用者皮膚過敏的現象及安全上的疑慮；因此，為符合消費者追求高品質生活及預防皮膚疾病的需求下，在化妝品中添加天然萃取物或強調天然訴求的「**天然化妝品**」，成為當今極具發展潛力的商品。

（二）天然保健食品

　　天然物的使用經驗是前人所遺留的寶貴資產，而人類利用天然萃取物治病強身的觀念和做法，無論是古今中外都有相當豐富的使用心得。伴隨生物科技的進步，科學家發現並驗證許多食品都具有預防或延緩疾病的效果，並且在全球人類健康意識提升的趨勢中，保健食品的市場需求量大

增，其種類亦趨於多樣化。以天然物爲主成分之保健食品，不但對人體接受度高，且多爲有長期使用經驗的傳統方劑，因此又更可做爲現今保健品開發的依據。相較醫藥品而言，進入門檻較低，因而受到眾多廠商的青睞而競相投入天然保健食品市場。

（三）天然藥品

天然萃取藥品之興起，主要歸因於人類意識到化學藥物的毒性高、副作用大，且許多重大疾病尚未研發出有效的治療藥物，再加上目前純化合物新藥開發遇到瓶頸，因此植物萃取物與複方藥物的開發，成爲目前醫藥研發的選擇之一。尤其當人類在遭遇到如 SARS 等傳染病的威脅，而化學合成藥物卻束手無策時，所謂的營養療法、食補強身等回歸自然古法的養身之道，便成爲現代人趨之若鶩的一線希望。

二、現有之應用商品簡介

（一）天然萃取化妝品簡介

天然萃取的保養成分大致可分爲三大類，即：動物萃取物、植物萃取物、微生物萃取物。

1. **動物萃取物**：最耳熟能詳的就是胎盤素、膠原蛋白、彈性纖維蛋白、胺基酸、Q10 等。

2. **植物萃取物**：例如富含維生素 E 的小麥胚芽、酪梨、紫根、海藻、蘆薈等能減緩氧化傷害；含有胡蘿蔔素的胡蘿蔔和番茄能使細胞更新及消除皺紋；具消炎、止癢功效的甘菊等，都是已被廣爲使用的草本植物。

3. **微生物萃取物**：例如肉毒桿菌毒素、神經醯胺、麴酸等，是一般民眾皆耳熟能詳且在市場上熱賣的商品。

另外，以印度草本植物爲基礎所發展出**阿育吠陀化妝品（ayurvedic cosmetic）**，不但具有保養的功效，還同時兼具了健康的概念，其所使用的原料爲草本植物、草本植物萃取物，以及草藥等天然成分。

（二）天然萃取食品簡介

來自於天然的食用元素，在日常生活中常用者如香料、天然色素、機能性材料、有機原料等。而天然的保健食品可源自於植物、動物或礦物，其中草本植物萃取物、葡萄糖胺以及必需脂肪酸等有機成分，爲現今最廣泛使用的保健資源。

由於消費者希望以最天然的營養成分達到預防、改善疾病之效果，因此在保健食品中添加天然萃取物來提高健康價值的保健品，成爲目前主要發展趨勢。目前我國所使用之保健食品成分，有：

- **植物類**：人參、蘆薈、花粉、穀粉等。
- **維生素與礦物質。**
- **動物類**：雞精、魚油等。
- **微生物類**：乳酸菌、酵母菌、紅麴、藻類等。
- **機能性成分**：幾丁聚糖、酵素、核酸等。
- **複方產品**：草本食品、藥膳等。

（三）天然萃取藥品簡介

大自然蘊含許多豐富的元素可供醫藥原料應用，目前市場上販售的藥品，很多是從植物中萃取出來的成分，或是以這些天然化合物爲圭臬，以合成的方法製造出類似自然來源的成分。植物萃取物於醫藥上的應用，以生物鹼（alkaloid）、糖苷（glycoside）、萜烯（terpene）這三類化學結構之植物萃取物，爲現在醫療應用上使用最多的產品。

1. **生物鹼（alkaloid）**：係最早被科學化應用的植物萃取成分，主要作用為中樞神經系統之抑制或刺激物（central nervous system inhibitors and stimulants）。

2. **糖苷（glycoside）**：可從植物的葉、芽、幼枝、樹皮、種子中萃取而得，在醫療方面的應用範圍很廣。

3. **萜烯（terpene）**：物質來源極廣，目前已可自 60 大類、超過 2,000 種的植物中萃取而來，由於來源及成分多，所以在醫療上的應用也相當的廣泛，成為高銷售量的暢銷植物藥。

三、天然萃取物研發趨勢

（一）天然化妝品

天然化妝品之研發趨勢漸漸朝向具有特定功能的產品及原料開發，以及非外科手術的醫療美容市場邁進。

1.新原料的開發

- 自天然物中尋找抗老化、抗氧化及美白之活性成分。
- 天然萃取物的保濕活性成分篩選。
- 以傳統草藥、植物萃取物及中草藥為核心成分的產品開發。
- 酵素、蛋白質之應用開發。

2.美容醫療的應用

- 膠原蛋白於真皮層修補之應用。
- 肉毒桿菌毒素於抗皺之應用。
- 透明質酸（玻尿酸）於生物材料之應用。
- 其他新聚合物的開發及應用。

（二）天然保健食品

天然保健食品的發展趨勢，除了積極地從事新素材的開發，具有療效的產品研究，更是提高保健食品產值的最佳走向。

1.原料開發

- **植物萃取物的開發**：可改善更年期症狀、護肝等效果的成分開發。
- **有機成分添加物的開發**：具特殊功效之成分開發。

2.應用方向

- **日常保健**：食品中添加植物萃取物以達到預防、治療、提升健康的目的。
- **疾病治療**：添加具有療效的植物萃取食品，以增強體質和抵抗力，或可抗氧化、改善大腦功能、治療憂鬱症和抗焦慮、抗緊張與精神壓力。

（三）天然藥品

天然藥品的研發無論國內外，都以依循科學化驗證的植物新藥爲開發首選。而在植物新藥的研發上，由於國內外醫療市場需求不同，造成新藥治療標的有所差異。研發方向大致歸納如下：

- 具醫療活性的成分篩選。
- 如癌症、愛滋等西藥難以治療之疾病治療用植物萃取物的開發。
- 代謝性疾病之治療成分開發。

第三節　天然物的生物合成

一、一次代謝與二次代謝

一次代謝（**primary metabolism**）指在植物、昆蟲或微生物體內的

生物細胞通過光合作用、碳水化合物代謝和檸檬酸代謝，生成生物體生存繁殖所必需的化合物，例如糖類、胺基酸、脂肪酸、核酸及其聚合衍生物（多糖體、蛋白質、酯類、RNA、DNA）、乙醯輔酶 A 的代謝過程。這些化合物稱爲**一次代謝產物（primary metabolites）**。一次代謝過程對於各種生物來說基本上是相同的，其代謝產物廣泛分布於生物體內，**二次代謝（secondary metabolism）**是以某些一次代謝產物作爲起始原料，通過一系列特殊生物化學反應，生成表面上看來似乎對生物本身無用的化合物，例如萜類、甾體、生物鹼、多酚類等，這些**二次代謝產物（secondary metabolites）**就是人們熟知的天然產物。二次代謝及其產物對於不同族、種的生物來說，常具有不同的特徵，而且二次代謝產物的體內分布具有局限性。不像一次代謝產物那樣分布廣泛，目前對於一次代謝及其產物的研究歸屬於生物化學的領域，對二次代謝及其產物的研究已擴展到天然產物化學、化學生態學、植物分類學等學科。事實上，對一次代謝產物與二次代謝產物的區分，有時也不是很明顯。例如，已被生化學家廣泛研究的葡萄糖、果糖和甘露糖是一次代謝產物，而結構上與其密切相關的其他糖類，例如 D- 查爾糖（D-chalcose）、L- 鏈黴糖（L-streptose）和 D- 碳黴糖（D-mycaminose）都被劃爲二次代謝產物，又如 L- 脯胺酸（L-proline）是一次代謝產物，而同樣廣泛分布的六碳環類似物哌啶酸（L-pipecolic acid）卻被認爲是一個二次代謝產物。

極大多數二次代謝產物對生成它們的生物有哪些影響或直接作用，尚有待進行深入探討。近十年來的研究表明，二次代謝產物的生成與生物所處的外界環境（生長期、植物開花期、季節、溫度、產地、光照等）密切相關。例如，幼嫩的楝樹葉含很少的鞣酸，隨著楝樹的迅速生長，樹葉中鞣酸量增加，到秋季楝樹葉含鞣酸的量達最高。鞣酸具有收斂和難以消化

等性質，是幼蟲生長的抑制劑。堅韌成熟的葉子中的高含量的鞣酸，可保護植物的生長。因此，二次代謝產物可成為非滋養性化學物質，它能控制周圍環境中其他生物的生態學，在生物群的共同生存、演變過程中，扮演著重要的作用。

二、二次代謝產物的生物合成途徑

　　二次代謝產物是一次代謝的延續，兩者又是互相關聯的。一次代謝生成的乙酸、甲戊二羥酸、莽草酸是二次代謝的原料。而成為二次代謝產物的前驅物，通常又是某些一次代謝的前驅物。例如，芳香胺基酸同為多肽、蛋白質和生物鹼的前驅物，多酮為脂肪酸和黃酮類的前驅物。二次代謝的主要途徑，根據不同的起始原料，可分為以下五類：

- 莽草酸途徑（**shikimic acid pathway**）：生成芳香化合物（aromatics），例如酚、胺基酸等。

- β- 多酮途徑（**polyketides pathway**）：生成多炔類（polyalkynes）、多元酚（polyphenol）、前列腺素（prostaglandins, PGs）、四環黴素（tetracyclins）、巨環類抗生素（macrolide）。

- 甲戊二羥酸途徑（**mevalonic acid pathway**）：生成萜類（terpenoids）、甾體（steroids）。

- 胺基酸途徑（**amino acid pathway**）：生成青黴素（penicillin）、頭孢菌素（cephalosporin）、生物鹼（alkaloids）。

- 桂皮酸途徑（**cinnamic acid pathway**）：生成苯丙素類化合物（phenyl propanoids）。例如，黃酮類化合物（flavonids）、香豆素（coumarin）及木脂素（lignans）等。

- 混合途徑（**mixture pathway**）：例如，由胺基酸和甲戊二羥酸生成吲哚生物鹼（indole alkaloids），由 β- 多酮和莽草酸生成黃酮類（flavonoids）。

上述二次代謝途徑，可歸納如圖 1-2 所示：

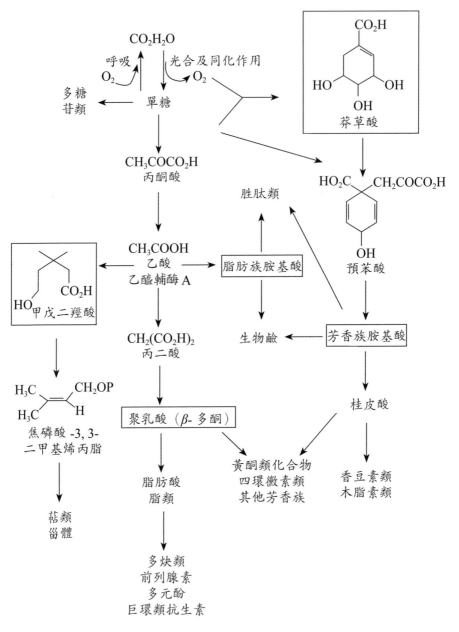

圖 1-2　二次代謝的主要途徑

第四節　天然物成分的分類

　　天然成分或者天然產物種類繁多，在眾多天然物來源中，以植物萃取物的應用範圍最廣（圖 1-3），本書將撰寫的重點放在植物萃取物的來源為主，針對各種不同植物萃取物的成分結構及分類、分離及萃取、物質特性及具有代表性的物質三方面，進行詳細的介紹。

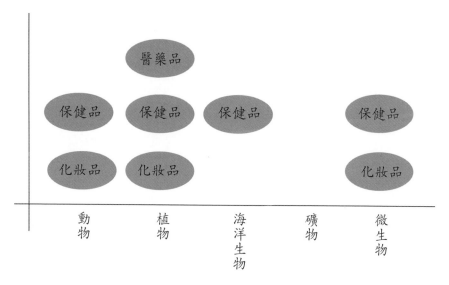

圖 1-3　各種天然物來源的應用範圍

　　近年來，藥妝品最主要的發展方向為加入草藥植物或酵素等有效成分。而藥妝業者為保持植物和草藥植物的完整活性物質，進行了嚴謹的管控，故植物和草藥植物的有效活性成分萃取，有著更複雜的製造過程要求。在化妝品中添加植物萃取物是因消費者需要更好的生活品質及預防皮膚疾病的認知，故以天然為基礎的產品需求日漸增多。藥妝品又較個人保養產品更會添加這類有功效的萃取物質，例如抗皺、抗氧化、皮膚調節、止痛、防曬及刺激頭髮生長等。

　　植物萃取物之應用於全球市場中具有極大之開發潛力，而藥妝品常見的植物萃取物中，蘆薈是較早普遍使用在皮膚保養藥妝品的成分，但1997年後，其他植物萃取物如洋甘菊（chamomile）、綠茶、荷荷芭、薰衣草等開始廣泛被應用。目前全球植物萃取物市場最暢銷的植物萃取物產品包括：**銀杏（ginkgo biloba）、紫錐花（echinacea）、人參（ginseng）、綠茶（green tea）、Kava kava、鋸棕櫚（saw plametto）、聖約翰草（St. John's wort）** 等。現今更加入草藥植物成分如人參、銀杏，利用其抗氧化及水合特性，普遍使用在化妝品中。中草藥已有數千年的使用經驗，除了應用在疾病的治療外，在化妝保養品上亦有相當多的應用性。植物萃取物應用在化妝品的種類眾多，如表1-1所示。

表1-1　天然植物、中草藥的功效

天然植物及中草藥名稱	功效
人參、靈芝、當歸、蘆薈、沙棘、絞股藍、杏仁、茯苓、紫羅蘭、迷迭香、扁桃、桃花、黃芪、益母草、甘草、蛇麻草、連翹、三七、乳香、珍珠、鹿角膠、蜂王漿	保濕、抗皺、延緩皮膚老化
當歸、丹參、車前子、甘草、黃芩、人參、桑白皮、防風、桂皮、白芨、白朮、白茯苓、白鮮皮、苦參、丁香、川芎、決明子、柴胡、木瓜、靈芝、菟絲子、薏苡仁、蔓荊子、山金車花、地榆	美白、去斑
蘆薈、蘆丁、胡蘿蔔、甘草、黃芩、大豆、紅花、接骨木、金絲桃、沙棘、銀杏、鼠李、木樨草、艾桐、龍鬚菜、燕麥、胡桃、烏芩、花椒、海藻、小米草	防曬
人參、苦參、何首烏、當歸、側柏葉、葡萄籽油、啤酒花、辣椒酊、積雪草、墨旱蓮、熟地、生地、黃芩、銀杏、川芎、蔓荊子、赤芍、女貞子、牛蒡子、山椒、澤瀉、楮實子、蘆薈	育髮

天然植物及中草藥名稱	功效
金縷梅、長春藤、月見草、絞股藍、山金車、銀杏、海葵、綠茶、甘草、辣椒、七葉樹、樺樹、繡線菊、問荊、木賊、胡桃、牛蒡、蘆薈、黃柏、積雪草、椴樹、紅藻、玳玳樹、鶴虱風	健美

中草藥的化妝品，大多要求具有防曬、增強皮膚營養、防止紫外線輻射等功能，並對乾燥、色斑、粉刺、皺紋等皮膚缺陷有修飾作用。這些天然植物或中草藥之有效二次代謝成分可以歸納為幾大類：**三萜皂苷（triterpenoid saponins）、甾體皂苷（steroidal saponins）、香豆素（coumarin）、黃酮類化合物（flavonids）、類萜化合物（quinones）、木脂素（lignans）、鞣質（tannins）、萜類化合物（terpenoids）及生物鹼（alkaloids）**等。在後續章節中，即針對上述各種有效二次代謝的成分結構及分類、分離與萃取、物質特性及具有代表性的物質，在各章節中逐一詳細介紹。

但大致可以歸納為幾大類：皂苷及配糖體類（包括三萜、甾體皂苷）、黃酮類、醌類、苯丙素類、生物鹼類、萜類及揮發油類、鞣質類等。

一、皂苷及配醣體類化合物

配糖體（glycosides）又稱苷類，是植物體和中草藥中重要的活性成分之一，配糖體由糖基與非糖基兩個部分所組成，又稱為苷類；非糖基部分又稱為**苷元（aglycone、sapogenin）**。配糖體根據苷元的不同可以分為皂苷類、黃酮苷和其他苷類；苷的種類繁多，例如黃酮苷在 200 科植物中都含有。

1.皂苷類分類

皂苷（**saponins**）是非糖基部分為三萜類和甾體類的配糖體，因此皂苷分為三萜皂苷（triterpenoide saponins）和甾體皂苷（steroidal saponins）；1966～1972 年僅鑑定出 30 種皂苷，但是 1987～1989 年則鑑定出 1000 餘種皂苷，研究進展很快。

2.三萜皂苷（**triterpenoide saponins**）

三萜皂苷的非糖基部分是六個異戊二烯聚合成的；糖基主要是葡萄糖、半乳糖、鼠李糖、木糖、阿拉伯糖、呋糖、芹糖以及葡萄糖醛酸、半乳糖醛酸；一個分子皂苷帶 1～6 個糖基或者糖鏈；非糖基母核為 30 個碳的三萜類化合物；一般糖基與苷元以糖苷鏈或者酯鍵相結合。三萜皂苷主要存在於豆科、五加科、桔梗科、遠志科、葫蘆科、毛茛科、石竹科、傘形科、鼠李科、報春花科植物中。

三萜皂苷主要分為四環三萜皂苷和五環三萜皂苷。

(1)**四環三萜皂苷**：根據母環不同可以分為羊毛脂烷型（lanostane）、大戟烷型（euphane）、達瑪烷型（dannarane）、葫蘆烷型（cucurbitane）、原萜烷型（protostane）、楝烷型（meliacane）、環阿屯烷型（cycloartane）等。

羊毛脂烷（lanostane）　　　　　大戟烷（euphane）

達瑪烷（dannarane）

葫蘆烷（cucurbitane）

(2) **五環三萜皂苷**：根據母環不同可以分為：齊墩果烷型（oleanane）、烏蘇烷型（ursane）、羽扇豆烷型（lupine）、木栓烷型（friedelane）等。

齊墩果烷型（oleanane）

烏蘇烷型（ursane）

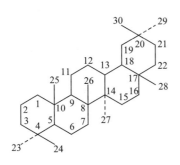

羽扇豆烷型（lupine）

木栓烷型（friedelane）

三萜類化合物具有廣泛的生理活性，具有溶血、抗癌、抗發炎、抗菌、抗病毒、降低膽固醇、抗生育等活性。

3.甾體類皂苷（steroidal saponins）

甾體化合物（steroids）是廣泛存在自然界中的一類天然化學成分，包括植物固醇、膽汁酸、C_{21} 甾類、昆蟲變態激素、強心苷、甾體皂苷、甾體生物鹼、蟾毒配基等。儘管種類繁多，但它們結構中都具有環戊烷多氫菲的甾體母核。甾體類皂苷的非糖基部分為甾體類化合物，其母核結構：

甾體母核

根據 A、B、C、D 環之間的順反結構不同、C_{17} 的側鏈 R 不同，形成不同的甾體化合物，種類如下表所示：

表 1-1　天然甾體化合物的種類及結構特點

名稱	A/B	B/C	C/D	C_{17}-R 取代基
植物固醇	順、反	反	反	8～10 個碳的脂肪酸
膽汁酸	順	反	反	戊酸
C_{21} 甾醇	反	反	順	C_2H_5
昆蟲變態激素	順	反	反	8～10 個碳脂肪烴
強心苷	順、反	反	順	五碳不飽和內酯環
蟾毒配基	順、反	反	反	六碳不飽和內酯環
甾體皂苷	順、反	反	反	含氧雜環

天然甾體化合物的 B/C 環都是反式，C/D 環多為反式，A/B 環有順、反式兩種稠合方式。因此，甾體化合物可以分為兩種類型：A/B 環順式稠合的稱為**正系（normal）**，即 C_5 上的氫原子和 C_{10} 上的角甲基都伸向環平面的前方，處於同一邊，為 β 構型，以實線表示；A/B 環反式稠合的稱為**別系（Allo）**，即 C_5 上的氫原子和 C_{10} 上的角甲基不在同一邊，而是伸向環平面的後方，為 α 構型，以虛線表示。通常這類化合物的 C_{10}、C_{13}、C_{17} 側鏈大都是 β 構型，C_3 上有羥基且多以 β 構型。甾體母核的其他位置上也可以有羥基、羰基、雙鍵等官能基。

甾體類皂苷在植物中分布很廣，主要分布在百合科、薯蕷科和茄科植物中，其他科如玄參科、石蒜科、豆科、鼠李科的一些植物中也含有甾體皂苷，例如在苜蓿、大豆、豌豆、花生中含量較高。常用中藥知母、麥冬、七葉一枝花等都含有大量的甾體皂苷。主要用於治療心腦血管、腫瘤疾病，也具有降血糖、免疫調節等功能。甾體皂苷元是醫藥工業中生產性激素及糖皮質激素的重要原料。

二、苯丙素類與黃酮類

苯丙素類（phenylpropanoids）是指基本母核具有一個或幾個 C_6-C_3 單元的天然有機化合物類群，是一類廣泛存在中藥中的天然物，具有多方面的生理活性。廣義而言，苯丙素類化合物包含了苯丙素類（simple phenylpropanoids）、香豆素類（coumarins）、木脂素類（lignans）、黃酮類化合物（flavonoids）。

1.黃酮類化合物

黃酮類化合物（flavonids）是廣泛存在於自然界，由於這類化合物

大多呈現黃色或淡黃色，且分子中亦多含酮基，因此被稱爲黃酮。黃酮類化合物通常主要是指基本母核爲 2- 苯基色原酮類（2-phenylchromone）的一系列化合物。現在，黃酮類化合物則泛指兩個苯環通過三個碳原子相互連結而成的一系列化合物，基本結構爲

色原酮　　　　　　　2- 苯基色原酮　　　　　　黃酮的結構骨架
　　　　　　　　　　（2-phenylchromone）

黃酮類化合物是藥用植物中的主要活性成分之一，具有清除自由基、抗氧化、抗衰老、抗疲勞、抗腫瘤、降血脂、降膽固醇、增強免疫力、抗菌、抑菌、保肝等生理活性，且毒性較低。

- 槲皮素、蘆丁、山柰酚、兒茶素、葛根素、甘草黃酮等均具有清除自由基之效果。
- 蘆丁、槲皮素、槲皮苷能增強心臟收縮，減少心臟搏動數。
- 蘆丁、橙皮苷、d- 兒茶素、香葉木苷等具有維生素 P 樣作用，能降低血管脆性及異常的通透性，可用作防治高血壓及動脈硬化的輔助治療。
- 槲皮素、蘆丁、金絲桃苷、燈盞花素、葛根素以及葛根、銀杏總黃酮等，均對缺血性腦損傷有保護作用。
- 檸檬素、石吊藍素、淫羊藿總黃酮、銀杏葉總黃酮等具有降血壓作用。
- 黃芩苷、木犀草素等有抗菌消炎作用。
- 牡荊素、漢黃芩素等具有抑制腫瘤細胞的作用。水飛薊素、異水

飛薊素、次水飛薊素等具有明顯的保肝作用，可用於毒性肝損傷，急、慢性肝炎，肝硬化等疾病的治療。

2.香豆素類

香豆素（coumarin） 是具有 α- 苯並吡喃酮結構骨架的天然物的總稱，在結構上可以看成順式鄰羥基肉桂酸脫水而形成的內酯類化合物。香豆素的化學結構為

香豆素　　　　　　　　　　　7- 羥基香豆素

香豆素母核上常有羥基、烷氧基、苯基、異戊烯基等。其中異戊烯基的活潑雙鍵可與鄰位酚羥基環合成呋喃或吡喃環的結構。根據其取代基以及連接方式的不同，通常將香豆素類化合物分為簡單香豆素（simple coumarin）、呋喃香豆素（furocoumarins）、吡喃香豆素（pyranocoumarins）、異香豆素（isocoumarin）和其他香豆素類等。

香豆素類成分具有多方面的生物性，是一類重要的中藥活性成分。秦皮中七葉內酯（aesculetin）和七葉內酯苷（aesculin）是治療瘧疾的有效成分。茵陳中濱蒿內酯（scoparone）具有鬆弛平滑肌等作用。蛇床子中蛇床子素（osthol）可用於殺蟲止癢。補骨脂中呋喃香豆素類具有光敏活性，用於治療白斑病。

3.木脂素類

木脂素（**lignans**）是一類由兩分子苯丙素衍生物聚合而成的天然物化合物，通常是指其二聚體（結構如下），少數爲三聚體和四聚體。

木脂素類化合物可分爲**木脂素（lignans）**和**新木脂素（neolignans）**兩大類。前者是指兩分子苯丙烷一側鏈中 β 碳原子（8-8'）連接而成的化合物，後者是指兩分子苯丙烷以其他方式（例如 8-3', 3-3'）相連而成的化合物。

木脂素（lignans）　　　　　　　新木脂素（neolignans）

木脂素主要存在植物的木部和樹脂中，多數呈游離狀態，少數與糖結合成苷。在自然界中分布較廣，目前已由 20 餘種五味子屬植物中鑑定出 150 多種木脂素成分；從胡椒屬植物中分析出近 30 種木脂素化合物。木脂素類具有多種生物活性，例如亞麻籽、五味子科木脂素成分五味子酯甲、乙、丙和丁（schisantherin A, B, C, D）能保護肝臟和降低血清 GPT 數值；從癒創木（guaiacwood）樹脂中分得二氫癒創木脂酸（dihydroguaiaretic acid, DGA）是一個具有廣泛生物活性的化合物，尤其是對合成白三烯的

脂肪氧化酶和環氧化酶具有抑制作用；小檗科鬼臼屬八角蓮所含的鬼臼毒素類木脂素則是具有很強的抑制癌細胞增殖作用。

三、醌類化合物

醌類化合物（quinones） 是中藥當中一種具有醌式結構的化學成分，其中主要包含了苯醌（benzoquinones）、萘醌（naphthoquinones）、菲醌（phenanthraquinones）和蒽醌（anthroquinones）四種基本結構類型，在基本結構上各部位以各種官能基團取代而形成不同的醌類化合物。在中藥裡以蒽醌及其衍生物尤為重要。其基本結構為：

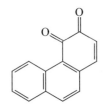

苯醌（benzoquinones）

萘醌（naphthoquinones）

菲醌（phenanthraquinones）

蒽醌（anthroquinones）

醌類化合物在植物中分布非常廣泛，例如紫草科、茜草科、紫崴科、胡桃科、百合科等，均含有醌類化合物。醌類化合物具有多元化的生理活性，例如番瀉苷化合物具有較強的致瀉作用；大黃中游離的羥基蒽醌類化合物具有抗菌作用，尤其對金黃色葡萄球菌具有較強的抑制作用；茜草中的茜草素類成分具有擴張冠狀動脈的作用；還有一些醌類化合物具有驅蟲、利尿、利膽、鎮咳、降低氣喘等作用。

四、生物鹼類

生物鹼（**alkaloids**）是指存在生物體（主要是植物）中的一類含氮有機化合物。大多有較複雜的環狀結構，且氮原子結合在環內；多呈鹼性，可與酸結成鹽；多具有顯著的生理活性。一般而言，生物界除生物體必需的含氮有機化合物，例如胺基酸、胺基糖、胜肽類、蛋白質、核酸、核苷酸及含氮維生素外，其他含氮有機化合物均可以視為生物鹼；可個別與糖基結合形成苷類。

目前在動物體內發現的生物鹼極少，已知之生物鹼主要廣為分布在植物界約 50 多科植物當中。而生物鹼在植物界中的分布範圍又有區別，在系統發育較低級的植物類群（例如藻類、菌類、地衣類、蕨類植物等）中分布較少或無分布，乃集中分布在系統發育較高的植物類群（例如裸子植物，尤其是被子植物）中，例如裸子植物的紅豆杉科、松柏科、三尖杉科等植物；單子葉植物的百合科和石蒜科等植物；雙子葉植物的毛茛科、茄科、罌粟科、豆科、防己科、番荔枝科、小檗科、蕓香科、馬錢科、龍膽科、紫草科、夾竹桃科、茜草科等植物中，均含有生物鹼。生物鹼極少與萜類和揮發油共存於同一植物類群中；且愈是特殊類型的生物鹼，其分布的植物類群就愈窄。

生物鹼類化合物大多具有生物活性，往往是許多藥用植物包括許多中草藥的有效成分，例如鴉片中的鎮痛成分嗎啡、麻黃的抗哮喘成分麻黃鹼、顛茄的解痙攣成分阿托品、長春花的抗癌成分長春新鹼、黃連的抗菌消炎成分黃連素（小檗鹼）等。但也有例外，例如多種烏頭和貝母中的生物鹼並不代表原生藥的療效。有些甚至是中草藥的有毒成分，例如馬錢子中的士的寧。

五、萜類及揮發油類

1.萜類化合物

　　萜類化合物（terpenoids）爲一類由甲戊二羥酸（Mevalonic acid, MVA）衍生而成，基本碳架多具有 2 個或 2 個以上異戊二烯單位 $(C_5H_8)_n$ 結構特徵的化合物。按組成分子的異戊二烯基本結構數目，可將萜類化合物分爲單萜、倍半萜、二萜、二倍半萜、三萜、四萜和多萜（表 1-2），每種萜類化合物又可分爲直鏈、單環、雙環、三環、四環和多環等，其含氧衍生物還可以分爲醇、醛、酮、酯、酸、醚等。

表 1-2　萜類化合物的分類及分布

名稱	通式 $(C_5H_8)_n$	碳原子數	主要存在形式
半萜	n=1	5	植物葉
單萜	n=2	10	植物精油
倍半萜	n=3	15	植物精油
二萜	n=4	20	樹脂、苦味質、植物醇、乳汁
二倍半萜	n=5	25	海綿、植物病菌。地衣
三萜	n=5	30	皂苷、樹脂、乳汁
四萜	n=8	40	植物色素
多聚萜	$(C_5H_8)_n$	$7.5 \times 10^3 \sim 3 \times 10^5$	橡膠、硬橡膠、多萜醇

　　萜類化合物在自然界分布廣泛且種類繁多。低級萜類主要存在於高等植物、藻類、苔蘚和地衣中，在昆蟲和微生物中也有發現。萜類化合物在有花植物的 94 個目中均可發現。單萜主要存在於唇形目、菊目、蕓香目、紅端木目、木蘭目中；倍半萜主要存在於木蘭目、蕓香目、唇形目；二萜主要存在於無患子目中；三萜主要存在於毛茛目、石竹目、山茶目、玄參目、報春花目中。這些化合物中有爲人們熟悉的成分，例如橡膠和薄

荷醇；也有用作藥物成分，例如青蒿素、紫杉醇；有的是甜味劑，例如甜菊苷。除了植物之外，亦於海洋生物中發現大量的萜類化合物，目前已知有超過 22000 種。

2.揮發油

揮發油（volatile oil）又稱精油（essential oil），是具有芳香氣味的油狀液體的總稱。在常溫下能揮發，可隨水蒸氣蒸餾。揮發油存在於植物的腺毛、油室、油管、分泌細胞或樹脂道中，大多數呈油滴狀存在，也有些與樹脂、黏液質共同存在，還有少數以苷的形式存在。

揮發油在植物體中的存在部位常各不相同，有的全株植物中皆有，有的則在花、果、葉、根或根莖部分的某一器官中含量較多，隨植物品種不同而有較大差異。同一植物的藥用部位不同，其所含揮發油的組成成分也有差異。例如，樟科桂屬植物的樹皮揮發油多含桂皮醛，葉片中主要含丁香酚，根和木部則含樟腦多。有的植物由於採集時間不同，同一藥用部位所含的揮發油成分也不完全一樣。例如，胡荽子，果實未熟時其揮發油主要含桂皮醛和異桂皮醛，成熟時則以芳樟醇、楊梅葉烯為主。

迄今為止已發現含有揮發油的植物有 3,000 餘種。例如：
- 蕓香科植物：蕓香、降香、花椒、橙、檸檬、佛手、吳茱萸等。
- 傘形科植物：小茴香、芫荽、川芎、白芷、防風、柴胡、當歸、獨活等。
- 菊科植物：菊、蒿、艾、白朮、澤蘭、木香等。
- 唇形科植物：薄荷、藿香、荊芥、紫蘇、羅勒等。
- 樟科植物：山雞椒、烏藥、肉桂、樟樹等。

- 木蘭科植物：五味子、八角茴香、厚朴等。
- 桃金娘科植物：丁香、桉、白千層等。
- 馬兜鈴科植物：細辛、馬兜鈴等。
- 薑科植物：薑黃、薑、高良薑、砂仁、豆蔻等。
- 馬鞭草科植物：馬鞭草、牡荊、蔓荊。
- 禾本科植物：香茅、蕓香草等。
- 敗醬科植物：敗醬、緬草、甘松等。

六、鞣質類

　　鞣質（**tannins**）又稱丹寧或**鞣酸**（**tannic acid**），能與蛋白質或生物鹼結合成複雜的多元酚化合物，廣泛應用於皮革加工中以提高皮革質量，因此稱爲鞣質。目前，鞣質是由沒食子酸（或其聚合物）的葡萄糖（及其他多元醇）酯、黃烷醇及其衍生物的聚合物，以及兩者混合共同組成的植物多酚。

　　中草藥資源十分豐富，例如五倍子、大黃、虎杖、仙鶴草、四季青、麻黃等均含有大量鞣質類化合物。目前已分離鑑定的鞣質化合物有 400 多種，鞣質具有多元化生物活性，主要爲抗腫瘤作用。例如，茶葉中的 EGCG（epigallocatechin gallate），月見草中的月見草素 B（oenothein B）等，具有顯著的抗腫瘤促發作用（antipromotion）；抗脂質過氧化，清除自由基作用；抗病毒作用；抗過敏、疱疹作用，以及利用其收斂效果用於止血、止瀉、治燒傷等。

茶葉中的 EGCG

習題

1. 什麼是天然物？

2. 你（妳）覺得天然物的應用有哪些？

3. 二次代謝產物的生合成途徑有哪些？

4. 天然物的有效成分可以分成哪幾種類型？請簡述之。

第二章　天然物有效成分的萃取與分離

　　天然萃取物的應用廣泛，可以作為食品、化妝品及清潔用品、藥品的原料，還為很多領域提供具經濟價值的材料。欲充分開發利用天然資源，首先必須從複雜的天然資源組成中萃取分離出具有價值的單一純物質，才能加以深入研究或利用。因此，如何從天然資源中萃取及分離出天然物的有效成分，是一個相當重要的任務。本章節針對常見及重要的萃取與分離策略，歸納成「**天然物有效成分的萃取方法**」、「**天然物有效成分的分離方法**」及「**天然物有效成分的乾燥方法**」等主題進行介紹及說明。並將部分常見且重要之天然物有效成分的萃取與分離技術，以單元方式整理至附錄，作為引導讓讀者了解如何由天然物來源萃取和分離得到天然物之補充說明。

第一節　天然物有效成分的萃取方法

　　天然物萃取與分離方法的選擇，主要依據該天然物有效成分及有效群體的存在狀態、極性、溶解性及含量等特性，設計一個經濟、科學、安全、合理的技術方案來完成。近年來，隨著工業技術的迅速發展，一些生物應用技術不斷被運用到天然物綜合利用行業中，大大豐富了天然物有效成分的萃取與分離技術，除了常見的溶劑萃取法、水蒸氣蒸餾法、昇華法、壓縮法，也逐漸應用及發展微波、超聲波技術、高壓與真空技術等。超臨界流體萃取技術由於設備較為昂貴，生產應用尚未推廣。本章節中將針對藥用植物為例，對各種萃取方法逐一進行介紹。

一、溶劑萃取法

1.溶劑萃取的原理

　　根據藥用植物中各種成分在溶劑中的溶解性質，選用對活性成分溶解度大、對不需要溶出之成分溶解度小的溶劑，來將有效成分從藥材組織內溶解出來的方法。當溶劑加入植物原料（需要適當粉碎）時，由於擴散、滲透作用，溶劑會逐漸通過細胞壁滲入細胞內，溶解可溶解物質，造成細胞內外的濃度差。由於細胞內的濃溶液不斷向外擴散，溶劑又不斷進入藥材組織細胞內，如此反覆進行，直到細胞內外溶液濃度達到平衡狀態時，將此飽和溶液濾出，繼續反覆進行，加入新鮮溶劑，就可以把所需要的成分幾乎完全溶出或大部分溶出。

　　藥用植物有效成分在溶劑中的溶解度與溶劑特性有關。溶劑可以分為水、親水性有機溶劑及親脂性有機溶劑，被溶物質也有親水性及親脂性的不同。有機化合物分子結構中親水性基團多，極性大而疏於油；有的親水性基團少，極性小而疏於水。這種親水性、親油性及其程度的大小，和化合物分子結構有直接相關。一般來說，兩種基本母核相同的成分，分子中官能基的極性愈大或極性功能基數量愈多，則整個分子的極性大、親水性強，其親脂性就愈弱。分子非極性部分愈大或碳鏈愈長，則極性小、親脂性強，其親水性就愈弱。

　　各類溶劑的特性，同樣與分子結構有關。例如，甲醇、乙醇是親水性較強的溶劑，分子比較小、有羥基存在，與水的結構相近，能夠和水任意混合。丁醇和戊醇分子雖然有羥基，保持和水的相似處，但分子逐漸加大，與水之性質便逐漸疏遠。所以它們能彼此部分互溶，在它們互溶達到

飽和狀態之後，丁醇或戊醇都能與水分層。氯仿、苯和石油醚是烴類或氯烴衍生物，分子中沒有氧，屬於親脂性較強的溶劑。

我們可以透過對藥用植物的有效成分結構分析，估計此類型特性和應選用的溶劑。例如，葡萄糖、蔗糖等分子比較小的多羥基化合物，具有強親水性，極易溶於水，即使在親水性比較強的乙醇中也難以溶解。澱粉雖然羥基數目多，但分子大，所以難溶解於水。蛋白質和胺基酸都是酸鹼兩性化合物，有一定程度的極性，所以能夠溶於水，不溶或難溶於有機溶劑。苷類都比苷元的親水性強，特別是皂苷，由於它們的分子中往往結合了多數糖分子，羥基數目多，能夠表現出較強的親水性，而皂苷元則屬於親脂性強的化合物。多數游離的生物鹼是親脂性化合物，與酸結合形成鹽後，能夠離子化，加強了極性，就變成親水特性。多數游離的生物鹼不溶或難溶於水，易容於親脂性溶劑，一般以氯仿中溶解度最大。鞣質是多羥基的化合物，為親水性的物質。油脂、揮發油、蠟、脂溶性色素都是強親脂性的成分。

2. 溶劑的選擇

運用溶劑萃取法的關鍵，是選擇適當的溶劑。溶劑選擇適當，就可以比較順利地將需要的成分萃取出來。選擇溶劑時要注意下列三點：(1) 溶劑對有效成分溶解度大，對雜質溶解度小；(2) 溶劑不能與中藥的成分產生化學變化；(3) 溶劑要經濟、易取得、使用安全等。

常見的萃取溶劑可以分成下列三類：

(1) **水**：是一種高效的極性溶劑。藥用植物中親水性的成分，例如無機鹽、糖類、分子不太大的多糖類、鞣質、胺基酸、蛋白質、有機酸鹽、

生物鹼鹽及苷類等，都可被水溶出。為了增加某些成分的溶解度，也常採用酸水或鹼水作為萃取劑。酸水萃取，可以使生物鹼與酸生成鹽類而溶出；鹼水萃取，可使有機酸、黃酮、蒽醌、內酯、香豆素以及酚類成分溶出。但用水萃取容易使酵素水解苷類成分，且易發黴變質。某些含果膠、黏液質成分的中草藥，水萃取液常常很難過濾。沸水萃取時，植物中的澱粉可以被糊化，增加過濾的困難。含澱粉量多的植物，不宜磨成細粉後加水煎煮。中藥傳統用的湯劑，多用中藥砍片直火煎煮，加溫除可以提高中藥的溶解度外，還可以與其他成分產生助溶現象，增加一些水中溶解度小、親脂性強的成分的溶解度。但多數親脂性成分在沸水中的溶解度都不大，即使有助溶現象存在，也不容易萃取完成。如果應用大量水煎煮，就會增加蒸發濃縮時的困難，且會溶出大量雜質，造成進一步分離純化的困擾。植物水萃取中含有皂苷及黏液質類成分，在減壓濃縮時，還會產生大量泡沫，造成濃縮的困難。通常可在蒸餾器上裝置薄膜濃縮裝置。

　　(2)親水性的有機溶劑：是能與水混溶的有機溶劑。例如，乙醇、甲醇、丙酮等，以乙醇最為常用。因為乙醇的溶解性比較好，對植物細胞的穿透能力較強。親水性的成分除蛋白質、黏液質、果膠、澱粉和部分多糖外，大多能夠在乙醇中溶解。難溶於水的親脂成分，在乙醇中的溶解度也較大。根據被萃取物質的特性，採用不同濃度的乙醇進行萃取。用乙醇萃取所需的溶劑用量比使用水萃取所需的溶劑用量為少，萃取時間短，溶解出的水溶性雜質也少。乙醇為有機溶劑，雖易燃，但毒性小、價格便宜、來源方便，有設備即可回收來反覆使用，乙醇的萃取液不易發黴變質。由於上述原因，用乙醇萃取的方法是最常用的方法之一。甲醇的特性和乙醇相似，沸點較低（64℃），但有毒性，使用時要注意。

(3) **親脂性的有機溶劑**：與水不能混溶的有機溶劑。例如，石油醚、苯、氯仿、乙醚、乙酸乙酯、二氯乙烷等。這些溶劑對親脂性的選擇性強，不能或不容易萃取出親水性雜質。這類溶劑揮發性大，多易燃（氯仿除外），通常具有毒性，價格較貴，設備要求較高，且透入植物組織的能力較弱，往往需要長時間反覆萃取才能完全萃取。如果藥材中含有較多水分，用這類溶劑就很難萃取出其有效成分。因此，大量萃取植物原料時，直接應用這類溶劑有一定的局限性。

3. 萃取方法

用溶劑萃取藥材植物的有效成分，常用**浸漬法、滲漉法、煎煮法、回流萃取法及連續回流萃取法**等。同時，原料粉碎度、萃取時間、萃取溫度、設備條件等都會影響萃取效率，因此必須加以考慮以上因素。

(1) **浸漬法**：將植物粉末或碎塊裝入適當的容器中，加入合適的溶劑（例如，乙醇、稀醇或水），浸漬藥材以溶出其中成分的方法。本法比較簡單易行，但浸出率較差，且如以水為溶劑，萃取液易發黴變質，需注意加入適當的防腐劑。

(2) **滲漉法**：是將植物粉末裝在滲漉器中，不斷添加新溶劑，使其滲透過藥材，自上而下由滲漉器下部流出浸出液的一種浸出方法。當溶劑滲進藥粉，溶出成分比重加大而向下移動時，上層的溶液或稀浸液便會置換其位置，造成良好的濃度差，使擴散能順利進行，故浸出效果優於浸漬法。但應控制流速，在滲漉過程中隨時自藥材表面上補充新溶劑，直到藥材中的有效成分充分浸出為止。當滲滴液顏色變淺或滲漉的體積相當於原藥材重的 10 倍時，便可以認為基本上已萃取完成。在大量生產中常收集

的稀滲漉液，可作爲另一批新原料的溶劑之用。

(3)**煎煮法**：爲最傳統的浸出方法。所用容器一般爲陶器、砂罐或銅製、陶瓷器皿，不宜用鐵鍋，以免藥液變色。直火加熱時最好時常攪拌，以免局部藥材受熱太高，容易焦糊。有蒸汽加熱設備的藥廠，多採用大反應鍋、大銅鍋、大木桶或水泥砌的池子，中間通入蒸汽加熱。還可以將數個煎煮器通過管道互相連接，進行連續煎浸。

(4)**回流萃取法**：此法應用有機溶劑加熱萃取，需採用回流加熱裝置，以免溶劑揮發損失。小量操作時，可在圓底燒瓶中連接回流冷凝器。瓶內裝入之藥材約爲容量的 30～50%，使溶劑浸過藥材表面約 1～2 公分，在水浴中加熱回流。一般保持沸騰約 1 小時後放冷過濾，再在藥渣中加入溶劑，做第二、三次加熱回流，分別爲半小時。此法萃取所得有效成分含量較冷浸法萃取時高，大量生產中多採用連續萃取法（詳細介紹，請參見附錄單元一）。

(5)**連續萃取法**：應用揮發性有機溶劑萃取天然藥用成分，不論小型實驗還是大型生產，均以連續萃取法爲好，且需要之溶劑量較少，萃取成分也較完整。連續萃取法一般需要數小時才能萃取完全，萃取成分受熱時間較長，遇熱不穩定易變化的成分不宜採用此法。

(6)**超聲波萃取**：此方法是利用超聲波提升物質分子運動頻率和速度，增加溶劑穿透力，來提高藥物成分溶出速度和溶出次數，縮短萃取時間（詳細介紹，請參見附錄單元二）。

(7) **微波輔助萃取**：是利用微波來提高萃取效率的新技術，被萃取的天然植物有效成分在微波電磁場中會快速轉向及定向排列，從而產生撕裂和相互摩擦並引起發熱，可以保證能量的快速傳遞和充分利用，易於溶出和釋放成分（詳細介紹，請參見附錄單元三）。

(8) **超臨界流體萃取**：以超臨界狀態下的液體爲萃取劑，從液體或固體中萃取藥用植物有效成分來進行分離。二氧化碳因本身無毒、無腐蝕性、臨界條件適中的特點，成爲超臨界流體萃取法中最爲常用的超臨界流體（詳細介紹，請參見附錄單元四）。

(9) **酶法萃取**：植物的細胞壁是由纖維素構成，其中最有效的成分往往包裹在細胞壁內，該法就是利用纖維素酶、果膠酶、蛋白酶等（主要是纖維素酶），破壞植物的細胞壁，以利於有效成分最大限度溶出的一種方法。

二、其他萃取方法

1.水蒸氣蒸餾法

只適用於難溶或不溶於水、與水不會發生反應、能隨水蒸氣蒸餾而不被破壞的中草藥成分。此類成分的沸點多在 100℃ 以上，與水不相混溶或僅微溶，當溫度接近 100℃ 時存在一定的蒸汽壓，與水在一起加熱，且當其蒸汽壓和水的蒸汽總和爲 1 atm 時，液體就開始沸騰，水蒸氣會將揮發性物質一併帶出。例如，藥用植物中的揮發油，某些小分子生物鹼如麻黃鹼、檳榔鹼，以及某些小分子的酚性物質如牡丹酚、丁香酚、丹皮酚等，都可應用本法萃取，分出揮發油層或在蒸餾液水層經鹽析法並用低沸點溶劑將成分萃取出來。藥用植物中的揮發油多採用本法萃取。例如，玫瑰油、原白頭翁素等的製作多採用此法。在實驗室操作時，蒸餾瓶中的藥粉

和水的總體積爲蒸餾瓶容量的 1/2 爲宜，不宜超過 2/3。冷凝管的冷凝效率一定要高，當餾出液由混濁變成澄清時，表示蒸餾已完成。

2.昇華法

　　固體物質受熱直接汽化，稱爲昇華。遇冷後，凝固爲固體化合物。藥用植物中有一些成分具有昇華的特性，可利用昇華法直接自中草藥中萃取出來。例如，樟木中可昇華出樟腦。茶葉中的咖啡鹼在 178℃以上就能昇華而不被分解。游離羥基蒽醌類成分、某些香豆素類、有機酸類成分，也具有昇華的特性。例如，七葉內酯及苯甲酸等。昇華法雖然簡單易行，但藥用植物碳化後，往往產生揮發性的焦油狀物，黏附在昇華物上，不易精製除去。其次，昇華不完全，生產效率低，有時還伴隨分解現象。

3.壓榨法

　　某些藥用植物有效成分含量較高且存在於植物的汁液中時，可將新鮮原料直接壓榨，壓出汁液，再進行萃取。例如，香料的植物中精油含量高，多存於果皮中，大多採用本法抽取精油。橙皮油、檸檬油、香精油等多採用本法榨取。

4.半仿生萃取法

　　半仿生萃取法（semi-bionic extraction method, SBE），是將整體藥物研究法和分子藥物研究法相結合，從生物藥劑學角度，模擬口服給藥後藥物經胃腸等消化道傳輸的原理，是爲中藥製劑設計的嶄新萃取技術。即將藥物先用適中 pH 值的酸水萃取，接著以一定 pH 值的鹼水萃取，再將萃取液分別過濾、濃縮，製成製劑。這種新萃取法可以萃取和保留更多有效成分，能縮短生產週期，降低成本。多種複方製劑的研究顯示，SBE

法可能替代水萃取法。

5.破碎萃取法

這種方法是將植物材料置於適當溶劑中充分破碎，而達到萃取的目的。根據流體力學原理，這種方法的萃取器主要由高速電機、破碎刀具、容器、底座、主柱及調速開關等組成。電機轉速分快、慢兩檔，破碎萃取1次僅需要 1～2 分鐘，萃取後藥材會被破碎成均勻漿狀。通過選用各種特性的藥材，分別進行冷浸萃取法、滲漉萃取法、回流萃取法和破碎萃取法所得萃取物回收率和薄層色譜比對測試。結果顯示，破碎萃取法萃取快速、完全不須加熱，可以節約大量時間、溶劑和能源。破碎萃取法雖然操作簡單，可避免高溫加熱，萃取時間也極短，但萃取物回收率不是最高，且也局限於實驗研究，要應用於大量生產，仍需進一步研究。

第二節　天然物有效成分的分離方法

天然物萃取液或萃取物仍是混合物，必須進一步去除雜質、分離、純化、精製，才能得到所需要的有效部位或有效成分。具體的方法隨各種天然產物的特性不同而異，而根據其特性，成分不同所採用的分離純化方法往往也有所不同。實驗室和工業生產中通常採用**溶劑分離法**、**溶劑萃取法**、**沉澱法**、**鹽析法**、**結晶法**、**超濾法**、**吸附法**、**澄清法**等，茲分述如下：

一、分離有效成分的常見方法

（一）溶劑分離法

1.改變溶劑極性分離法

選用三四種不同極性的溶劑，將總萃取物由低極性到高極性分步進

行萃取分離。水浸膏或乙醇浸膏常為膠狀物，難以均勻分散在低極性溶劑中，故不能萃取完全，可拌入適量惰性填充劑，例如矽藻土或纖維粉等，然後低溫或自然乾燥。粉碎後，再以選用溶劑依次萃取，使總萃取物中各組成分，依其在不同極性溶劑中溶解度的差異而得到分離。常用溶劑是：**石油醚→氯仿→乙酸乙酯→正丁醇**依次萃取，有時須根據所要成分的特性選用苯、乙醚等溶劑，利用天然產物中的化學成分，在不同極性溶劑中的溶解度進行分離純化，是最常用的方法。

於自然產物萃取溶液中加入另一種溶劑，析出其中某種或某些成分，或析出其雜質，也是一種溶劑分離的方法。天然產物的水萃取液中常含有樹膠、黏質液、蛋白質、糊化澱粉等，可以加入一定量的乙醇，使這些不溶於乙醇的成分自溶液中沉澱析出，達到與其他成分分離的目的。例如，從新鮮栝樓根汁分離出天花粉素，可滴入丙酮使其分次沉澱析出。目前欲萃取多糖及多胜肽類化合物時，多採用水溶解、濃縮、加乙醇或丙酮析出等方法。

2.改變 pH 值分離法

此法是利用天然產物的某些成分可在酸或鹼中溶解之特性，加入酸或鹼改變溶液的 pH 值，使其形成不溶物而析出，達到分離的效果。例如，內酯類化合物不溶於水，但遇鹼便會生成羧酸鹽溶於水，再加入酸類酸化之，可重新形成內酯環並從溶液中析出，再次生成游離生物鹼。這些化合物可以利用與水不相混溶的有機溶劑進行萃取分離。一般天然物總萃取物會使用酸水、鹼水先後處理，可以分為三部分：溶於酸水的為鹼性成分（例如生物鹼）；溶於鹼水的為酸性成分（例如有機酸）；酸、鹼均不溶的為中性成分（例如甾醇）。這些特性均有助於化合物的分離純化。例如，

橙皮苷、蘆丁、黃芩苷、甘草苷均易溶於鹼性溶液，當加入酸水後可使之沉澱析出。具體操作為將總萃取物用酸水（鹼水）處理成鹽，然後再經鹼水（酸水）處理，恢復原來的結構，使欲分離成分得以沉澱析出，最後利用離心或利用與水不相混容的有機溶劑，把這些化合物萃取分離出來。

（二）溶劑萃取法

溶劑萃取法又稱兩相溶劑萃取，是利用混合物中各成分在兩種互不相容的溶劑中，因為分配係數的差異而使其分離的方法。萃取時如果各成分在兩相溶劑中分配係數相差愈大，則分離效率愈高。如果在水萃取液中的有效成分是親脂性的物質，一般多用親脂性有機溶劑，例如苯、氯仿或乙醚，進行兩相萃取；如果有效成分是偏親水性的物質，在親脂性溶劑中難以溶解，就需要改用弱親脂性的溶劑，例如乙酸乙酯、丁醇等。還可以在氯仿、乙醚中加入適量乙醇或甲醇以增加其親水性。萃取黃酮類成分時，多用乙酸乙酯和水的兩相萃取；萃取親水性強的皂苷則多選用正丁醇、異戊醇和水作為兩相萃取。不過，一般有機溶劑親水性愈大，與水作兩相萃取的效果就愈差，因為會使較多的親水性雜質析出，對進一步精製有效成分影響很大。

萃取法所用設備為小量萃取，可在分液漏斗中進行；中量萃取則可在適當尺寸且有向下出口的玻璃瓶中進行。在工業生產中大量萃取，多在密閉萃取罐內進行，用攪拌機攪拌一段時間，使兩液充分混合，再放置令其分層；有時將兩相溶液噴霧混勻，以擴散萃取接觸面積，提高萃取效率。也可以用兩相溶劑逆流連續萃取裝置（詳細介紹，請參見附錄單元一）。

1.逆流連續萃取

是一種連續的兩相溶劑萃取法。裝置可具有一支、數支或更多的萃

取管。管內用小瓷圈或小的不鏽鋼絲圈填充，以增加兩相溶劑萃取時的接觸面積。例如，用氯仿從川楝樹皮的水浸液中萃取川楝素。將氯仿裝入萃取管內，而相對密度小於氯仿的水萃取濃縮液儲存在高位容器內，接著打開活塞，則水浸液會在高位壓力下流進入萃取管，遇到瓷圈產生撞擊而分散成細粒，使之與氯仿接觸面增大，萃取較完全。如果中藥的水浸液需要用比水輕的苯、乙酸乙酯等進行萃取時，則需要將水萃取液濃縮裝在萃取管內，而苯、乙酸乙酯貯存在高位容器內（詳細介紹，請參見附錄單元一）。欲知萃取是否完全，可取樣品用薄層層析、紙層析及呈色反應或沉澱反應進行檢查。

2.逆流分配法

又稱逆流分布法，與兩相溶劑逆流萃取原理一致，但加樣量固定，並且持續在固定容量的兩相溶劑中，經多次位移萃取分配，而達到混合物的分離。本法所採用的逆流分布儀是由若干至數百支管子組成。若無儀器，小量萃取可用分液漏斗代替。須預先選用對混合物分離效果較好，也就是分配係數差異大的兩種不相溶的溶劑，並參考分配層析的行為，分析推斷和選用溶劑系統，通過試驗來了解要經過多少次的萃取位移，才能達到真正的分離。逆流萃取過程，如圖 2-1 所示。逆流分配法對於分離具有非常相似特性的混合物，往往可以得到良好的成效。但操作時間長，萃取管易因機械振盪而損壞，消耗溶劑亦多，應用上受到限制。

3.液滴逆流分配法

此方法改進了兩相溶劑萃取法，對溶劑系統的選擇與逆流分配法基本上相同，但要求能在短時間內分離成兩相，並可生成有效成分的液滴。由於移動形成液滴，在細的分配萃取管中與固定相有效地接觸、摩擦，不

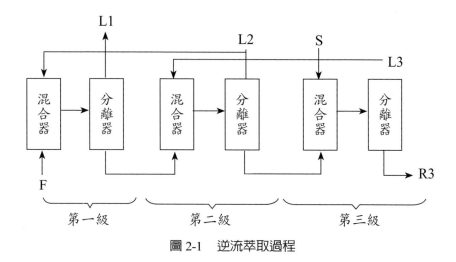

圖 2-1　逆流萃取過程

斷形成新的表面，可促進溶質在兩相溶劑中的分配，故其分離效果往往比逆流分配法好。且此方法不會產生乳化現象，用氮氣壓驅動移動相，被分離的物質也不會因遇到大氣中的氧氣而氧化。本法必須選用能夠生成液滴的溶劑系統，且對高分子化合物的分離效果較差，處理樣品量小（1g 以下），而且需有專門的設備。應用液滴逆流分配法可有效分離多種微量成分，例如柴胡皂苷等。目前，對適用於逆流分配法進行分離的成分，可採用兩相溶劑逆流連續萃取裝置，或以分配管柱層析法進行。

（三）結晶法

　　天然產物化學成分在常溫下多半是固體的物質，都具有結晶的通性，可以根據溶解度的不同，用結晶法來達到分離、精製的目的。結晶法是研究天然物化學成分單體純品必須經過的一道程序，是最常使用的實驗室操作方法。但並非由萃取得到的所有萃取液都可以直接用結晶法分離、純化，過多雜質的存在就會干擾結晶的形成，有時少量的雜質也會阻礙晶體的析出。因此，結晶前應該先對萃取液進行適當的處理，例如除去雜質。

製備結晶，要注意選用適合的溶劑和應用適量的溶劑。適合的溶劑是結晶的關鍵。所謂適合的溶劑，最好是在冷卻時對所需要的成分溶解度較小，而熱時溶解度較大者，且溶劑的沸點亦不宜太高，一般常用甲醇、丙酮、氯仿、乙醇、乙酸乙酯等。製備結晶溶液也常採用混合溶劑。一般是先將化合物置於易溶的溶劑中，再在室溫下加入適量難溶的溶劑，直到溶液微呈混濁，並將此溶液微微加溫，使溶液完全澄清後放置。例如，虎杖苷重結晶時，可先溶於水，製成飽和水溶液，再加一層乙醚放置，即可促使虎杖苷生成結晶。

結晶是把含有固體溶質的飽和溶液加熱蒸發溶劑或降低溫度後，使原來溶解的溶質成為有一定幾何形狀的固體（晶體）析出的過程，析出晶體後的溶液仍是飽和溶液，又稱為母液。因此，結晶的方法通常有兩種：

- **蒸發溶劑法**：也叫濃縮結晶法，對於溶解度受溫度變化影響不大的固體溶質適用。將溶液加熱蒸發（或慢慢揮發），過飽和的溶質就能固體析出。
- **降溫結晶法**：適用於溶解度受溫度變化影響較大的固體溶質結晶。先用適量的溶劑，在加溫的情況下，將化合物溶解製成過飽和的溶液，然後再放置於低溫處，通常置於冰箱中讓其溶質從溶液中析出。

（四）透析法

是利用小分子物質在溶液中可以通過半透膜，而大分子物質不能通過半透膜的特性來達到分離的方法。例如，分離和純化皂苷、蛋白質、多胜肽、多糖等物質時，可以用透析法以除去無機鹽、單糖、雙糖等雜質；反之，也可以將大分子的雜質留在半透膜內，將小分子的物質通過半透膜進入膜外溶液中，而加以分離精製。透析是否成功與透析膜的規格關聯極

大。透析膜的膜孔有大有小，操作時要根據欲分離成分的具體情況來選擇。

（五）鹽析法

在天然產物的水萃取液中加入無機鹽至一定濃度，或達到飽和狀態，可使某些成分在水中的溶解度降低並沉澱析出，繼而與水溶性大的雜質分離。一般生物鹼、皂苷、揮發油等都可以從水溶液中鹽析出來。常用之鹽析無機鹽有氯化鈉、氯化鈣、氯化鉀、硫酸鈉、硫酸鎂、碳酸鎂等。例如，在三七的水萃取液中加入硫酸鎂至飽和狀態，三七皂苷即可沉澱析出；從大麥中萃取澱粉酶也是加入硫酸銨鹽析；自黃藤中萃取掌葉防己鹼（palmatine），自三顆針中萃取小檗鹼，在生產中都是用氯化鈉或硫酸銨鹽析製備。有些水溶性較大的成分，例如原白頭翁素、麻黃鹼、苦參鹼等水溶性較大，在萃取時，往往先在水萃取液中加入定量的食鹽，再用有機溶劑萃取。

（六）層析法

是一種物理分離的方法。原理是利用混合物各組成分在某一物質中的吸附或溶解特性（即分配）的不同，或其他親和性作用的差異，使混合物分離的溶液稱為流動相；固定的載體物質（可以是固體或液體）稱為固定相。根據成分在固定相中的作用原理不同，可以分為吸附層析、分配層析、離子交換層析、排阻層析等。而根據操作條件的不同，又可以分為管柱層析、紙層析（PC）、薄膜層析（TLC）、汽相層析（GC）及高效率液相層（HPLC）等。近年來，此法在實驗室和生產中，被廣泛應用於中草藥有效成分和有效部位的分離、純化與製備上，是分離、純化和鑑定有機化合物的重要方法之一。

二、有效成分分離的現代方法

（一）大孔樹酯吸附分離法

　　大孔樹脂吸附法（**macroporous adsorption resin**）是採用特殊的吸附劑，從中藥複方液中選擇性吸附其中有效部分，去除無效部分的一種分離純化技術。可以解決中藥生產中所面臨的劑量大、產品易潮和重金屬殘留等實際問題。經大孔樹酯吸附技術處理後的精製物，可使藥效成分高度集中，雜質少，萃取率爲原生藥的 2～5%，一般水煮法的 30%，醇沉澱法的 15% 左右。可有效去除吸濕成分，有利於多種中藥的生產，並增加產品穩定性。經大孔樹酯吸附技術處理後的精製物體積小，不吸濕，容易製成顆粒、膠囊、片劑等劑型，該技術大大提升了中藥萃取效率（詳細介紹，請參見附錄單元六）。大孔樹酯吸附分離法已廣泛應用於天然化合物的分離與集中的作用，例如苷與糖類的分離、生物鹼的精製、多糖、黃酮、三萜化合物的分離等。

（二）超臨界流體萃取分離法

　　超臨界流體萃取（**supercritical fluid extraction, SFE**）分離法是利用超臨界流體的特性，使之在高壓條件下與待分離的固體或液體混合物接觸，控制體系的壓力和溫度萃取所需要的物質，然後通過減壓或升溫方式，降低超臨界流體的密度，從而使萃取物得到分離。SFE 結合了溶劑萃取和蒸餾的特性（詳細介紹，請參見附錄單元三）。目前已經可利用超臨界萃取原料的功效原料物質，例如茶葉中的茶多酚、銀杏中的銀杏黃酮、從魚的內臟、骨頭等萃取 DHA 和 EPA、從蛋黃中萃取卵磷脂等。亦可從油籽中萃取油脂，例如從葵花籽、紅花籽、花生、小麥胚芽、可可豆等原料中萃取油脂，這種方法比傳統壓榨法的回收率高，且不存在溶劑分離問題。用超臨界萃取法萃取香料，例如從桂花、茉莉花、玫瑰花中萃取花香

精；從胡椒、肉桂、薄荷中萃取辛香成分；從芹菜籽、生薑、芫荽籽、茴香、八角、孜然中萃取精油。不僅可以有效萃取芳香成分，還可提高產品純度並保持其天然香味。

（三）兩水相萃取分離法

兩水相萃取（**two-aqueous phase extraction, ATPE**），應用於生物活性成分分離的高分子聚合物體系有：聚乙二醇（PEG）/ 葡聚糖（Dextran）和 PEG/Dextran 硫酸鹽體系；常見的高分子聚合物 / 無機鹽體系為 PEG / 硫酸鹽或磷酸鹽體系。由於 ATPE 技術具有活性損失小、分離步驟少、操作條件需求較低，且不存在有機溶劑殘留等優點，在天然物有效成分的萃取分離方面發展前景優良（詳細介紹，請參見附錄單元七）。應用兩水相萃取的實例，例如工業用殺蟲劑或用於疾病檢測的指示劑蛻皮激素和羥基蛻皮激素的萃取分離；具有多種藥理活性黃芩的黃芩苷萃取分離；蘆丁、三七皂苷、甘草皂苷等物質的萃取分離等。

（四）短程蒸餾

基本原理是根據分子運動理論知識，即液體混合物的分子受熱後運動會加劇，當接受足夠的能量時，就會從液體表面逸出成為氣體分子，隨著液面上方氣體分子的增加，有一部分氣體分子就會回到液體，當外界溫度保持恆定時，最後會達到動態平衡。此外，因為液體混合物中的分子有效直徑不同，因此分子在兩次碰撞之間所走路程的平均值（在此稱為分子平均自由程）亦不同。短程蒸餾的分離作用即利用液體分子受熱會從液面逸出，輕分子的平均自由程大，重分子的平均自由程小，在液面小於輕分子平均自由程而大於重分子平均自由程處設置一冷凝面，使得輕分子落在冷凝面上被冷凝，從而破壞了輕分子的動態平衡，使得輕分子繼續逸出；重分子因達不到冷凝面，很快趨於動態平衡，這樣就將混合物分離。由於藥

材在分離過程中，處於高眞空和相對低溫的環境中，且停留時間極短，分離過程對藥材的損傷（例如熱分解、氧化、聚合和縮合等）很少，故短程蒸餾技術適合用於高沸點、熱敏感性藥材進行無損傷分離，尤其那些具有香味且對溫度極爲敏感的活性成分的分離。目前，國外已將該技術應用於食品、香料、石油、化工和醫藥的開發。

短程蒸餾的優點在於，是在低於沸點的溫度下操作、能在很低的絕對壓力下進行操作、藥材受熱時間短、分離純度高。在局限性方面上，生產能力相同的情況下，短程蒸餾的設備體積比常規蒸餾大，相對於生產能力相同的一般設備而言，其設備之成本較高。

（五）薄膜分離技術

薄膜分離技術（**membrane separation technique, MST**）是一種新型的分離技術，具有節能、高效、環保和分子級過濾等特性，廣泛應用於醫藥、化工、水處理、食品加工。薄膜孔徑對物質之分離範圍如圖 2-2 所示（詳細介紹，請參見附錄單元八），在此介紹以下數種方法：

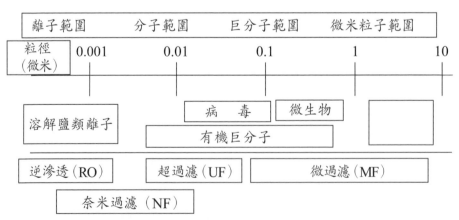

各種過濾技術適用的粒子大小範圍

圖 2-2　薄膜孔徑對物質之分離範圍

1. **微過濾（microporous filtration, MF）**：主要根據篩分原理以壓力差作爲推動力的薄膜分離過程。在施加一定壓力（50～100 kPa）下，溶劑、鹽類及大分子物質均能透過孔徑爲 0.1～20 μm 的對稱微孔膜，只有直徑大於 50 nm 的微細顆粒和超大分子物質被截留，從而使溶液或水得到淨化。微過濾技術是目前所有膜過濾技術中應用最廣、經濟價值最大的技術。

2. **超過濾（ultrafiltration, UF）**：也是利用篩分原理以壓力差爲推動力的薄膜分離過程。與微過濾相比，超過濾程度受膜表面孔的化學物質的影響較大。在一定的壓力（100～1,000 kPa）條件下，溶劑或小分子量的物質透過孔徑爲 1～2 μm 的對稱微孔膜，直徑 5～100 nm 之間的大分子物質或微細顆粒被截留，從而達到淨化的目的。超過濾主要作用於濃縮、分級、大分子溶液的淨化作用（詳細介紹，請參見附錄單元九）。

3. **逆滲透（reverse osmosis, RO）**：主要根據溶液的吸附擴散原理，以壓力差爲主要推動力的薄膜分離過程。在高濃度溶液一側施加外加壓力（1000～10,000 kPa）。當此壓力大於溶液的滲透壓時，就會迫使高濃度溶液中的溶劑反向透過孔徑爲 0.1～1 nm 的非對稱膜，流向低濃度溶液一側，此一過程稱爲逆滲透。逆滲透過程主要用於低分子量組成的濃縮、水溶液中溶解鹽類的脫除等。

4. **奈米過濾（nanofiltration, NF）**：奈米過濾是根據吸附擴散原理以壓力差作爲推動力的薄膜過濾過程，兼具反滲透和超過濾的作用。奈米過濾膜擁有 1 nm 左右的微孔結構，截留分子量介於反滲透膜和超過濾膜之間，約爲 200～2,000 道耳吞（Dalton）。奈米過濾膜大多是複合膜，其表

面分離層由聚電解質構成，因而對無機鹽具有一定的截留率。也具有熱穩定性、耐酸、鹼和耐溶劑等優良特性，廣泛應用於食品、醫藥、生化等各種分離精製和濃縮過程。

5. **電滲析（electrodialysis, ED）**：是利用離子交換和直流電場的作用，從水溶液和其他一些不帶電離子組成中，分離出小離子的一種電化學分離過程。電滲析用的是離子交換膜，主要用於含有中性組成溶液的脫鹽及脫酸。

6. **滲透蒸發（pervaporation, PV）**：是一種有相變化的膜分離過程，主要原理是利用溶液的吸附擴散原理，以膜兩側的蒸汽壓差（0～100 kPa）作爲推動力，使一些成分先選擇性地溶解在膜料液的側表面，再擴散穿透膜，最後透過側表面汽化脫附，而一些不易溶解或難揮發的成分被截留，從而達到分離的過程，此過程採用均聚物製成的非對稱可溶性膜。

但薄膜技術的發展受到幾個方面的限制：一是薄膜產品昂貴的價格；二是薄膜的易污染；三是薄膜分離特性有待提升。

（六）吸附澄清法

此方法是在水萃取溶液中加入澄清劑，使藥液中微粒互相結合形成較大微粒而沉析除去。依據澄清劑的不同，可以分爲以下數種：

1. **明膠鞣酸類澄清劑**：在含鞣質中的藥水萃取液中加入明膠或蛋清可以形成明膠鞣酸類鹽的配位錯合物，與水中懸浮的顆粒一起沉澱。藥液中帶有負電荷的雜質，例如樹膠、纖維素等，在 pH 爲酸性時能與帶正電荷的明膠相互作用，絮凝而沉澱。用甲醛使明膠變性，變成固相多孔微球，能選擇性地吸附藥液中的鞣質，而對丹參中的原兒茶素醛、丹參素含

量無影響。

2. **甲殼素類澄清劑**：是一類天然陽離子絮凝劑，爲無毒無味不溶於水的白色固體。耐稀酸鹼，可生物降解，不會形成二次污染，能使液體中帶電荷的懸浮顆粒絮凝沉澱。用甲殼素澄清白芍萃取液，結果顯示澄清度良好，成本低，對芍藥苷含量不會造成影響。以殼聚糖爲主來製備丹參口服液，結果原兒茶素醛、丹參素含量均高於醇沉澱法，且產品穩定性良好。用殼聚糖澄清黃芪口服液，以黃芪甲苷、多糖含量爲指標，認爲可以替代醇沉澱。對於葛根等 20 味單味生藥研究顯示，殼聚糖絮凝澄清用於中藥有一定的適用範圍，並但當藥液中有效成分水溶性較小時，應慎用。

（七）高速離心分離技術

高速離心分離技術是一種有效的固液分離技術，是利用高速旋轉產生的離心力場，高效地將固體懸浮物從液體中分離。高速離心分離技術在澄清藥液的同時，可以有效地防止天然產物有效成分的流失，最高程度保持天然產物的活性成分，且可以縮短製程、降低分離過程的耗損。特別是解決浸膏、糖漿等用過濾、超過濾方法都難以解決的分離問題，高速離心具有明顯優勢。但並非所有情況都是離心力愈大愈好，必須根據體系的具體特徵，選擇適合的離心設備和離心速度。例如，對於要去除含蛋白質、多糖等大分子有效成分的天然產物萃取液中的懸浮固體顆粒時，離心力場就不能太大。對於蛋白質、多糖等大分子不是有效成分的情況時，就可以採用比較大的離心力場。除了天然產物萃取液中的顆粒外，還可以除去一些蛋白質等大分子，提高萃取澄清度，防止沉澱的產生。對於某些熱敏感極高的特殊有效成分的分離，還可以採用冷凍高速離心分離技術，可以消除高速轉動產生的摩擦熱，防止熱敏感的生物活性物質受熱失去活性。

第三節　天然物有效成分的乾燥方法

乾燥方法和乾燥設備的選擇正確與否，對於天然物有效成分的品質、特性以及成本都有重要的影響。**乾燥（drying）**是指將天然產物原料經過在自然條件下或人工條件下促使其水分蒸發，使它表面及體內的水分蒸發分離，最終成為半成品或成品的一種加工技術。**濃縮（concentration）**是將天然產物萃取分離生產中常用的技術之一，是指使溶液中的溶劑蒸發、溶液濃度增大的過程（詳細介紹，請參見附錄單元十）。濃縮可以減輕重量和體積，且為乾燥加工之前的處理步驟。液態的天然產物在乾燥時，會先濃縮再加以乾燥，可節省乾燥時間與成本。所以，不同的天然物有效成分，應該根據其特點和要求選用不同的濃縮及乾燥方法。

一、乾燥的基本原理

乾燥是一種複雜的物理過程，基本原理是當外部介質的水分蒸發壓小於物料水分蒸汽壓時，物料中的水分就會蒸發相變，向環境轉移，只要不使介質中水蒸氣壓達到平衡點，並供給物料水分汽化所需要的熱量，水分蒸發就會繼續下去，一直達到內外蒸汽分壓的平衡。

1. **物料的水分狀態**：依據水分與物料結合力的強弱，可以把食品或藥材中的水分分成三類：游離水、物理化學結合水和化學結合水。游離水占食物或藥材總水量的 80～90%。物理化學結合水主要以分子力場或氫鍵結合於物料內部膠體上，結合力比游離水還強。化學結合水通常定量與物質分子牢固地結合，成為分子組成部分，只有發生化學反應才能分開。

2. **水的相變**：分子擴散、遷移、能量傳遞等一系列物理過程，是多種動力共同作用的結果：一是濕度梯度作用，當物料表面升溫，水分向外

界環境蒸發，表面水分降低，便形成了物質內層水分高於表面水分的濕度梯度，即內部水蒸氣分壓大於外部，促使內部水分向外部移動。二是溫度作用，供給水分蒸發所需要的潛熱，使水分沿熱流方向迅速向外移動。三是物料內部氣體受熱，壓力增大，一部分水分迅速向外擴散，而大部分內部氣體密度增大，導致內部水汽凝聚而提升溫度，從而保證水汽由內向外移動。

3. 影響乾燥速度的主要因素

(1)**乾燥介質的濕度**：物料與介質的水蒸氣分壓梯度是物料乾燥的基本動力，當乾燥介質濕度過高，乾燥平衡點的平衡蒸汽壓過高，物料的殘留水分就高，便無法達到保存貯藏所需要的水分活度。因此，乾燥介質應具有較低的相對濕度。濕度愈低，水蒸氣分壓相差愈大，乾燥愈迅速。

(2)**乾燥介質的濕度**：乾燥介質與物料接觸時會放出熱量，物料即吸收熱量使水分蒸發，並使介質溫度降低，因此必須使介質維持足夠溫度。同時，當介質的溫度增高時，不僅提供足夠的熱量，同時也降低了介質的相對濕度有利促進蒸發。但是，濕度過高會導致物料細胞過度膨脹破裂、有機物質揮發、分解或焦化，以及物料表面硬化等不利現象發生。

(3)**乾燥介質的流速**：在大多數情況下，乾燥介質為空氣，流動的空氣有利於隨時補充熱量，並即時帶走物料周圍的濕氣，有利於乾燥的進行，因此動態乾燥的效果通常較佳。

(4)**原料特性和表面積**：不同食品或藥材所含化學成分及組織結構不同，傳熱速度和水分向外遷移速度也不同，因此乾燥速度亦不相同。同時，不同原料對溫度的敏感性也有差異，所以需要不同的乾燥方法與操作條件。當物料顆粒愈小，其表面積則愈大，與熱傳介質接觸愈充分，且熱量和水分傳遞距離愈小，愈有利於乾燥。

4. 乾燥過程的基本現象

(1)乾燥速度變化：由於物料中的水有三種型態，其結合程度各有不同，因此乾燥速度分爲兩個階段：**等速乾燥**與**降速乾燥**階段。等速階段主要排除非結合水。後期爲降速乾燥階段，主要是部分結合水的乾燥。

(2)物理變化

① **表面硬化**：如果表面乾燥過快，水分迅速汽化，內部水分不能即時遷移到表面來，會在表面迅速形成一層乾硬膜。另外，含糖、含鹽較多的食品乾燥時，也易於生成表面硬化層。表面硬化會影響內部水分的向外移動，導致乾燥速度下降，影響感官品質。

② **乾燥與開裂**：物料在乾燥過程中由於失去水而產生收縮，如果乾燥濕度、速度掌握不好，物料容易變形、乾縮甚至裂開。

③ **多孔性**：物料快速乾燥，會使其內部蒸汽壓迅速建立並向外擴散，往往形成多孔性物質。高溫膨化和眞空乾燥時常常生成多孔性製品，而多孔性製品復水性很好。

④ **其他現象**：乾燥控制不好，常常會出現溶質遷移現象、水分不均勻、復原不可逆現象等，在乾燥過程中應盡量避免。

(3)化學變化

高溫乾燥時，造成有些營養成分損失。一些高溫不穩定成分容易氧化、分解，例如維生素 C、維生素 B_1、維生素 B_2 以及胡蘿葡素等損失較大。選用適合的乾燥方法，並採用加入抗氧化劑等措施，可減少此類損失。

(4)風味變化和色澤變化

食品中的風味物質由於容易揮發，在乾燥過程中往往產生損失，影響食品或藥材風味。同時，乾燥過程中常常發生色澤的變化，例如褐變。褐變對食品或藥材風味、復水性和營養都會產生不利的影響，是乾燥過程中

首要防止的。褐變是整個保健食品及天然物加工中，經常遇到的麻煩。

　　乾燥方法和乾燥設備的選擇正確與否，對於天然物有效成分的品質、特性以及成本都有重大影響，不同的天然物有效成分應該根據其特點和要求選用不同的乾燥方法。

二、常用的機種乾燥方法

1.加熱乾燥

　　加熱乾燥是依據熱源使空氣加熱，通過此熱空氣使物體乾燥。

(1) **直接加熱法**：將從天然產物產生出來的火和煙直接導入乾燥容器內，使之乾燥。

(2) **間接加熱法**：將熱導入空氣加熱機，靠加熱空氣使之乾燥。

(3) **熱板加熱法**：將加熱板加熱，在其上將材料壓住使之乾燥。

(4) **箱型熱風乾燥機**：是最普通的設備，從乾燥室的外邊送來熱風使之乾燥，多用在香蕈、茶葉上。熱風溫度因對象而異，例如，茶葉需 70～130℃，香蕈在 60℃左右。

(5) **迴轉式乾燥機**：是利用傾斜的乾燥圓筒迴轉，從上部添加材料後，一邊乾燥一邊從下部出來，可以連續處理。用在砂糖、葡萄糖、糕點等食品乾燥上。

(6) **轉筒乾燥機**：是把表面磨光的金屬圓筒水平放置，將一半左右的材料浸泡在液體中，使之靜靜地迴轉，主要是靠金屬圓筒內的熱，使液體乾燥成為薄膜狀。乾燥後將薄膜取出，金屬圓筒繼續在液體內旋轉，再進行下次乾燥。

2.氣流乾燥

亦稱為熱風乾燥，是使熱空氣與被乾燥的天然產物直接接觸，短時間達到乾燥的目的，具有乾燥時間短、處理量大、適用性廣、結構簡單、製造方便等特點。

3.接觸乾燥

是指待乾燥的天然產物直接與加熱面接觸進行乾燥的方法。優點是乾燥速度快，熱能利用率高，適用於化學性質穩定的濃縮液或黏稠性液體的乾燥。

4.紅外線乾燥

乾燥所需的熱是以輻射形式直接傳播的電磁波。當紅外線照射到某一物體時，一部分被吸收，一部分被反射，吸收的那一部分能量就轉化為分子的熱運動，使物體溫度升高，達到加熱乾燥的目的。由於化學鍵連接的物體分子會不斷地以本身固有的頻率進行伸縮振動和變角振動，如果入射的紅外線頻率和分子固有頻率相符，則物質分子就會對紅外線產生強烈吸收。因此在選擇輻射器時，應使輻射器的輻射波長與被加熱物料吸收波長一致。此外，紅外線具有一定的穿透能力，可以穿透天然產物表面層到一定深度，從內部加熱天然產物。用紅外線照射小麥粒、玉米粒，測量最高溫度在 2 mm 深處，對於松木和杉木，紅外線輻射可以滲透到 7 mm 深處。天然產物潮濕部位比乾燥部位能更多吸收輻射能，使乾燥過程的輻射能可以自動調節。

5.噴霧乾燥

是從液態直接生產乾燥固體的乾燥方法，在天然產物生產中被廣泛應用。原理是利用高速離心或高壓使含固體的溶液噴成極細的霧滴，與乾熱空氣充分接觸，在很短時間內（幾秒至幾十秒）霧滴中水分揮發，乾燥產品與攜帶水分的空氣分離後就得到乾燥產品。噴霧乾燥操上，空氣在風機的動力下經過過濾器除去雜質後，由蒸汽加熱器加熱至 100℃左右，再以電加熱器升溫到 150～180℃，接著經由乾燥塔頂部的空氣分布器進入塔內，與塔頂噴嘴噴出的霧狀料液微粒接觸，瞬間進行大量的熱交換，此時懸浮物料微粒隨風一起從塔底抽出，成切線方向進入旋風分離器，使乾粉沉降至分離器底部的收料桶內，淨化後的尾氣經風機排空，全程都處於負壓狀態下（詳細介紹，請參見附錄單元十一）。

6.加壓乾燥

在能夠加熱、加壓的密閉容器中，放入穀類、半乾燥的水果、蔬菜等密封起來，從外部加熱，達到一定壓力、溫度時。當打開封蓋，使加壓槽內壓力回到正常的大氣壓，藉此使食物或藥材膨脹、乾燥。膨化食物便是其中的實例。

7.真空冷凍乾燥

水有固態、液態、氣態三種相態。根據熱力學中的相平衡理論，隨壓力的降低，水的冰點變化不大，而沸點卻愈來愈低，向冰點靠近。當壓力降到一定的真空度時，水的沸點和冰點重合，冰就可以不經液態而直接汽化為氣體，這一過程稱為**昇華**。食品的真空冷凍乾燥，就是在水中的三相點以下，即在低溫低壓條件下，使食品中凍結的水分昇華而脫去。通常需要冷凍乾燥的物品會先在凍結設備中快速凍結，使物品中的游離水都凍

結爲細小冰晶粒，然後在眞空環境中加熱昇華。乾燥過程是由周圍逐漸向內部中心乾燥的，隨著乾燥層的逐漸增厚，可將其看成是多孔結構，昇華熱由加熱體通過乾燥層不斷地傳給凍結部分，在乾燥與凍結交界的昇華面上，水分子得到加熱後，將脫離昇華面，沿著細孔跑到周圍環境中，而周圍環境中的氣壓必須低於昇華面上的飽和蒸汽壓力，只有這樣才能形成一個水分子向外遷移的動力。這意味昇華乾燥必須在眞空環境中進行。另外，天然產物處於凍結狀態時，需維持溫度低於三相點。在眞空環境下，此溫度較易保持（詳細介紹，請參見附錄單元十二）。

8.微波眞空乾燥技術

微波是一種電磁波，可以產生出高頻電磁場。介質材料由極性分子和非極性分子組成，在電磁場作用下，極性分子從原來的隨機分布狀態轉向依照電場的極性排列取向，在高頻電磁場作用下造成分子的運動和相互摩擦，從而產生能量，使得介質溫度不斷提高。因爲電磁場的頻率極高，極性分子振動的頻率很大，所以產生的熱量很高。當微波加熱應用於食品或天然物產業時，在高頻電磁場作用下，食品或藥材中的極性分子（水分子）吸收微波能產生熱量，使食品或藥材迅速加熱、乾燥。水和一般濕介質在一定介質分壓作用下，對應一定的飽和溫度，眞空度愈高，濕物料所含的水或濕介質對應的飽和溫度愈低，即沸點溫度低，愈容易汽化逸出而使物料乾燥。眞空乾燥就是根據這一熱物理特性，在眞空條件下，將氣相中的低壓水蒸氣及空氣等含量較少的不凝結氣體，借眞空幫浦的抽吸而除去。微波是選擇性加熱，含水量較多的部分會吸收較多微波，確保了物質加熱的均勻性，有利於物質乾燥。因此，可將微波眞空乾燥技術應用於食品加熱和脫水蔬菜行業中。用微波加熱時，熱量是從內向外傳遞的，水分也是從內向外轉移，兩者同向，大幅提高食品和蔬菜的乾燥速率。相反，

以傳統方法進行乾燥時，水分是自內向外轉移的，熱量都是由外向內傳遞。微波加熱均勻、時間短、熱效率高，沒有環境升溫，便於自動控制及連續生產等，同時具有殺菌消毒等優點，因而在食品和醫藥加工等行業前景看好（詳細介紹，請參見附錄單元三）。

習題

1. 請你（妳）簡述一個天然物有效成分的萃取方法。
2. 請你（妳）簡述一個天然物有效成分的分離方法。
3. 請你（妳）簡述一個天然物有效成分的乾燥方法。

第三章　糖和糖苷

　　糖類化合物（**saccharide**）又稱碳水化合物（**carbohydrates**），在自然界分布很廣，是生物體內最基本的物質之一。在生物體內不僅作為能量來源或結構材料，更重要的是參與了生命現象中細胞的各種活動，具有多元化的生物學功能。某些具有高度特異序列的多糖可作為病毒、細菌和寄生物的特異受體，並作為自身免疫和異體免疫反應的抗原。多糖與維持生物機能密切相關，同時在抗腫瘤、抗病毒、降血糖和抗衰老等方面發揮著重要作用。

　　從化學結構上看，糖類化合物是多羥基醛（酮）及多羥基醛（酮）的縮合聚合物。苷是由糖或糖的衍生物如糖醛酸、氨基糖等，與非糖物質通過糖的端基原子連接而成的化合物，而其中非糖部分稱為苷元或**配基**（**aglycone**）。皂苷、氰苷、強心苷等均為常見的糖苷。

第一節　糖與糖苷的分類

一、糖的結構與分類

　　根據糖分子水解反應的情況，可將其分為單糖、低聚糖和多糖。

1. **單糖**：不能水解的糖稱單糖。例如，葡萄糖、鼠李糖、甘露糖、果糖等。

2. **低聚糖**：水解後能夠生成十個以下單糖分子的糖。例如，蔗糖、乳糖、麥芽糖等。

3. **多糖**：水解後能生成十到數千個單糖分子的糖。例如，澱粉、纖維素等。

　　單糖在水溶液中可以環狀（α-, β-）和鏈狀兩種結構形式存在，處於鏈狀結構時可用 Fischer 式表示，處於環狀結構時可用 Haworth 式表示。單糖成環後新形成的一個不對稱碳原子稱為**變旋碳原子（anomeric carbon atom）**，生成的一對差向**變旋異構物（anomer）**有 α 及 β 兩種構型。從 Haworth 式看半縮醛羥基與決定構型的羥基處於環同側的為 α 型，異側的為 β 型。

二、糖苷的結構與分類

　　前已述及，糖苷是由糖和苷元兩部分組成的，糖羧基碳與苷原子之間連接的鍵稱為苷鍵。在苷的生成過程中，糖羧基碳上的羥基通常與苷元分子中的羥基、羧基、氨基、氫硫基或活潑氫原子等不同基團縮合脫水，因此在苷的分子中，苷鍵部分常含有氧、氮、碳等不同的原子，稱為苷（鍵）原子。

　　構成苷類分子常見的糖為單糖或雙糖。最常見的單糖是葡萄糖。此外，還有鼠李糖（rhamnose）、阿拉伯糖（arabinose）、半乳糖（galactose）、甘露糖（mannose）、果糖（fructose）等。與苷元連接的雙糖常見的有蕓香糖（rutinose）、槐糖（sophorose）、櫻草糖（primeverose）、新橙皮糖（neohesperidose）等。苷的共性在糖的部分，組成苷的苷元部分結構類型差異很大，這也是苷種類繁多的主要原因。常見的例如苯環或芳稠環、苯並吡喃（酮）、內酯、萜類、甾體、生物鹼、木脂素等均可作為苷元，它們特性各異，是非常重要的天然化學成分。

糖苷的分類方法有以下幾種：

1. **按苷原子不同分類**：根據苷鍵原子的不同，可以將糖苷分爲氧苷（O- 苷）、氮苷（N- 苷）、硫苷（S- 苷）、碳苷（C- 苷）等，其中以氧苷最爲常見。

(1)**氧苷**：苷元通過氧子和苷元相連接而成的苷稱爲氧苷。氧苷是數量最多、最常見的糖苷化合物。根據形成苷鍵的苷元羥基類型不同，又可以分成醇苷、酚苷、酯苷和氰苷等，其中以醇苷和酚苷居多，酯苷較少見。

- **醇苷**：是通過醇羥基與糖羧基羥基脫水而成的苷。例如，具有殺蟲、抗菌作用的**毛茛苷（ranunculin）**；具有強壯和增強適應能力的**紅景天苷（rhodioloside）**等。醇苷的苷元以萜類和甾醇化合物居多。

毛茛苷（ranunculin）　　　　　　　紅景天苷（rhodioloside）

- **酚苷**：是通過酚羥基與糖羧基羥基脫水而成的苷。例如，天麻中的鎮靜成分**天麻苷（gastrodin）**、丹皮中的**丹皮苷（paeonolide）**及**熊果苷（arbutin）**等。

天麻苷（gastrodin）　　　丹皮苷（paeonolide）　　　熊果苷（arbutin）

• **酯苷**：苷元以羧基和糖縮合而成的酯苷，其苷鍵既有縮醛的特性又有酯的特性，易為稀酸和稀鹼所水解。例如，具有抗真菌活性的**山慈菇苷 A 和山慈菇苷 B（tuliposide A, B）**，水解後苷元立即合成**山慈菇內酯 A 和山慈菇內酯 B（tulipalin A, B）**。

R＝H：*山慈菇苷 A*　　R＝H：*山慈菇內酯 A*
R＝OH：*山慈菇苷 B*　　R＝OH：*山慈菇內酯 B*

• **氰苷**：是指一類含有 α- 羥腈的苷，數目不多，但分布廣泛，現已發現約 50 餘種。這種苷易水解，尤其在稀酸和酶的催化作用下水解更快，生成的苷元 α- 羥腈很不穩定，立即分解為醛（酮）和氫氰酸。在濃酸作用下，苷元中的 -CN 易氧化成 -COOH，並產生 NH_4^+；在鹼性條件下，苷元容易發生異構化而生成 α- 羥基羧酸鹽。常見的有**苦杏仁苷（amygdalin）**和**野櫻苷（prunasin）**。苦杏仁苷是原生苷，水解後生成的野櫻苷是次生苷。

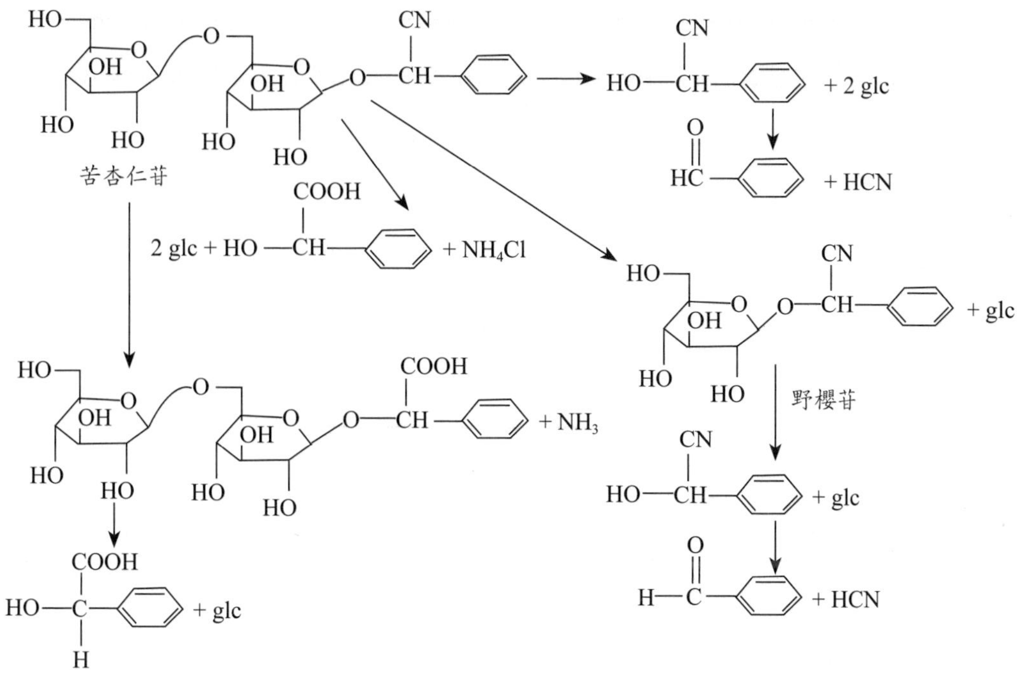

苦杏仁苷

2 glc + HO—CH—⟨⟩ + NH₄Cl 에서 COOH

+ 2 glc

+ HCN

+ NH₃

+ glc

野櫻苷

+ glc

+ HCN

(2) **氮苷**：苷元上氮原子與糖分子上的羧基碳相連而成的苷。在生物化學研究中，是十分重要的物質。例如，**腺苷（adenosine）**、**鳥苷（guanosine）**、**胞苷（cytidine）**等。天然藥物巴豆中的**巴豆苷（crotonside）**化學結構與腺苷相似。

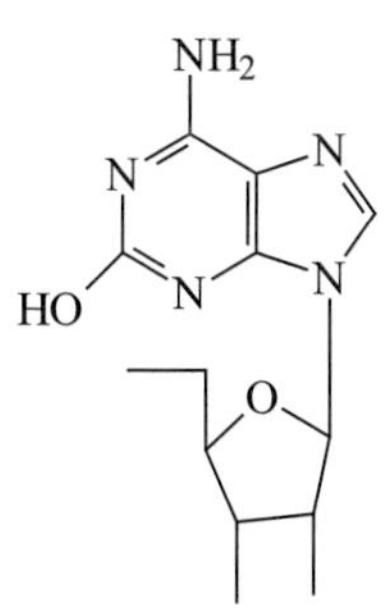

巴豆苷（crotonside）

(3) **硫苷**：由苷元上氫硫基與糖分子上的羧羥基脫水縮合而成。例如，蘿蔔中**蘿蔔苷（glucoraphenin）**，存在於黑芥子中**黑芥子苷（sinigrin）**。

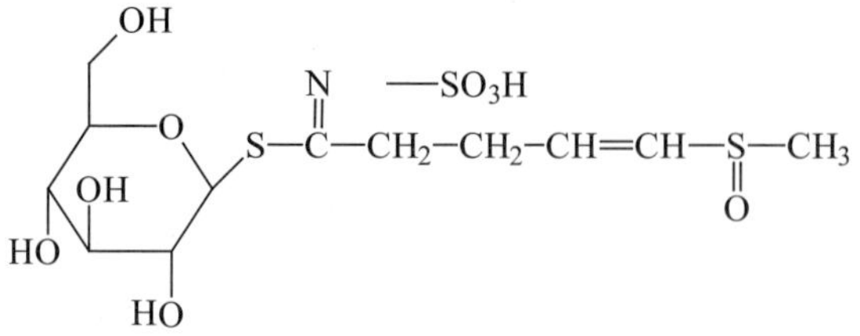

蘿蔔苷（glucoraphenin）

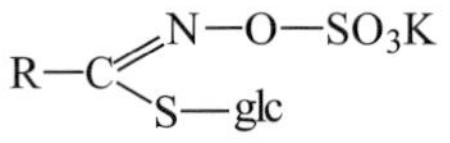

芥子苷通式

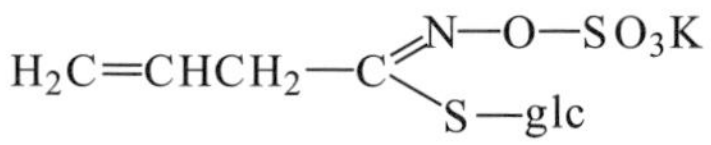

黑芥子苷（sinigrin）

(4) **碳苷**：由苷元的碳原子與糖分子上的羧基碳直接連接而成。常與氧苷共存。組成碳苷的苷元多為黃酮類、蒽醌類化合物，其中以黃酮碳苷最為常見。碳苷類具有水溶性小、難於水解的共同特性。蘆薈中的致瀉有效成分之一**蘆薈苷（aloin）**，是最早從中藥中得到的蒽醌碳苷，近年來分離得到的蘆薈苷 A 和蘆薈苷 B 為相互轉化的一對非對映異構體。

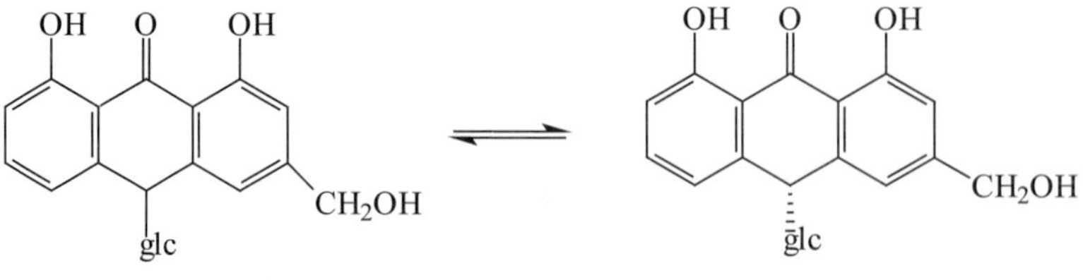

蘆薈苷（aloin）

2. **按生物體內的存在形式分類**：在植物體內原生存在的苷稱為原生苷，例如**苦杏仁苷**（**amygdalin**）。原生苷水解一個糖或結構發生改變形成的苷稱為次生苷，例如**野櫻苷**（**prunasin**）。

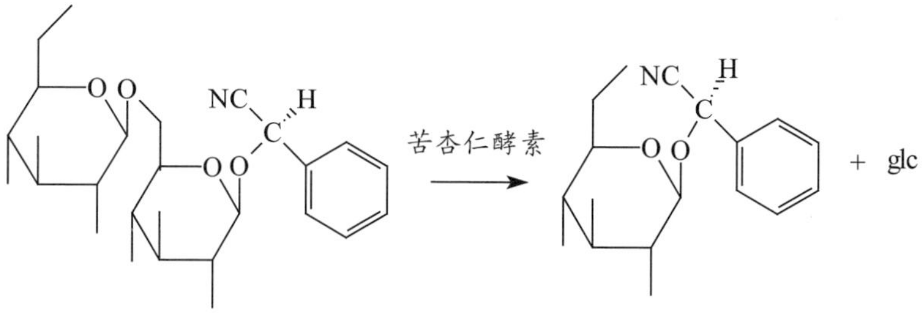

苦杏仁苷（amygdalin） → 苦杏仁酵素 → 野櫻苷（prunasin） ＋ glc

3. **按苷元不同分類**：根據苷元的結構可分為黃酮苷、氰苷、木脂素苷、蒽醌苷、香豆素苷等類型。例如，**甘草苷（黃酮苷，liquiritin）、苦杏仁苷（氰苷，amygdalin）、七葉內酯苷（七葉苷，esculin）、番瀉苷A（蒽醌苷，sennoside）**等。

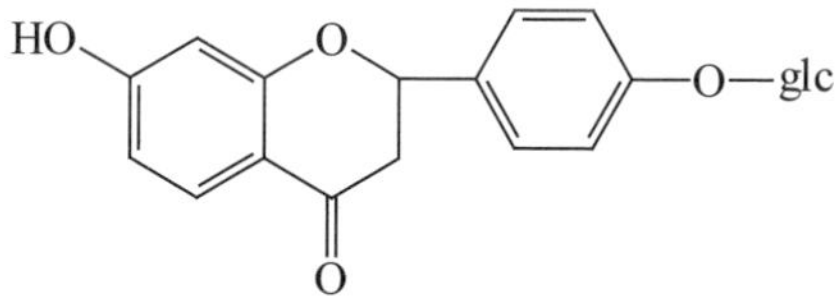

甘草苷（liquiritin）

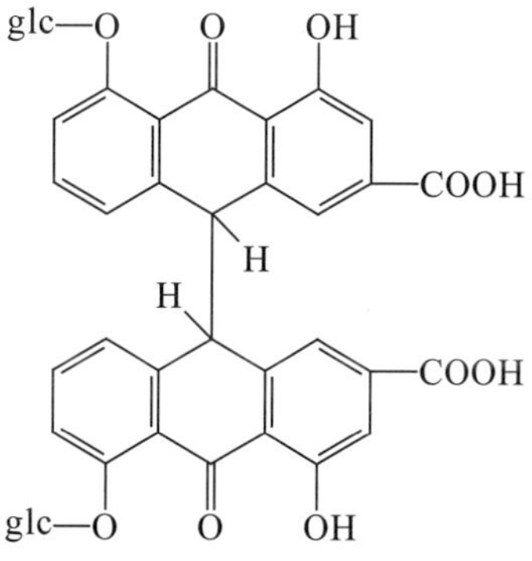

番瀉苷 A（sennoside A）

七葉內酯（乙素，esculetin）　　　　　七葉內酯苷（甲素，esculin）

　　另外，還有按羧基碳構型分類的 *α*- 糖苷和 *β*- 糖苷、按連接的單糖個數分類的單糖苷、雙糖苷、三糖苷等。

第二節　糖苷的物質特性

一、物理性質

　　1. **特性**：糖苷類化合物多數是固體，其中糖基少的可以成結晶，糖基多的如皂苷則多為具有吸濕性的無定形粉末。糖苷一般無味，但也有些帶苦味或甜味者。例如，人參皂苷有苦味，從甜葉菊的葉子中萃取得到的**甜菊苷（stevioside）**比蔗糖甜 300 倍。苷類化合物的顏色由苷元的特性決定，糖的部分無色。

　　2. **溶解性**：在中藥各類化學成分中，苷類屬於極性較大的物質，在甲醇、乙醇、含水正丁醇等極性大的有機溶劑中有較高的溶解度，一般也能溶於水，其苷元多呈親脂性。

　　苷類由於糖基的加入，結構中增加了親水性的羥基，因此親水性增強。其親水性與糖基的數目有密切的關係，往往隨著糖基的增多而提高，大分子苷元（例如甾醇等）的單糖苷常可溶於低極性的有機溶劑。如果糖基增多，則苷元占的比例相對變小，親水性增加，在水中的溶解度也就增加。因此，用不同極性的溶劑依次萃取藥材時，在各萃取部分都有發現苷類化合物的可能。

碳苷的溶解性較爲特殊，和一般苷類不同，無論是在水還是在其他溶劑中，碳苷的溶解度一般都較低。

3. **旋光性**：多數苷類化合物呈左旋，水解後，由於生成的糖常是右旋的，因而使混合物呈右旋。因此，比較水解前後旋光性的變化也可以用以檢測苷類化合物的存在。但必須注意，有些低聚糖或多糖的分子也都有類似的性質，因此一定要在水解產物中確定苷元的有無，才能判斷苷類的存在。

二、化學性質

1. **氧化反應**：單糖分子中有醛（酮）、醇羥基和鄰二醇等結構，均可以與固定分量的氧化劑發生氧化反應，通常都無選擇性。但高碘酸和四醋酸鉛的選擇性較高，一般只作用在鄰二羥基上。以下以高碘酸氧化反應爲例。高碘酸反應作用緩和，選擇性高，限於同鄰二醇、α- 氨基醇、α- 羥基醛（酮）、鄰二酮和某些活性次甲基上，基本反應如下：

作用機制：首先生成五元環狀酯的中間體，在酸性或鹼性介質中，高碘酸以一價的 $H_2IO_5^-$（水合離子）作用。上述機制可以解釋在弱酸或中性介質中，順式 1, 2- 二元醇比反式的反應快得多，因爲順式結構有利於五元環中間體的形成。另外，有些結構剛性較強，使得反式鄰二醇固定在環的兩側而無扭轉的可能，此時雖有鄰二醇也不能發生高碘酸反應。因此，對陰性結果的判斷應愼重。

2. **糠醛形成反應**（Molisch **反應**）：單糖在濃酸作用下失去三分子水，生成具有呋喃環結構的糠醛類化合物。多糖則在硫酸存在下先水解成單糖，再脫水生成同樣的產物。由五碳糖生成的是糠醛（R = H），甲基五碳糖生成的是 5- 甲基糠醛（R = CH_3，六碳糖生成的是 6- 羥甲基糠醛（R = CH_2OH）。

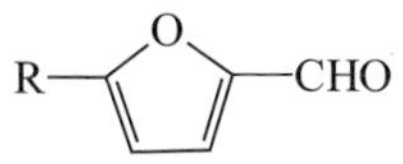

R = H：五碳糖
R = CH$_3$：甲基五碳糖
R = CH$_2$OH：六碳糖
R = COOH：六碳糖醛酸

　　糠醛衍生物可與許多芳胺、酚類化合物縮合形成有色物質，可用於糖的呈色和鑑定。

　　3. **苷鍵的裂解**：苷鍵的裂解反應是一類研究多糖和苷類化合物的重要反應。通過該反應可以將苷鍵切斷，更容易了解苷元的結構、所連糖的種類和組成、苷元與糖的連接方式以及糖與糖苷的連接方式。常用的方法有**酸水解法、鹼水解法、酶水解法、氧化開解法**等。

　　(1) **酸催化水解法**：糖苷鍵屬於縮醛結構，易為稀酸催化水解。反應一般在水或稀醇溶液中進行。常用的酸有鹽酸、硫酸、乙酸和甲酸等。糖苷發生酸催化水解反應的機制是，糖苷鍵原子首先質子化，然後苷鍵斷裂生成苷元和糖的正碳離子中間體，在水中正碳離子經溶劑化，再脫去氫離子而形成糖分子。下面以氧苷中的葡萄糖苷為例，說明其反應歷程。

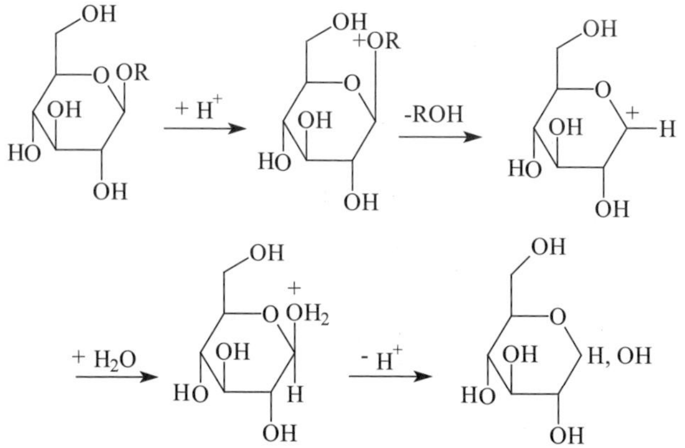

從上述反應機制可以看出，影響水解難易程度的關鍵因素在於苷鍵原子的質子化是否容易進行，有利於苷原子質子化的因素，就可使水解容易進行。主要包括兩個方面的因素：苷原子上的電子雲密度以及苷原子的空間環境。若深入分析化合物的結構，則有以下規則：

① **按苷鍵原子的不同，酸水解難易程度為：N > O > S > C**。原因為 N 最易接受質子，C 上無未共享電子對，不能質子化。

② **呋喃糖苷較吡喃糖苷易水解，水解速率大 50～100 倍**。原因為五元呋喃環中取代基處在重疊位置，形成水解中間體可使張力減小，有利於水解。

③ **酮糖較醛糖易水解**。原因為酮糖多呋喃環結構，羧基上接著 $-CH_2OH$ 時，水解反應可使張力減小。

④ **吡喃糖苷中，吡喃環 C_5 上取代基越大越難水解，故：五碳糖 > 甲基五碳糖 > 六碳糖 > 七碳糖 > 5 位接 -COOH 的糖**。原因為吡喃環 C_5 上的取代基對質子進攻有立體阻礙作用。

⑤ **反應活性順序為：2- 去氧糖 > 2- 羥基糖 > 2- 氨基糖**。原因為 2 位羥基對苷原子的吸電子效應及 2 位氨基對質子的競爭性吸引。

⑥ **芳香類糖苷（例如酚苷）因苷元部分有供電子結構，水解比脂肪類糖苷（例如苷類、甾苷等）容易得多**。某些酯苷如蒽醌苷、香豆素苷不用酸，只加熱也可能水解，即**芳香苷 > 脂肪苷**。原因為苷元的供電子效應使苷原子的電子雲密度增大。

⑦ **苷鍵類型對糖苷水解有一定的影響**：苷元為小基團者，苷鍵為平行鍵者比苷鍵為直立鍵者容易水解，因為平行鍵上的原子易於質子化；苷元為大基團者，苷鍵為直立鍵者比苷鍵為平行鍵者容易水解，這是由於苷的不穩定性促使其水解。原因為小苷元的苷鍵為直立鍵時，環對質子進攻有立體阻礙作用。

⑧ N- 苷易接受質子，但當 N 處於醯胺或嘧啶位置時，N- 苷也難以用礦酸水解。原因為吸電子共軛效應降低了 N 上的電子雲密度。

(2) **乙醯解反應**：在多糖苷的結構研究中，為了確定糖與糖之間的連接位置，常應用乙醯解反應分解一部分苷鍵，保留另一部分苷鍵，然後用薄層或氣相色譜，鑑定在水解產物中得到的乙醯化單糖和乙醯化低聚糖。反應用的試劑為乙酸酐與不同酸的混合液，常用的酸有硫酸、高氯酸和 Lewis 酸（例如氯化鋅、三氟化硼等）。

乙醯解反應的操作較為簡單，一般可將苷溶於乙酐與冰乙酸的混合液中，加入 3～5% 的濃硫酸，在室溫下放置 1～10 天，將反應液倒入冰水中，並以碳酸氫鈉中和至 pH=3～4，再用氯仿萃取其中的乙醯化糖，然後通過柱色譜分離，就可獲得不同的乙醯化單糖或乙醯化低聚精，再用 TLC 鑑定之。

苷發生乙醯解反應的速率與糖苷鍵的位置有關。如果在苷鍵的鄰位有可乙醯化的羥基，則由於電負性，將使乙醯解的速率變慢。從二糖的乙醯解速率可以看出，苷鍵的乙醯解一般以 1 → 6 苷鍵最易斷裂，其次為 1 → 4 苷鍵和 1 → 3 苷鍵，而以 1 → 2 苷鍵最難開裂。

(3) **鹼催化水解**：一般的苷對鹼是穩定的，不易被鹼催化水解，故多數採苷用稀酸水解。但是，酯苷、酚苷、氰苷、烯醇苷和 β- 吸電子基取代的苷易為鹼所水解，例如藏紅花苦苷、靛苷、蜀黍苷都可為鹼所水解。但有時得到的是脫水苦苷。例如藏紅花苦苷的水解：

原因爲其中藏紅花苦苷苷鍵的鄰位碳原子上有受吸電子基團活化的氫原子，當用鹼水解時引起消除反應而生成雙烯結構。

(4) **酶催化水解反應**：對難以水解或不穩定的糖苷，應用酸水解法往往會使苷元發生脫水、異構化等反應，而得不到眞正的苷元，酶水解條件溫和（30～40℃），不會破壞苷元的結構，可得到眞正的苷元。酶具有高度專一性，α-苷酶一般只能水解 α-苷；β-苷酶一般只能水解 β-苷。例如，麥芽糖酶（maltase）是一種 α-苷酶，它只能以 α-葡萄糖苷水解；苦杏仁酶（emulsin）是 β-苷酶，它主要水解 β-葡萄糖，但專一性較差，也能水解其他六碳糖的 β-苷鍵。由於酶的專一性，苷類水解還可產生部分水解的次生苷。因此，通過酶水解可以得知糖的類型、苷鍵及糖苷的構型、連接方式等信息。

(5) **氧化開裂法**（Smith **降解法**）：糖苷類分子中的糖基具有鄰二醇的結構，可以被高碘酸氧化開裂。Smith 降解法是常用的氧化開裂法。此法先用高碘酸氧化糖苷，使之生成二元醛以及甲酸，再用四氫硼鈉還原成相應的二元醇。這種二元醇具有簡單的縮醛結構，比苷的穩定性差得多，在室溫下與稀酸作用即可水解成苷元、多元醇和羥基乙醛等產物。

Smith 降解法在糖苷的結構研究中具有重要的作用。對難以水解的碳苷也可以用此法進行水解，以避免使用劇烈的酸進行水解，可得到有一個醛基但其他結構保持不變的苷元。此外，對一些苷元結構不穩定的苷類，例如某些皂苷，爲了避免酸水解使苷元發生脫水或結構上的變化以獲得眞正的苷元，也常用 Smith 降解法進行水解。

以上簡單介紹了主要糖苷鍵的水解方法。對於一些特殊的糖苷鍵，須採取一些特殊的水解方法。例如糖醛酸的苷鍵難以用稀酸水解，則可採用特殊的選擇性水解反應——紫外光照射法、四醋酸鉛分解法等。值得注意的是，有些糖苷鍵極不穩定，在較弱的酸性中或在水、稀醇液中進行稍長時間的加熱，即能水解。因此，在保存糖苷時，要注意環境狀況，防止水解。

第三節　糖苷的萃取分離

一、糖的萃取與分離

1.糖的萃取

自植物中直接萃取糖類成分宜用水或稀醇。若先以低極性溶劑除去親脂性成分，再以水或稀醇萃取，則可減少雜質。對溶於水而不溶於醇的糖類，可先用醇去雜質，再以水萃取。如此有利於之後的分離。獲得粗略的糖萃取液後，除去共存雜質，進行混合糖的相互分離。糖類的分離純化比較困難，尤其是多糖不易以單一方法獲得均一成分，常必須綜合使用多種方法。

2.糖的分離

(1)**活性碳管柱層析分離**：活性碳吸附量大、效率高，分離水溶性物質較好，例如胺基酸、糖類及某些苷類。根據活性碳顆粒的大小，把常用的活性碳主要分為三種類型，一種是粉末狀活性碳，特點是顆粒細，總表面積大，吸附力最大、流速慢，使用時則需與矽藻土（1：1）混合後，再用蒸餾水調成糊狀填充成柱；第二種是顆粒狀活性碳，特點是顆粒較前者大，吸附力則次於前者；第三種是聚醯胺纖維—活性碳，它是以聚醯胺纖維為黏合劑，將粉狀活性碳製成顆粒，吸附力最弱，但可以克服粉狀活性碳流速慢的缺點。

活性碳因為是非極性吸附劑，故與矽膠、氧化鋁相反，對非極性物質具有較強的親和能力，在水中對該類物質表現出較強的吸附力。溶劑極性降低，則活性碳對該類物質的吸附能力也隨之降低。活性碳在水溶液中的吸附力最強，在有機溶劑中吸附力較弱。活性碳的吸附原則如下：

- 對極性基團多的化合物吸附力大於極性基團少的化合物（分子量相當的兩個化合物比較）。
- 對芳香族化合物吸附力大於脂肪族化合物（極性基團相同時）。
- 對分子量大的化合物吸附力大於分子量小的化合物（多糖 > 低聚糖 > 單糖）。

活性碳在裝柱前要先進行預處理。一般預處理是將活性碳加熱（150℃，4～5 小時），除去大多數被吸附的氣體。有時爲了除去混雜的金屬離子，以使活力增強，則需要嚴格的預處理，通常是把活性碳用 0.2 mol/L 枸櫞酸緩衝液洗滌後用蒸餾水反覆洗，或者用 2～3 mol/L 鹽酸煮沸幾次後用蒸餾水反覆洗。經過預處理的活性碳裝柱時通常採用蒸餾水濕法裝柱，樣品製成 25～50% 的水溶液上樣。先用蒸餾水洗脫無機鹽、單糖等，然後在水中逐漸增加乙醇的濃度，逐步洗出二糖、三糖以及多糖。

活性碳來源容易，價格低廉，而且樣品注入量最大，分離效果較好，適合大量製備。缺點是無測定其吸附力級別的理想方法。

(2)纖維素層析法分離：此法採用的溶劑系統爲水、丙酮、水飽和的正丁醇等。原理與 PC 相同，屬分配層析。用水溶性的溶劑如 HAc-H_2O 進行展開時，其原理屬吸附層析。

(3) 凝膠層析法分離

① **葡聚糖凝膠的性質**：葡聚糖凝膠是由葡聚糖和交聯劑（環氧氯丙烷）通過醚橋形式相交而成的多孔性網狀結構物質。爲非水溶性的白色球狀顆粒，在酸性環境中能水解，在鹼性環境中穩定。凝膠顆粒的表面有許

多孔洞，孔洞的大小是影響分離效果的主要因素。交聯密度大，孔洞結構緊密，孔隙小，吸水膨脹率就愈大，可用於小分子量物質的分離；反之，交聯密度小，結構疏鬆，孔隙大，吸水膨脹率就愈小，可用於大分子量物質的分離。主要用於分離糖、蛋白質、苷類等。

② **常用葡聚糖凝膠商品的名稱及型號**：商品凝膠的型號一般是依照交聯密度的大小來分類的。一般有葡聚糖凝膠（商品名 Sephadex G，G 代表葡聚糖凝膠，有 G-10、G-15、G-200 等）、瓊脂糖凝膠（Sepharose，Bio-Gel A）、聚丙烯醯胺凝膠（Bio-Gel P）、羥丙基葡聚糖凝膠（Sephadex LH-20）等。

③ **操作步驟**：將凝膠在適當的洗脫劑溶液中浸泡，待充分膨脹後裝入管柱，注入樣品，用洗脫液洗脫，收集、回收洗脫液，乾燥。

④ **洗脫溶劑的選擇**：分離阻滯較大的組分用水和有機溶劑的混合液，例如水—甲醇、水—乙醇、水—丙酮等；分離中性物質用水及電解質溶液，例如酸、鹼、鹽溶液及緩衝液。Sephadex LH-2 是在葡聚糖凝膠 G 的分子中引入羥丙基，代替分子中羥基上的氫而形成新型凝膠，既有親水性，又有一定的親脂性，用於分離黃酮、蒽醌、香豆素、酚類等。

(4) **四級銨氫氧化物沉澱法分離**：四級銨氫氧化物是一類乳化劑，四級銨氫氧化物和酸性糖（含 -COOH）反應產生沉澱，以此進行分離。

(5) **離子交換層析法分離**：是利用離子交換樹脂上的官能基在水溶液中與溶液的其他離子進行可逆交換的性質，以離子交換樹脂作為固定相，使混合成分中離子型與非離子型物質，或具有不同解離度的離子化合物得到分離的層析方法。可以除去水沖提液中的酸、鹼性成分和無機離子。製成硼酸錯合物—強鹼性陰離子交換樹脂（不同濃度硼酸鹽液洗脫），操作

方法與柱色譜法基本相似。

(6) **分級沉澱或分級溶解法分離**：在糖的水溶液中，逐步增大加入的乙醇濃度，即可得到各部分的沉澱物。

(7) **蛋白質除去法分離**：用分級沉澱法得到的多糖，其中常含有較多的蛋白質，通常選擇能使蛋白質沉澱，使多糖不沉澱的試劑除去，例如酚、三氯乙酸、鞣酸等。在處理時間上要短，溫度要低，以避免多糖的降解。通常用三氟三氯乙烷法和 Sevag 法（用氯仿與戊醇或丁醇按 4：1 混合），在避免多糖的降解上有較好的效果。

二、糖苷的萃取和分離

萃取苷類化合物時，首先應考慮到糖苷的水解特性。在植物體內，糖苷類常常與能水解苷的酶共同存在於不同細胞中，例如在潮濕的空氣中碾碎中藥原料，或用冷水浸泡原料的粉末，都會使糖苷與酶接觸而發生酶解，生成次級糖苷或苷元。所以在萃取糖苷時必須設法抑制或破壞酶的活性，才能得到原存於植物體中的原生苷。抑制酶活性的作法包括對新鮮的植物材料迅速乾燥（多用曬乾或晾乾），若爲中藥材應避免高溫處理，在萃取時宜用沸水、甲醇、60% 以上的乙醇等溶劑萃取，亦可在中藥材料中加入一定量的碳酸鈣拌勻後再用沸水萃取。新鮮的植物材料還可以加硫酸銨水溶液研磨以促使酶變性，達到抑制或破壞酶活性的目的。

各種糖苷類分子中，由於苷元的結構不同，所連接糖的種類和數目也不一樣，因而極性差異也很大，很難用統一的方法萃取苷類，如果用不同極性的溶劑，按極性由小到大的次序進行萃取，則在每一溶劑部分都有

可能發現糖苷的存在，因此選擇萃取用的溶劑，最好結合欲萃取苷類的特性來考量。不過從多數情況來看，糖苷在甲醇、乙醇或乙酸乙酯中的溶解度比較大，所以一般較常選用這些溶劑來進行萃取，若糖苷類的親脂性較強，也可選用氯仿萃取。

下面為糖苷的系統溶劑萃取法流程：

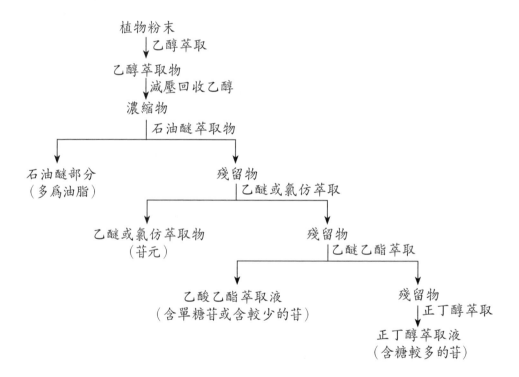

第四節　具有代表性的糖苷

具有代表性的糖苷，例如**皂苷（saponins）、氰苷類（cyanogenic glycosides）**及**強心苷（cardiac glycosides）**等。

一、皂苷

皂苷（saponins）是存在於植物界一種比較複雜的苷類化合物。它的水溶液易引起肥皂樣的泡沫，且多數具有溶血特性。目前，最常用的方法是按照其苷元結構將皂苷分為兩大類：**甾體皂苷**（**steroidal saponins**）和**三萜皂苷**（**triterpenoid saponins**）。甾體皂苷主要分布在薯蕷科、百合科、玄參科、菝葜科、龍舌蘭等科植物中；三萜皂苷在豆科、五加科、葫蘆科、毛茛科、石竹科、傘形科、鼠李科、報春花科等植物中分布較多。皂苷是由皂苷元和糖兩部分組成。形成皂苷的糖常見的有 D- 葡萄糖、D- 半乳糖、L- 鼠李糖、L- 阿拉伯糖、D- 木糖、D- 葡萄糖醛酸、D- 半乳糖醛酸等。許多皂苷元的結構已被闡明，但其化學結構分析工作進展緩慢，這是由於皂苷分子量大、極性較高，難以分離萃取。近年來，由於各種分離技術的發展，皂苷的研究工作取得了巨大的進展（皂苷的物質特性，請參見課本第四章皂苷類化合物）。

二、氰苷

氰苷類（cyanogenic glycosides）是一類分子中含有氰基，主要以苷的形式廣泛存在於自然界的化合物，尤其存在於高等植物的種子和葉子中，如桃、杏、櫻桃等植物中含量較高，通常可被酸或酶水解後釋放出氫氰酸，故攝食過量此類植物或果實會引起中毒。目前有 110 餘科屬中 2050 餘種植物中含有氰苷成分。氰苷的積蓄與植物年代、土壤、氣候和地理環境的變化密切相關，當氮的代謝最旺盛時，氰苷的含量也達到高峰。早在 1803 年，Schrader 在研究苦杏仁成分時即發現此類成分，而在 1830 年 Robiquet 等人從中分離出了苦杏仁苷，目前它已成為醫藥上常用的袪痰止咳劑，並衍生出杏仁水、杏仁露等製劑。氰苷類化合物的研究已有 200 餘年的歷史，但目前人們僅對 200 餘種植物進行過活性成分的研

究，從中分離出約 60 種相關的化合物，對此類成分的研究目前仍處於發展階段。這類化合物在水的溶解度較大，且與水易形成含水化合物，較難結晶，故在分離上存在著一定的難度。

1. **氰苷類化合物的性質**：氰苷類常形成含水化合物，故不易結晶。大多數氰苷類化合物在水中的溶解度較大，在乙醇中的溶解度較小，但可以溶於熱的乙醇或乙酸乙酯等溶劑。在乙醚、苯、二硫化碳和四氯化碳等溶劑中幾乎不溶。若氰苷類化合物製備成乙醯化合物時，則可溶於非極性溶劑。氰苷通常容易水解，甚至在水溶液中亦可逐漸分解。當酸或酶存在時，則可以加速水解反應進行。

2. **氰苷類化合物的鑑定**：檢查植物中是否含有氰苷類化合物，主要針對在氫氰酸，此非特異性檢出，僅限於酶解能釋放氫氰酸的氰苷類化合物。操作方法為將欲測試植物搗碎，或加入少許 pH=6～8 的磷酸鹽緩衝液，置於試管中，加一滴氯仿。另取苦味酸—碳酸鈉試劑濕潤濾紙條，懸置於試管口，用塞子密閉，以 35℃恆溫酶解之。苦味酸—碳酸鈉濾紙呈現橙紅—紅褐色，當濾紙顏色轉變成藍色則表示陽性反應，代表該植物中含有氰苷類化合物。當硫化氫、二氧化硫、醛和酮等揮發性成分存在時，會對苦味酸試劑造成干擾。亦可以用對硝基甲醛—鄰二硝基苯試劑，若有 CN^-，則呈紫色。目前常採用 Feigl-Anger 試紙，其樣品色色澤深淺與氰苷類化合物含量成正比。若欲測試的植物樣品經過處理後所產生的氫氰酸含量極微，則取樣量應增加，並用水蒸氣蒸餾等方法將所產生的氫氰酸收集於合適的試劑中，再進行檢測。亦可採用氣相層析法檢測。或將植物萃取物用紙或矽膠板展層、晾乾，然後噴上酵素酶解，再用上述試劑顯色。

3. **分離和純化**：氰苷類化合物的萃取分離首先要防止其結構的異構和分解，通常先用非極性溶劑萃取除去類脂質後，用乙醇、甲醇、水或其他混合溶劑萃取。若材料為新鮮植物，為了避免成分產生變化，可採用80%的乙醇或加水煮沸數分鐘，破壞其中酶的活性，然後繼續採用回流、溫浸或冷滲等方法萃取。若是使用醇萃取液則濃縮去醇後，在其殘渣內加水，並用石油醚萃取，來除去脂溶性成分。亦可用乙酸乙酯等溶劑與水進行液液分離萃取，或用甲醇與乙酸乙酯混合溶劑萃取，這樣可避免大量極性化合物如糖、胺基酸等成分的溶出。或將所得水溶液先用醋酸鉛、聚醯胺或混合型離子交換樹脂等法進行預處理，除去其中酸性、酚性及離子性化合物，但氰苷結構中含有上述基團時應慎用或避免使用。經處理後的水溶液可先減壓濃縮，再用管柱層析進行分離純化。

幾乎大多數的氰苷均可用纖維素性層析進行分離純化，一般常用正丁醇—水混合液作為移動相。例如，海韭菜花的水萃取物以聚醯胺除去其中酚性物質，後通過弱鹼性離子交換樹脂，用不同濃度的醋酸洗脫，最後用 5 mol/L 甲酸洗脫，所得部分經微晶纖維素管柱層析，即可分得海韭菜苷。矽膠管柱層析也常用來分離純化氰苷類化合物，由於它對極性化合物具有較佳的親和力，所以能達到良好的分離效果。最常用的展開溶劑是氯仿—甲醇的不同配比（5：1、8：3 或 4：3，V/V），這視化合物的極性強弱而定。除了上述方法外，還可採用聚醯胺層析及製備性紙層析和矽膠薄層層析進行分離純化，也可將化合物進行三甲基矽烷化用氣相層析分離鑑定，近年來，高壓液相層析法已應用到氰苷類化合物的分離和鑑定中。

三、強心苷

強心苷（**cardiac glycosides**）是一類能增強心肌收縮作用的甾體配

糖體化合物，結構的共同點是甾體骨架，C_{17} 位帶有不飽和五元內酯環或雙不飽和六元內酯環，C_3 位連有各種六碳糖。Nativelle 於 1869 年首先從紫花洋地黃中分得強心配糖體（強心苷的物質特性，請參見第五章甾體類化合物）。1935 年 Stau 等發現科學家們早期所分離出的強心苷大多是已經酶解過的次生苷，並不是植物中原生的配糖體，次生苷雖有強心作用，但卻遠比原生苷弱。於是，他們在排除植物中酶影響的條件後，從紫花洋生地黃中分離出了原生苷，之後又先後從毛花洋地黃、康毗毒毛旋花、海蔥、夾竹桃等植物中分離出許多原生的強心苷。到現在爲止，已從十幾科、一百多種植物中發現了強心苷類化合物，常見約有黃花夾竹桃、紫花洋地黃、毛花洋地黃、槓柳、鈴籃、海蔥、福壽草等。目前臨床應用的有二三十種，用於治療充血性心臟衰竭及心律不整等心臟疾病，例如西地蘭、地高辛、毒毛旋花素 K、鈴蘭毒苷、毛地黃毒苷等。除毒毛旋花素 K 外，其餘均已能生產且用於治療急慢性充血性心臟衰竭與心律不整。其中，最常使用的是洋地黃類強心藥物。

習題

1. 何謂糖苷？糖苷的分類爲何？
2. 苷鍵具有什麼特性，常用哪些方法裂解？
3. 苷鍵的酶催化水解有何特點？
4. 請簡述一個你（妳）知道的糖苷萃取分離方法。
5. 請舉例一個你（妳）知道的糖苷的特性及其應用。

第四章　皂苷類化合物

　　皂苷（saponins）是存在於植物界一種比較複雜的苷類化合物。它的水溶液易引起肥皂樣的泡沫，且多數具有溶血特性。目前，最常用的分類方法是按照其苷元結構將皂苷分爲兩大類：**甾體皂苷**（steroidal saponins）和**三萜皂苷**（triterpenoid saponins）。本章節先針對皂苷類化合物的共同特性及萃取分離策略進行介紹，接續再分別針對甾體皂苷和三萜皂苷的分類及具代表性的物質進行陳述。

第一節　皂苷類化合物

一、皂苷的物質特性

1.特徵

　　皂苷分子量較大，不易結晶，大多爲無色或乳白色且無特定形狀的粉末，僅少數爲晶體，皂苷元大多有完好的結晶。皂苷多數具有苦味及辛辣味，粉末對人體各部分的黏膜有強烈的刺激性，尤以鼻內黏膜最爲敏感，吸入鼻內能引起噴嚏。某些皂苷內服，能刺激反射性黏液腺分泌，用於祛痰止咳，皂苷具有吸濕性。

2.溶解度

　　大多數皂苷極性較大，可溶於水，易溶於熱水、稀醇、熱甲醇和熱乙醇，幾乎不溶或難溶於乙醚、苯等極性小的有機溶劑。含水丁醇或戊醇對皂苷的溶解性較好，所以常以丁醇作爲萃取皂苷的溶劑。次級苷在水中

溶解度降低，易溶於醇、丙酮、乙酸乙酯。皂苷元則不溶於水而溶於石油醚、苯，乙醚、氯仿等低極性溶劑。皂苷有助溶特性，可促進其他成分在水中的溶解。

3. 發泡性

皂苷有降低水溶液表面張力的作用，多數皂苷的水溶液經強烈振搖能產生持久性的泡沫，且不因加熱而消失，可以用發泡試驗來區別三萜皂苷與甾體皂苷。

4. 溶血性

皂苷有使紅血球細胞破裂的作用，常用溶血指數作為皂苷定量的指標。所謂溶血指數是指在一定條件下能使血液中紅血球細胞完全溶解的最低皂苷濃度，例如甘草皂苷，溶血指數為 1：4000，溶血性能較強。皂苷水溶液能與紅細胞壁上的膽甾醇結合，生成不溶於水的分子複合物，破壞紅血球細胞的正常滲透，使細胞內滲透壓增加而發生崩解，從而導致溶血現象，故皂苷又稱為**皂毒素（saptoxins）**。因此，皂苷水溶液不能用於靜脈注射或肌肉注射。但並不是所有的皂苷都具有溶血作用，例如以人參二醇為苷元的皂苷則無溶血作用。

5. 沉澱反應

皂苷的水溶液可以和一些金屬鹽類如鉛鹽、鋇鹽、銅鹽等產生沉澱。此特性可用於皂苷的分離，先用金屬鹽使皂苷沉澱下來，分離出來之後再對其進行分解脫鹽。例如三萜皂苷和 $PbAc_2$ 生成沉澱，然後分解脫鉛，得到總皂苷。此法的缺點為鉛鹽吸附力強，容易帶入雜質，並且在脫鉛時鉛

鹽會帶走一些皂苷，脫鉛也不一定能脫得乾淨。三萜皂苷爲酸性皂苷，可用中性 $PbAc_2$ 沉澱；甾體皂苷則爲中性皂苷，需用鹼性 $PbAc_2$ 沉澱。

6.熔點與旋光度

皂苷常在熔融前就分解，因此無明顯的熔點。苷元的熔點隨羥基數目的增加而升高，甾體皂苷元單羥物熔點都在 208℃ 以下，三羥物都在 240℃ 以上，多數雙羥或單羥酮在兩者之間。可是它們的混熔點或乙醯化物的混熔點往往不下降，因此甾體皂苷在鑑定上不能單靠熔點。利用旋光度來測定更有意義，例如甾體皂苷及其苷元的旋光度幾乎都是左旋。旋光度與雙鍵間有密切的關係，未飽和的苷元或乙醯化物與相應的飽和化合物相比，在測量旋光度的數值呈現負值即表示爲左旋，是判斷及鑑定結構的重要依據。

7.皂苷的水解

皂苷的苷鍵可以被酶、酸或鹼水解，隨著水解條件不同，產物可以是次皂苷、皂苷元或糖。皂苷的水解有兩種方式：可以一次徹底水解，生成苷元及糖；也可以分步驟水解，即部分糖先被水解，或使皂苷中先水解出一條糖鏈形成次生苷或前皂苷元。由於皂苷所含的糖是 α- 羥基糖，因此水解反應較爲劇烈。例如，具重要活性的人參皂苷（ginsenosides），在鹽酸中，20(S) 原人參二醇或 20(S) 原人參二醇 20 位羥基發生異構，轉變成 20(R) 原人參二醇或 20(R) 原人參三醇，再環合生成人參二醇或人參三醇。因此，選擇水解條件，採用溫和的水解方法。例如，氧化降解法、土壤微生物培養法、光解法等以得到眞正皂苷元，是研究三萜皂苷結構的關鍵。

二、萃取分離

1.皂苷的萃取

常用不同濃度的乙醇或甲醇作爲溶劑萃取，然後回收溶劑，將殘渣溶於水，水溶液再用石油醚、苯等親脂性有機溶劑萃取，除去油脂、色素等脂溶性雜質，最後用正丁醇對水溶液進行萃取，分離正丁醇溶液，得到粗製總皂苷。

2.皂苷的分離

皂苷的分離方法主要有分段沉澱法、膽甾醇沉澱法、鉛鹽沉澱法、層析法和反相層析法等。

(1) **分段沉澱法**：利用皂苷難溶於乙醚、丙酮等溶劑的性質，先將粗總皂苷溶於少量的甲醇或乙醇，然後加入乙醚或丙酮至混濁，放置產生沉澱後，過濾可得到極性較大的皂苷。接著母液繼續加入乙醚或丙酮，放置可產生極性較小的皂苷。如此反覆處理，可初步分離不同極性的皂苷。

(2) **膽甾醇沉澱法**：甾體皂苷可與甾醇形成難溶性的分子複合物，甾體皂苷的乙醇溶液可被甾醇（常用膽甾醇）沉澱，與其他水溶性成分分離，達到精製的目的。

(3) **鉛鹽沉澱法**：在粗皂苷的乙醇溶液中加入中性醋酸鉛，酸性皂苷可與之產生沉澱，濾液再加入鹼性醋酸鉛，中性皂苷可產生沉澱，然後按常法脫鉛，可獲得精煉後的酸性皂苷和中性皂苷。

(4) **層析法**：主要是分配管柱層析法，以矽膠爲管核層析的吸附劑，用 $CHCl_3$-CH_3OH-H_2O、CH_2Cl_2-CH_3OH-H_2O、CH_3CH_2OAc-CH_3CH_2OH-H_2O 或水飽和的正丁醇等溶劑系統洗脫。

(5) **反相層析法**：以反相鍵合相 RP-18、RP-8 或 RP-2 爲填充劑，常用 CH_3OH-H_2O 或 CH_3CN-H_2O 爲洗脫劑。

第二節　三萜皂苷

三萜（**triterpenoids**）是由 6 個異戊二烯單位、30 個碳原子組成。**三萜皂苷**（**triterpenoid saponins**）是由**三萜皂苷元**（**triterpene sapogenins**）和糖、糖醛酸等組成。由於該類化合物多數可溶於水，水溶液振搖後產生似肥皂水溶液樣泡沫，故此稱為**皂苷**（**sapomins**）。結構中多具羧基，所以又稱之為**酸性皂苷**。三萜及其苷類廣泛存在於自然界，菌類、蕨類、單子葉、雙子葉植物、動物及海洋生物中均有分布，尤以雙子葉植物中分布最多。三萜主要來源於菊科、豆科、大戟科、楝科、衛茅科、茜草科、橄欖科、唇形科等植物。三萜皂苷在豆科、五加科、葫蘆科、毛茛科、石竹科、傘形科、鼠李科等植物分布較多。

一、三萜皂苷的生理活性

在生理活性上，具溶血、抗癌、抗炎、抗菌、抗生育等活性。例如，齊墩果酸—臨床用於治療肝炎；人參皂苷 Re、柴胡皂苷 A，可降低高血脂；大豆中的大豆皂苷可抑制血清中脂類氧化及過氧化脂質生成，並有減肥作用。此外，由於皂苷能降低表面張力的活性，可作為乳化穩定劑、洗滌劑和起泡劑等。

二、三萜皂苷的生物合成

在生物合成上，為**甲戊二羥酸途徑**（**mevalonic acid pathway**）進行三萜皂苷的生物合成，如圖 4-1 所示。三萜類化合物是活性異戊烯的前驅物，即由乙醯輔酶 A（acetyal CoA）與乙醯乙醯輔酶 A（acetoacetyl-CoA）生成 3- 羥基 -3- 甲基戊二酸單醯輔酶 A（3-hydroxy-3-methylgutary CoA, HMG-CoA），後者還原生成甲戊二羥酸（mevalonic acid, MVA）。

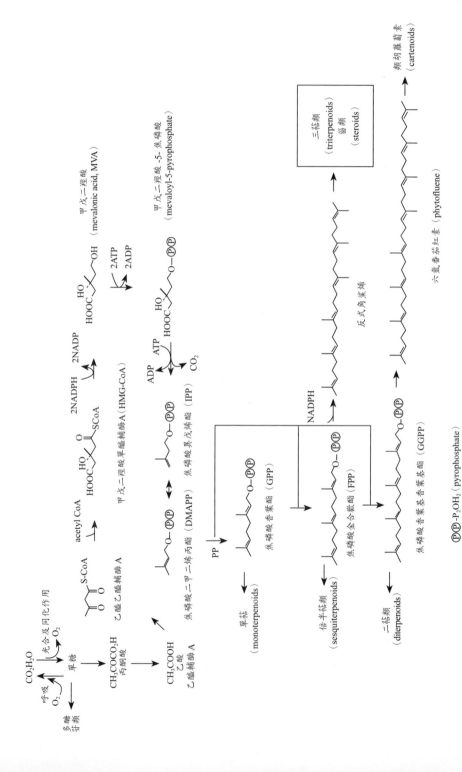

圖 4-1　甲戊二羥酸（mevalonic acid）途徑

MVA 經過數次反應轉化形成焦磷酸異戊烯酯（isopentenyl pyrophosphate, IPP）。IPP 經過硫氫酶（sulphydryl enzyme）轉化成爲焦磷酸二甲基二烯丙酯（dimethylallyl pyrophosphate, DMAPP）。IPP 和 DMAPP 兩者均可以轉化成半萜，並在酶的作用下，頭－尾相接縮合爲焦磷酸香葉酯（geranyl pyrophosphate, GPP），衍生爲單萜化合物。或繼續與 IPP 分子縮合爲焦磷酸金合歡酯（farnesyl pyrophosphate, FPP），衍生爲倍半萜化合物。或繼續與 IPP 分子縮合爲香葉基香葉基焦磷酸（geranylgeranyl pyrophosphate, GGPP），衍生爲二萜化合物。焦磷酸金合歡酯尾－尾縮合生成反式角鯊烯。角鯊烯（squalene）通過不同方式環合形成三萜類化合物。這樣就構成了三萜與其他萜類之間的生源關係。香葉基香葉基焦磷酸尾－尾縮合生成六氫番茄紅素，最後形成類胡蘿蔔素。

三、三萜皂苷的分類

　　多數三萜爲四環三萜和五環三萜，也有少數爲鏈狀、單環、雙環和三環三萜，如：

（一）少數鏈狀、單環、雙環和三環三

1.無環三萜（鯊烯類）

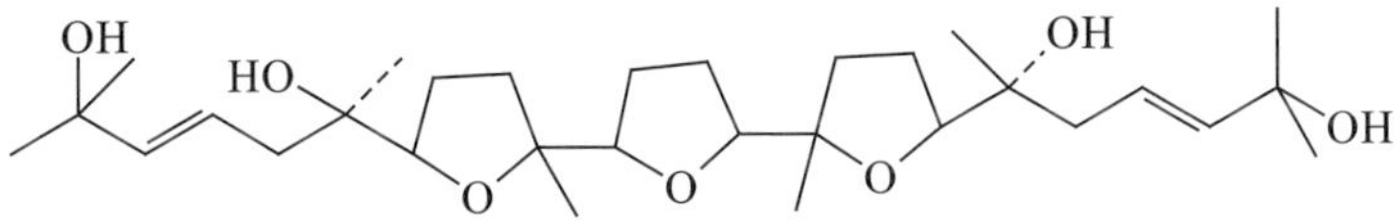

longilene peroxide

2. 單環三萜

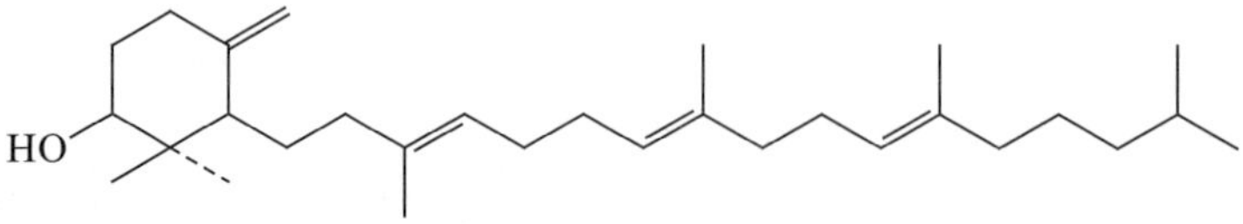

耆醇 A（achilleol A）

3. 雙環三萜

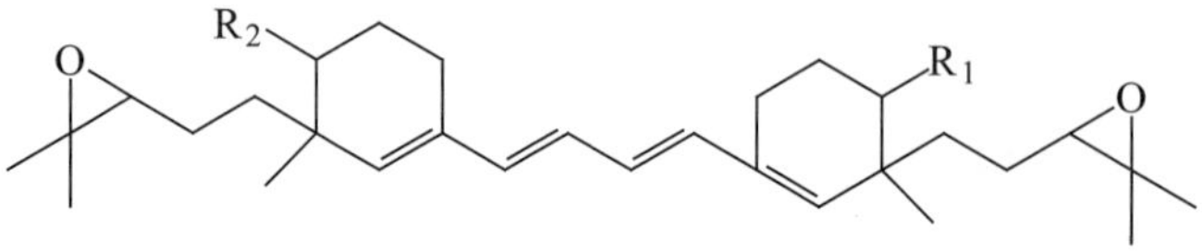

naurol A R$_1$ = R$_2$ = OH　　　　　　　naurol B R$_1$ = R$_2$ = OH

4. 三環三萜

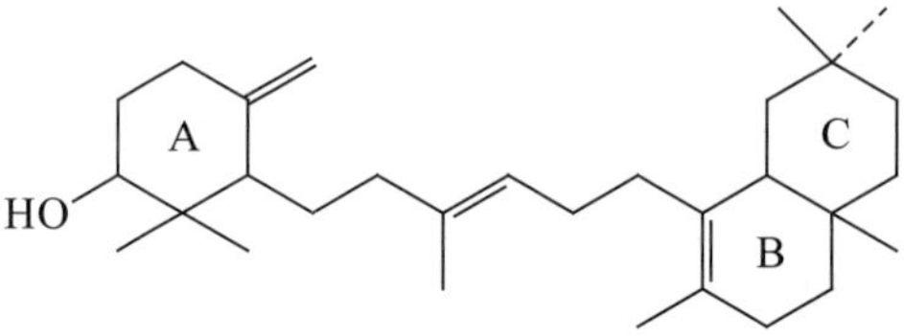

耆醇 B（achilleol B）

（二）四環三萜（tetracyclic triterpenoids）

　　根據母環不同可以分為羊毛脂烷型（lanostane）、大戟烷型（eu-phane）、達瑪烷型（dammarane）、葫蘆素烷型（cucurbitane）、原萜烷型（protostane）、楝烷型（meliacane）、環波羅密烷型（cycloartane）等。

1. **達瑪烷型（dammarane）**：達瑪烷類型包括兩類：人參二醇類和人參三醇類。

　　(1)由 20(S) 原人參二醇（20(S)-protopanaxadiol）衍生的皂苷。—Ra, b, c, d 等。

　　(2)由 20(S) 原人參三醇（20(S)-protopanaxatriol）衍生的皂苷。—Re、Rf。

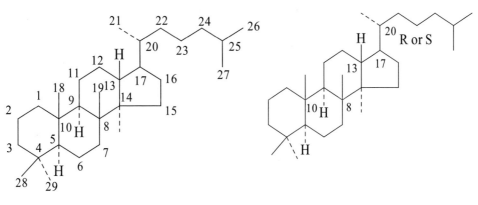

達瑪烷型（dammarane）　　　　　　　　結構特點

2. **羊毛脂烷型（lanostane）**

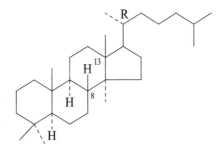

羊毛脂烷型（lanostane）

3. **甘遂烷型（tirucallane）**：結構特點為 (1) 13, 14- 甲基構型與羊毛脂烷型相反。(2) C_{17} 為 α 側鏈。(3) C_{20} 為 S 構型。

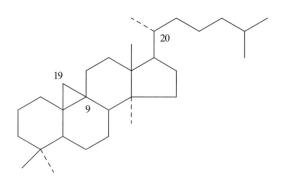

甘遂烷型（tirucallane）

4. **環阿屯烷型（cycloartane）**：結構特點為與羊毛脂烷型很相似，僅在於 19 位甲基與 9 位脫氫形成三元環。

環阿屯烷型（cycloartane）

5. **葫蘆烷型（cucurbitane）**：結構特點為 (1) C_9 位為 β- 甲基。(2) 有 5β-H、8β-H、10α-H。(3) 其餘與羊毛脂烷型相同。

葫蘆烷型（cucurbitane）

6. **楝烷型（meliacane）**：結構特點為 (1) 26 個碳。(2) C_8、C_{10} 為 β 角甲基。相鄰 C_8、C_{10} 處分別連有一個甲基稱為角甲基。在化學反應中，角甲基的位置對反應的立體化學是有影響的。(3) C_{13} 為 α 角甲基。(4) C_{17} 為 α 側鏈。

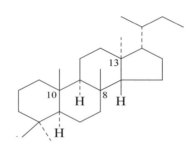

楝烷型（meliacane）

（三）五環三萜（pentacyclic triterpenoids）

根據母環不同可以分為：齊墩果烷型（oleanane）、烏蘇烷型（ursane）、羽扇豆烷型（lupine）、木栓烷型（friedelane）等。

1. **齊墩果烷型（oleanane）**：又稱 *β*- 香樹脂烷型（*β*-amyrane）。

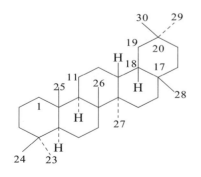

齊墩果烷（oleanane）　　　　　　齊墩果酸

2. **烏蘇烷型（ursane）**：α- 香樹脂烷型（α-amyrane），多爲烏蘇酸衍生物。

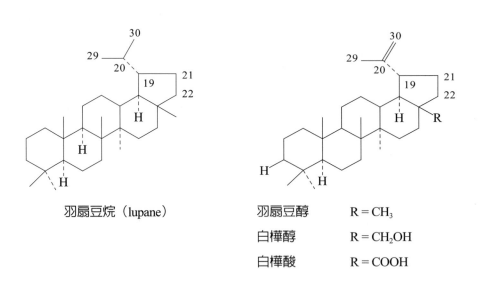

烏蘇烷型（ursane）　　　　　　　　烏蘇酸（熊果酸）

3. **羽扇豆烷型（lupine）**：結構特點爲 E 環爲五元碳環，19 位有異丙基以 α- 構型。

羽扇豆烷（lupane）

羽扇豆醇　　　　R = CH₃
白樺醇　　　　　R = CH₂OH
白樺酸　　　　　R = COOH

4. 木栓烷型（friedelane）

木栓烷（friedelane）　　　　　　　　　齊墩果烯

四、代表性的三萜皂苷

人參（學名：*Panax ginseng*，又稱爲**亞洲參**，在中國東北土名「**棒槌**」）是具有肉質的根，可藥用。人參屬於五加科，主要生長在東亞，特別是寒冷地區。

（一）人參的類型

人參是亞洲常見藥材，北中美洲也普遍使用花旗參，許多草藥鋪和超市都能找到各式人參飲片及萃取物保健產品，用於病後恢復、增強體力、調節荷爾蒙、降低血糖和控制血壓、控制肝指數和肝功能保健等。數種人參類型之相同及相異處比較，例如表 4-1。人參根部所含皂苷是其有效成分，中國長白山野參皂苷成分較高，但取得不易，價格高昂。人參不易栽培，韓國於 18 世紀初開始發展人參栽培，美國在 19 世紀中期開始栽培花旗參。人參對治療慢性肺感染、阿茲海默症等具有功效，已引起美國國家補充替代醫學中心等研究單位的重視。從美國到世界各地，一般大眾對草藥的熱衷及另類醫療的成長，因此針對人參皂苷的研究報告陸續被刊登報

導出來。在美國，人參年銷售額超過 3 億美元，占有草藥市場的 15% 至 20%，所以人參是美國消費者最常用的中草藥之一。

表 4-1　人參類型的比較

人參類型	相同處	相異處
亞洲人參（Asian ginseng）	五加科（Araliaceae）草本	Rg1，Rb2 及 Rc 比例較高；Rg1（0.27%）：Rb1（0.5～1.5%）高比例
西洋人參（American ginseng）	五加科（Araliaceae）草本	Rb1，Re 及 Rd 比例較高；Rg1（0.133%）：Rb1（4.94%）低比例
西伯利亞人參（Siberian ginseng）	五加科（Araliaceae）草本	「不含」人參皂苷

（二）人參的功效

　　在美國，人參製劑被列為飲食補充劑；但在歐洲，尤其是德國人，則把人參當作藥品。在幾個歐洲國家，人參及其他草藥被醫生當作處方籤，植物醫藥原理也常於醫學院中被講授。在設定醫療性草藥安全及療效的 E 委員會專刊中，德國政府認可人參可作為疲勞和乏力時的補品。數種已有科學證據認證的人參功效，如表 4-2。

表 4-2　人參功效之科學證據

功效	影響
一般功效	1. 抗壓力（anti-stress） 2. 抗老化（anti-aging） 3. 對抗感冒（cold and flu） 4. 加強體力（enhanced physical condition） 5. 一般活力提升（general vitality） 6. 加強免疫功能（immune system enhancement）

功效	影響
特定功效	1. 幫助解酒精中毒（help alcohol intoxication） 2. 延緩阿茲海默症（delay alzheimer's disease） 3. 預防癌症（prevent cancer） 4. 改善心臟疾病症狀（improve cardiovascular health） 5. 心智能力及情緒提升（promote mental performance and mood enhancement） 6. 增進呼吸功能（increase respiratory disease） 7. 增進性功能（increase sexual performance） 8. 降低血糖（第二型糖尿病）（reduce type-2 diabetes）

（三）人參的有效成分

人參葉可入藥稱為參葉，而人參根中含有人參皂苷 0.4%，少量揮發油，油中主要成分為人參烯（$C_{15}H_{24}$）0.072%。從根中分離皂苷類有人參皂苷 A、B、C、D、E 和 F 等。人參皂苷 A（$C_{42}H_{72}O_{14}$）、人參皂苷 B 和 C 水解後會產生人參三醇皂苷元。還有單醣類（葡萄糖、果糖、蔗糖）、人參酸（為軟脂肪、硬肪酸及亞油酸的混合物）、多種維生素（B_1、B_2、菸鹼酸、菸醯胺、泛酸）、多種胺基酸、膽鹼、酶（麥芽糖酶、轉化酶、酯酶）、精胺及膽胺。人參之地上部分含黃酮類化合物，稱為人參黃苷、三葉苷、山奈醇、人參皂苷、β- 谷甾醇及醣類。用於人體神經系統、內分泌和循環系統具有調節作用，可作為滋補性藥品，亦可廣泛用於膏霜、乳液等護膚性化妝品中，作為營養性添加劑。因其含有多種營養素，可增加細胞的活力並促進新陳代謝和末梢血管流通的效果。用於護膚產品中，可使皮膚光滑、柔軟有彈性，可延緩衰老。也可抑制黑色素生成。用在護髮產品中可提高頭髮強度、防止頭髮脫落和白髮再生的功能，長期使用可使頭髮烏黑有光澤。

1. 人參皂苷（**ginsenosides**）

　　是一種固醇類化合物—三萜皂苷，屬於人參中的活性成分。已被證實的人參皂苷的保健功效，例如表 4-3。人參皂苷都具有相似的基本結構，皆有由 17 個碳原子排列成四個環的 gonane 類固醇核。依照醣苷基架構的不同，可分為 3/4 為達瑪烷型和 1/4 為齊墩果烷型。達瑪烷類型包括兩類：人參二醇類和人參三醇類。

| 20(S)- 原人參二醇 | 20(S)- 原人參三醇 |
| （20(S)-protopanaxadiol） | （20(S)-protopanaxatriol） |

表 4-3　人參皂苷的保健功效

作用目標	人參皂苷影響
中樞神經系統（central nervous system）	• 人參皂苷中的 Rb1、Rg1 和 Re 對中樞神經系統具有刺激或抑制作用，亦可以調節神經傳遞。 • Rg1 和 Rb1 可提升中樞神經系統活動，但是 Rb1 的影響較弱些。 • 在治療神經退化性疾病方面（包括老年痴呆症、帕金森氏病等疾病），Rb1、Rg1、Rg3 及 Rh2 在臨床文獻均有記載。
心血管系統（cardiovascular system）	• Rg1 和 Rg3 能放鬆血管的平滑肌，並且能抑制內皮素產生。 • Rg1 和 Rg3 不僅有減級動脈粥狀硬化作用，也具有抗高血壓的藥理反應。 • Rg1 和 Rg3 也能促進傷口癒合。

作用目標	人參皂苷影響
抗糖尿病（antidiabetic）	• 只有某些特定人參皂苷顯示出有抗糖尿病的作用，包括 Rb1、Re、Rh2 和 aglycone20(S)-PPT。 • Rg1 能增加胰島素接受器（insulin receptors）的數量。
抗癌（anticancer）	• Rh2 和 Rg3 能抑制乳癌、前列腺癌、肝癌和腸癌。
免疫、過敏及發炎反應（immune system, allergy, and inflammation）	• Rb1 能抑制白三烯素（leukotriene）釋放，Rg1 能增加輔助型 T 細胞（the T-helper cell）數量並且刺激免疫反應。 • PPT 類型的人參皂苷能提升干擾素（interferon）的產量、加強免疫細胞之吞噬作用、加強 natural killer cells、B 及 T 細胞活化。
性功能（sexual performance）	• Rc 對精蟲游動力有影響。
其他	• Re 和 Rg1 能加強血管新生作用（angiogenesis），Rb1、Rg3 及 Rh2 能抑制血管新生作用。 • Re 有抗氧化劑功用（antioxidant）及抗高血脂效果（antihyperlipidemic）。

(1) **人參二醇類**：包含了最多的人參皂苷，例如人參皂苷 Rb1、Rb2、Rb3、Rc、Rd、Rg3、Rh2 及醣苷基 PD，二醇類皂苷 Rh2、CK 及 Rg3 與癌細胞的增生和轉移的抑制有關，已在臨床上應用。

- **Rb1**：具影響動物睪丸的潛力，亦會影響小鼠的胚胎發育、抑制血管生成。
- **Rb2**：有 DNA、RNA 的合成促進作用、腦中樞調節。
- **Rc**：人參皂苷 -Rc 是一種人參中的固醇類分子，具有抑制癌細胞的功能，也可以增加精蟲的活動力。

(2) **人參三醇類**：包含了人參皂苷 Re、Rg1、Rg2、Rh1 及醣苷基 PT，其中 Re 及 Rg1 可促進 DNA 和 RNA 的合成，包括癌細胞的遺傳物

質。人參皂苷亦被用於癌症、免疫反應、壓力、動脈硬化、高血壓、糖尿病以及中樞神經系統反應的研究。

- **Re**：具有腦中樞調節、DNA、RNA 的合成促進作用、加強血管新生作用、降血脂。
- **Rg1**：可增進小鼠的空間學習和海馬突觸素的濃度，亦有類似雌激素的作用。
- **Rg2**：在有血管型失智症的小鼠上實驗發現，Rg2 可以藉由抗凋亡（anti-apoptosis）機制來保護記憶損傷（memory impairment）。Rg2 作用在肝臟，可降低 GOT、GPT，降低肝臟負擔、恢復肝臟機能。

2. 人參多醣（ginseng polysaccharides）

目前已從人參中分離出幾十種多醣類物質，人參多醣主要含有酸性雜多糖和葡聚糖。雜多糖主要由半乳糖醛、半乳糖、鼠李糖和阿拉伯糖構成，它們的結構十分複雜，而且含有部分的多醣體，分子量為 10,000～100,000 道耳吞。該類化合物具有調整免疫、抗腫瘤、抗潰瘍及降血糖等藥理作用。

3. 其他

紅參中含有麥芽醇（maltol），此化合物具有強抗氧化作用。

第三節　甾體皂苷

甾體皂苷是以 C_{27} 甾體化合物為苷元的一類皂苷，主要分布於百合科、薯蕷科和茄科植物中，在玄參科、石蒜科、豆科、鼠李科的一些植物中也含有甾體皂苷，例如在菖蒿、大豆、豌豆、花生中含量較高。常用中

藥知母、麥冬、七葉一枝花等亦含有大量的甾體皂苷。甾體皂苷元是醫藥工業中生產性激素及皮質激素的重要原料。

一、甾體皂苷元

最常見的甾體皂苷元是**螺旋甾烷（spirostane）**的衍生物，在其側鏈上有一螺旋縮酮結構是其特徵。天然存在的螺旋尚烷存在於 C_5 和 C_{25} 兩類差向異構體，其他手性碳的構型是不變的。螺旋甾烷的側鏈上有 C_{20}、C_{22} 和 C_{25} 三個手性中心，其中 C_{20} 和 C_{22} 分別為 S- 和 R- 構型，C_{25} 產生的異構體廣泛存在於植物界。

螺旋甾烷（spirostane）

甾體皂苷元分子中含有多個羥基，大多數 C_3 位有羥基，且多為 *β*- 取向，少數為 *α*- 取向，若 A/B 環為順式，C_3-OH 為 *α*- 取向（e 鍵）較為穩定。其他位置上也可能有羥基取代，各羥基可以是 *β*- 取向，也有 *α*- 取向，而且分子中可以同時有多個羥基取代之。某些甾體皂苷元分子中還含有羰基和雙鍵，羰基大多數位於 C_{12} 位，是合成腎上皮質激素所需要的條件。雙鍵一般在 $C_5 \sim C_6$ 之間，亦可能在 $C_9 \sim C_{11}$ 間，與 C_{12} 羰基成為 *α, β*- 不飽和酮基。少數雙鍵為 △ [25(27)]。

　　例如，**薯蕷皂苷元（diosgenin）**，化學名爲 $\triangle^5$-$20_{\beta F}$, $22_{\alpha F}$, $25_{\alpha F}$- 螺旋甾烯 -3β- 醇，熔點爲 204～207℃，旋光性爲 -129°，爲薯蕷科薯蕷屬植物根莖中**薯蕷皂苷（diosein）**的水解產物，是製藥工業中的重要原料。**劍麻皂苷元（sisalagenin）**，C_{12} 位有羰基，化學名爲 3β- 羥基 -5α, $20_{\beta F}$, $22_{\alpha F}$, $25_{\beta F}$- 螺旋甾 -12- 酮，熔點 264～266℃，旋光性 +8°，得自於劍麻，是具有價值的合成激素原料。

薯蕷皂苷元（diosgenin）　　　　　劍麻皂苷元（sisalagenin）

二、代表性甾體皂苷

　　1. **螺旋甾烷類皂苷**：螺旋甾烷類化合物常是以 C_3 位的羥基與糖結合生成皂苷，其他位置如 C_1、C_2、C_5、C_{11} 位的羥基有時也被苷化。近年來從植物中分離出許多 C_{26} 羥基苷化的皂苷，這些皂苷都是 F 環開環，性質獨特，因此把它們與螺旋甾烷類皂苷分開。薯蕷屬（*Dioscorea*）是薯蕷科中最大的一屬，其中大多數植物都含有甾體皂苷。從山萆薢（*D. tokoro*）中分離出薯蕷皂苷元，由於可以用簡單又經濟的方法將薯蕷皂苷元轉化爲甾體激素，因此薯蕷皂苷元成爲合成激素藥物的重要原料。從薯蕷屬植物中已可分離出大量甾體皂苷，例如**延令草次苷（trillin）**、**纖細皂苷（gracillin）**。

延令草次苷（trillin）（R=D-glu）

纖細皂苷（gracillin）

$$R=D{-}glu \overset{1\quad 3}{-\!\!-\!\!-} D{-}glu$$
$$\begin{array}{c} \\ \overset{2}{\underset{1}{\big|}} \\ L{-}rha \end{array}$$

　　2. **呋喃甾烷類皂苷**：根據研究顯示，一些螺旋甾烷類皂苷在新鮮植物中實際上並不存在，而是在植物乾燥、儲存的過程中產生，它們的原皂苷是 F 環開環，由 26 位羥基苷化形成的呋喃甾烷類皂苷。薯蕷屬植物中含有多種次皂苷，例如在新鮮的盾葉薯蕷（*D. zingiberensis*）中含有兩種呋喃甾烷類原皂苷，**原盾葉皂苷（protozingberensissaponin）**和**原纖細皂苷（protogracillin）**。

原盾葉皂苷（protozingberensissaponin）

$$R=glu \overset{1\quad 2}{-\!\!-\!\!-} glu$$
$$\begin{array}{c} \\ \overset{3}{\underset{1}{\big|}} \\ rha \end{array}$$

原纖細皂苷（protogracillin）

$$R=rha \overset{1\quad 2}{-\!\!-\!\!-} glu$$
$$\begin{array}{c} \\ \overset{3}{\underset{1}{\big|}} \\ glu \end{array}$$

3. **呋喃螺旋甾烷類皂苷**：呋喃螺旋甾烷（furospirostane）類皂苷的數量很少，它與螺旋甾烷類皂苷不同之處是其苷元的 F 環是呋喃環而不是吡喃環。從新鮮茄屬植物顛茄（*Atvopa belladonna*）中分離出**顛茄皂苷**（**aculeatiside**）A 和 B 就屬於呋喃螺旋甾烷類皂苷。

顛茄皂苷 A（aculeatiside A）　　　　　　　　　　**顛茄皂苷** B（aculeatiside B）

$$R=D{-}glu\overset{2\quad 1}{-\!-\!-\!-}L{-}rha$$
$$\overset{4}{\underset{1}{|}}$$
$$L{-}rha$$

$$R=D{-}glu\overset{2\quad 1}{-\!-\!-\!-}L{-}glu$$
$$\overset{3}{\underset{1}{|}}$$
$$L{-}rha$$

習題

1. 皂苷類化合物的物質特性為何？

2. 請舉例一個你（妳）知道的皂苷分離萃取的方法。

3. 何謂三萜皂苷？有哪些分類？

4. 人參是傳統用來增強身體抵抗力的聖品，請問人參中的有效成分為何？

5. 何謂甾體皂苷？有哪些分類？

6. 請舉例一個你（妳）知道的甾體皂苷的特性及其應用，請舉一實例說明。

第五章　甾體類化合物

甾體類化合物（**steroids**）在生命活動中具有調節與控制的作用。例如，性激素調節性功能及生育功能，皮質激素調節水鹽代謝及糖的平衡。甾體類化合物主要有甾醇、甾體激素、膽汁酸、甾體皂苷（參見第四章皂苷類化合物）、強心苷。

第一節　甾體化合物的分類

甾體化合物的基本母核為環戊稠多氫化菲，一般含有三個支鏈，其中R_1、R_2常為甲基，R_3因化合物不同而異，結構可由X光-繞射晶體分析確認。

甾體化合物的立體構型主要有兩大類，分別稱為膽甾烷系和糞甾烷系，它們的構型式和構象式表示如下：

膽甾烷系構型式，A、B環反式（5α系）　　膽甾烷系構象式，A、B環 aa 型連接

糞甾烷系構型式，A、B 環順式（5β 系）　　糞甾烷系構象式，A、B 環 ae 型連接

　　18 位、19 位上的甲基稱爲角甲基，在環平面上（或前方）的角甲基稱爲 β- 角甲基，在環平面下方（或後方）的甲基稱 α- 角甲基。天然存在的甾體化合物中都是 β- 角甲基，其他基團根據其在環平面前方或環平面後方，用 β- 或 α- 表示。下面介紹兩個甾體化合物。

　　• **黃體酮（progesterone）**：分子式爲 $C_{21}H_{30}O_2$，學名爲 4- 孕甾烯 -3, 20- 二酮，具有安胎作用，可以從膽固醇來合成。

　　• **氫化可體松（hydrocortisone）**：又稱皮質醇，分子式爲 $C_{21}H_{30}O_5$，學名 11β, 17α, 21- 三羥基 -4- 孕甾烯 -3, 20- 二酮。具有生理活性，主要用於治療皮膚炎和風濕性關節炎，C_{11} 上 -OH 是 β 式，C_{17} 上 -OH 是 α 式。

黃體酮（progesterone）　　　　　　氫化可體松（hydrocortisone）

　　與氫化可體松（hydrocortisone）相似結構的另一化合物稱爲**甲醛皮質酮（aldosterone）**，無生理活性，與氫化可體松的差異是 C_{11} 上 -OH 是 α 式，學名 11α, 17α, 21- 三羥基 -4- 孕甾烯 -3, 20- 二酮。

甲醛皮質酮（aldosterone）

二、甾體化合物命名

結合 IUPAC 命名法與中文特點，一些母體化合物的名稱如下：

1.雄（甾）烷（androstane）　　2.雌（甾）烷（estrane）

3.孕（甾）烷（pregnane）　　4.膽甾烷（cholestane）

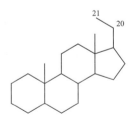

5. 麥角甾烷（ergostane）　6. 豆甾烷（stigmastane）

下面舉兩例子說明命名方法

17α- 羥基 -4- 孕甾烯 -3, 20- 二酮　　　　5, 7, 22- 麥角甾三烯 -3β- 醇

第二節　甾體化合物的物質特性

簡單甾體化合物或甾體苷元多爲結晶體，多數難溶或不溶於水，易於溶於石油醚、氯仿等有機溶劑。苷類化合物則多爲無形粉末，一般可溶於水、甲醇等極性溶劑，及苯、石油醚等非極性溶劑，結構中糖基的數量和苷元中羥基等極性基團的數量的多少及位置，決定了化合物的溶解性，使各苷類的溶解性有較大差異。

一、呈色反應

在無水條件下，甾體母核經強酸（例如硫酸、鹽酸）、中等強度的酸（例如磷酸、三氯乙酸）、Lewis 酸（例如三氯化銻）的作用，脫水形成

雙鍵，由於雙鍵移位、縮合等作用，而形成較長的共軛雙鍵系統，並在濃酸溶液中形成多烯正碳離子的鹽，而呈現一系列的顏色變化。

1. **Lieberman-Burchard 反應**：將樣品溶於少量乙醇，滴加乙酸酐，樣品全部溶解後（例如，樣品能溶於乙酸酐，則可直接用它溶解樣品）沿管壁加入 0.5mL 濃硫酸，若兩液層間呈現紫色環，而乙酸酐層呈現藍色，證明測試樣品中含有甾體結構。

2. **Salkowski 反應**：樣品溶於氯仿，沿管壁緩緩加入濃硫酸靜置，氯仿層會呈現血紅色或青色，硫酸層則有綠色螢光。

3. **三氯化銻或五氯化銻反應**：將樣品的醇溶液點於濾紙或薄層上，晾乾後噴上 20% 的三氯化銻（或五氯化銻）氯仿溶液（不含乙醇和水），待其乾燥於約 60～70℃環境中加熱 3～5 分鐘，會呈現黃色、灰藍色、灰紫色等。此反應的靈敏度很高，可用於濾紙層析或薄層層析的呈色。

4. **Rosenheim 反應**：將 25% 三氯醋酸乙醇液和 3% 氯胺 T（Chloramine T）水溶液以 4：1 混合，噴在濾紙上與強心苷反應。待其乾燥後以 90℃加熱數分鐘，於紫外光下觀察，可顯示出黃綠色、藍色、灰藍色螢光，反應較為穩定。洋地黃毒苷元衍生的苷類呈黃色螢光；羥基洋地黃毒苷元衍生的苷類呈現亮藍色螢光；異羥基洋地黃毒苷元衍生的苷類呈現藍色螢光。因此，可以利用這一試劑區別洋地黃類強心苷的各種苷元。

強心苷除含甾體骨架的呈色反應外，其結構中還含 α, β- 不飽和內酯環及脫氧糖、葡萄糖，可用下面兩種呈色反應加以鑑別。

• **Kedde 反應**：將試液滴在濾紙上，滴加 Kedde 試劑（1g 3, 5- 二硝基苯甲酸溶於 50 mL 甲醇，加入 1 mol/L KOH 50mL），若呈現紫紅色斑點，證明試樣含有 α, β- 不飽和內酯。

• **Keller-Kiliani 反應**：於試樣中加 0.5% $FeCl_3$ 的乙酸溶液，沿管壁

加濃硫酸，若兩液間呈現棕色或其他顏色，乙酸層呈現藍色，則證明測試樣品內含有 2- 脫氧糖。

二、苷鍵的水解

1. **甾體皂苷的水解**：甾體皂苷的水解有兩種方式，可以一次完成水解，生成甾體皂苷元及糖；也可以分步驟水解，即部分糖先被水解，或在雙糖鏈皂苷中先水解出一條鏈，形成次生苷或前皂苷元。

(1)**酸水解**：由於甾體皂苷所含的糖是 α- 羥基糖，因此水解所需條件較爲劇烈，一般使用 2～4 mol/L 的無機酸即可，也可以用酸性較強的高氯酸。由於水解條件較爲劇烈，所得的水解產物往往爲次產物，這是因爲在水解過程中，甾體皂苷發生了脫水、環合、雙鍵位移、取代基移位、構型轉化等變化，導致水解產物不是原始甾體皂苷元，從而造成研究工作的複雜化，有時甚至會得出錯誤的結論。

(2)**Smith 降解**：Smith 降解條件很溫和，許多在酸水解反應下不穩定的皂苷元，都可以用 Smith 降解獲得眞正的苷元。

(3)**酶水解**：糖苷酶（glycosidase）是一類催化糖苷生物合成的酶，在適合條件下它能催化糖苷的分解。由於酶幾乎是在與生物體內相同條件下催化底物的化學反應，採用糖苷酶來裂解苷鍵可最大限度地減少反應過程中苷元的化學變化，而且酶解的專一性強。例如，苦杏仁酶只能分解 β-D-葡萄糖。常見的糖苷酶有苦杏仁酶、麥芽糖酶、纖維素酶、粗橙皮苷酶等。

2. **強心苷的水解**：強心苷的苷鍵可被酸或酶水解，而苷元結構中的不飽和內酯環能被鹼水解。由於苷元結構中羥基較多，強心苷在較劇烈的條件下（3～5% HCl，加熱）進行加熱反應的同時，苷元往往發生脫水反

應，生成縮水苷元，而得不到原來的苷元。

(1) **溫和的酸水解**：這種水解方法主要針對 2- 去氧糖與苷元形成的苷鍵。因苷元和 2- 去氧糖之間的苷鍵及兩個 2- 去氧糖之間的苷鍵，極易被酸水解，因此對苷元影響小，不致引起脫水反應。但是 2- 羥基糖（例如葡萄糖）和 2- 去氧糖之間的苷鍵在此條件下不易斷裂，故水解產物中常得到二糖或三糖。解決方法是用稀酸（$0.02 \sim 0.05$ mol/L 的鹽酸或硫酸）在含水醇中經短時間（半小時至數小時）加熱回流，便可使強心苷水解成苷元和糖。此方法不適用於不含 2- 去氧糖的強心苷。此外，對於 C_{16} 位有甲醯基的洋地黃強心苷類水解，因為在此條件下甲醯容易被水解，得不到原來的苷元，所以也不適用。

(2) **強烈的酸水解**：對於不含 2- 去氧糖的強心苷在稀酸條件下水解較為困難，必須增大酸的濃度（$3 \sim 5\%$），增加作用時間或同時加壓，才能使其水解，但此條件會致使苷元發生脫水反應，得不到原來的苷元。

(3) **酶水解**：在含強心苷的植物中均含有選擇性水解強心苷 β-D- 葡萄糖苷鍵的酶共存，但是尚無可以水解 2- 去氧糖苷鍵的酶。因此，與強心苷共存的酶只能使末位的葡萄糖脫離，而不能水解 2- 去氧糖，從而去除分子中的葡萄糖以保留 2- 去氧糖。例如，紫花洋地黃葉中的 β- 葡萄糖苷酶，可以將紫花洋地黃苷 A 水解，除去分子中的 D- 葡萄糖而生成洋地黃毒苷。

酶的水解能力主要受到強心苷結構類型的影響，一般來說，糖基的水解速度大於乙醯化糖基的水解速度，故乙型強心苷較甲型強心苷更易被酶水解。由於酶解法具有條件溫和、選擇性好、生產率高等特點，因此在強心苷生成中有很重要的作用。而甲型強心苷的強心作用與分子中糖基數目有關，即苷的強心作用強度為：**單糖苷 > 二糖苷 > 三糖苷**，所以常利用

原生苷來水解成強心作用更強的次生苷。在分離強心苷時，常可得到一系列的同一苷元的苷類，它們的區別在於葡萄糖的個數不同，可能是由於水解酶的作用所導致。

三、甾體化合物的一些反應與構象的關係

甾體化合物的反應過程、速度和構象有關，膽甾烷與糞甾烷的構象如下所示。5α-膽甾烷構象，A、B環反式，天然甾體 C_3 上 -OH 絕大多數爲 β-式，C_{17} 上 R 爲 β-式，4～5 位、5～6 位雙鍵易反應。5β-糞甾烷構象，A、B 環順式，C_3 上 α 位穩定，α-OH 多。

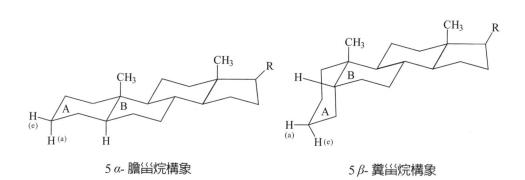

5 α- 膽甾烷構象　　　　　　　5 β- 糞甾烷構象

1. 甾醇和鹼作用

甾醇在鹼性條件下，3 位羥基構型可發生翻轉，直至達到平衡，如下所示。

5 α- 膽甾烷 -3 β- 醇（10%）　　　　　5 α- 膽甾烷 -3 α- 醇（90%）

膽甾烷中羥基在 e 鍵比 a 鍵上穩定，因此含量較高，而糞甾烷的情形正好相反。由此可見，天然界中化合物總以結構最穩定的形式存在。

5 β- 糞甾烷 -3 β- 醇（10%）　　　　　　5 β- 糞甾烷 -3 α- 醇（90%）

2.甾醇的酯化反應

甾醇酯化反應有這樣的規則，e 鍵上的 -OH 易和 -COOH 酯化，與 a 鍵上 -OH 相比可達 98% 以上，酯化劑常用氯代甲酸乙酯的吡啶液。例如，下列化合物中 3β-OH 在 e 鍵上，與氯甲酸乙酯的反應物占絕大多數，而 C_5-OH 與 C_6-OH 在 a 鍵上，幾乎不產生反應。

3.水解反應

水解反應有如下規則，在 e 鍵上的醯氧基酯水解速度比在 a 鍵上快很多。膽甾醇中 3β 式醯氧基酯水解速度快，而糞甾醇 3α 式醯氧基酯水解速度快。下面例子爲膽甾醇系酯化物水解情況，酯化物在腸黏膜不吸收，變成醇化物後則易吸收；糞甾醇的情形與膽甾醇相反。

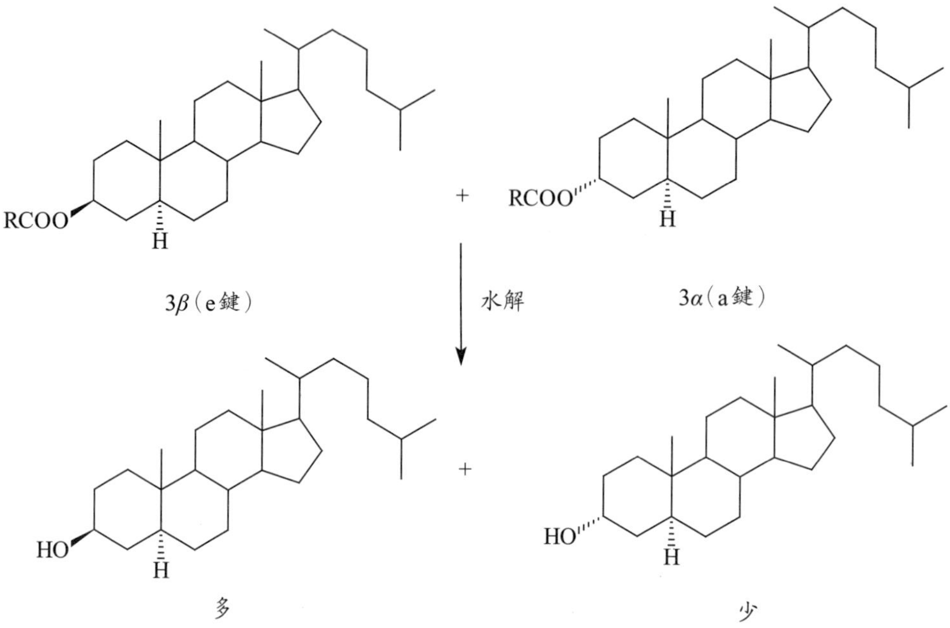

3β（e鍵）　　　　　　　　　　　　3α（a鍵）

水解

多　　　　　　　　　　　　　　　　少

4. 鹵化反應

　　鹵化反應常用 PBr_3、PCl_5 作鹵化劑。鹵化過程中易發生構型轉化，e 鍵上引入鹵素時則為構型不變產物，例如下列過程中引入鹵素但構型不變，主要是因為 e 鍵上的取代基比較穩定。

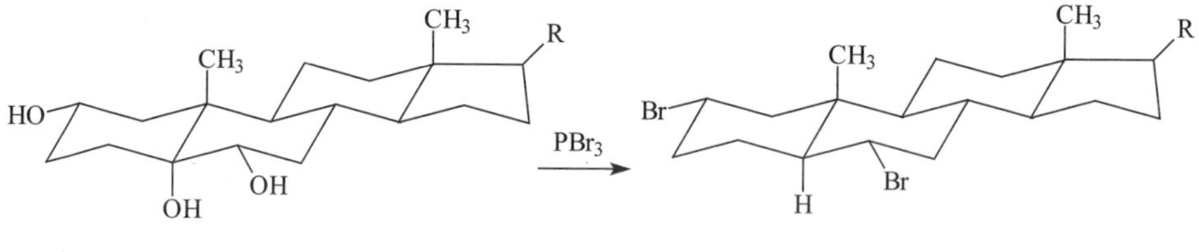

PBr_3

5. 消去反應

　　消去反應的結果是脫去一些像 H_2O 一樣的小分子而生成雙鍵產物。當兩個被消去基團處在反式雙豎鍵（雙 a 鍵）位置時，容易發生消去反應，而反式雙 e 鍵或順式雙豎鍵都不易消去，如下兩個例子。

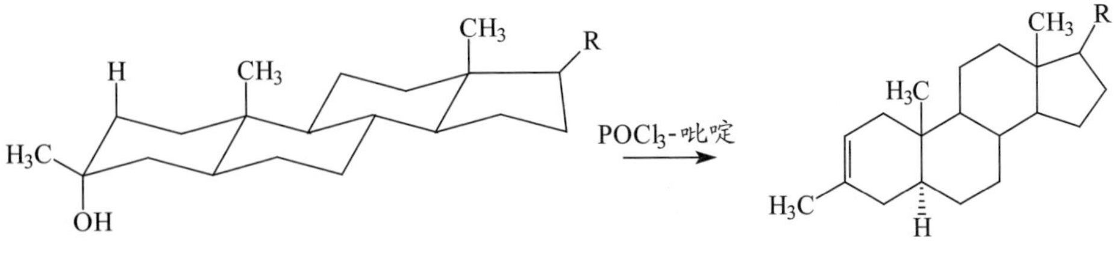

2-烯鍵化合物

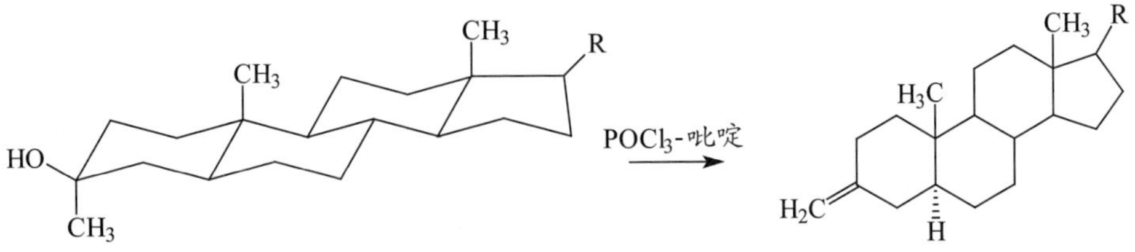

3-亞甲基衍生物

由於 2- 烯鍵化合物存在超共軛（$\sigma\pi$ 共軛）效應，而 3- 亞甲基衍生物為端位烯，內能高，因此穩定性為 2- 烯鍵化合物大於 3- 亞甲基衍生物。

6. 加成反應

含有雙鍵的甾體化合物易發生加成反應，例如膽甾醇的加成反應，因為 C_{18}、C_{19} 角甲基都是 β- 型，所以雙鍵加成時從位阻較小的 α- 面向雙鍵進攻，加上兩個羥基時，得到 $3\beta, 5\alpha, 6\alpha$- 膽甾三醇；加溴時，得到 $5\alpha, 6\alpha$- 二溴 -3β- 膽甾醇。雙鍵加溴過程如下圖所示，產物中兩個溴處在反式雙 a 鍵位置，不穩定，易發生消去反應，放置 10 天後可轉化為糞甾烷系二溴產物，此產物雖然羥基在 a 鍵上，但兩個溴在 e 鍵上，相對較穩定。

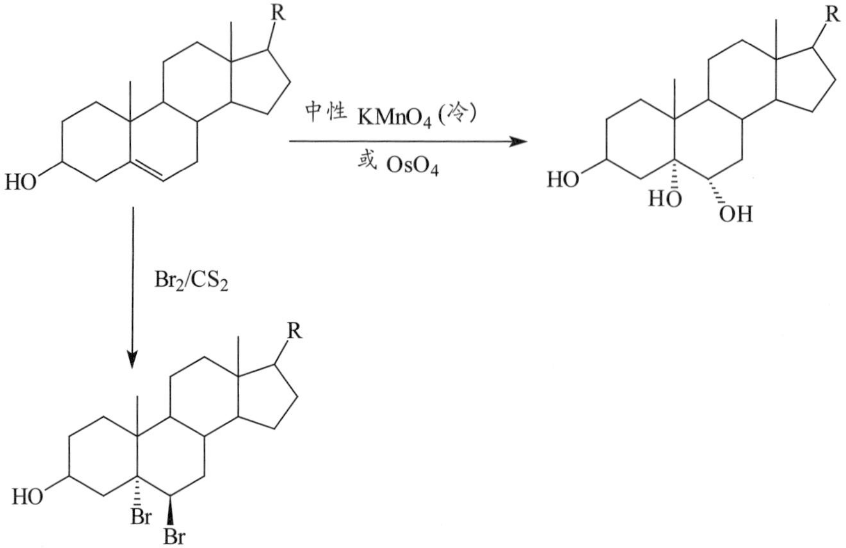
R
HO
中性 KMnO4 (冷)
或 OsO4
HO
HO
OH
Br2/CS2
Br
Br

7.氧化反應

常用鉻酸、HOBr 等氧化劑氧化羥基，氧化規律，羥基處在 a 鍵上易被氧化。甾醇羥基被氧化活性次序從易到難排列如下：

$$11\beta\text{-OH} >> 2\beta\text{-OH} > 3\alpha\text{-OH} > 2\alpha(3\beta)\text{-OH}$$

（a 鍵）（a 鍵）（a 鍵）（e 鍵）

Grimmer 在 1960 年用鉻酸氧化各種甾醇得到不同速率，以測定甾體化合物碳環上羥基的位置和取向，此爲一種有效的分析方法。

雙鍵氧化斷裂常用高錳酸鉀、臭氧化鋅粉水解，以下爲一個例子。

8.還原反應

　　羰基還原時常用還原劑 LiAlH₄、NaBH₄ 等，由於甾環的特殊結構，羰基還原後常得到一種構型為主的產物，如下例。

第三節　甾醇、甾體激素和膽汁酸

一、甾醇

　　甾醇是脂肪不能被皂化部分分離得到的飽和或不飽和的三級醇，無色結晶，幾乎不溶於水，但易溶於有機溶劑。甾醇在 C_3 上 -OH 都是 β 型，在天然界中以游離醇或高級脂肪酸酯形式存在，主要有三大類：動物體內的動物甾醇；酵母菌、黴菌等微生物中的微生物甾醇；植物體內的植物甾醇。甾醇基本母核如下所示：

多數甾醇 C_5、C_6 之間有雙鍵，幾種重要甾醇見表 5-1 所示。

表 5-1　幾種重要甾醇

名稱	R	雙鍵位置	A/B 環結合方式	熔點／℃	旋光度（[α]）
膽甾醇	H	5	-	149	-39°
膽甾烷醇	H	-	反式	142	+24°
糞甾烷醇	H	-	順式	161	+28°
菱角甾醇	-CH₃	5, 7, 22	-	165	-130°
豆甾醇	-C₂H₅	5, 22	-	170	-40°

1. 膽甾醇（cholesterol）

分子式為 $C_{27}H_{46}O$，俗稱膽固醇，是一種白色結晶，熔點 149℃，是最重要的動物甾醇，在動物的所有細胞組織內，於中樞神經細胞內及皮脂、腎臟內特別多。在成人體內，大約含 240g。含膽固醇較高的食物有豬油、奶油、動物內臟、鵪鶉蛋、墨魚、油魚子等。膽固醇易被吸收，但其酯不被吸收，並受植物甾醇抑制，食物膽甾醇的吸收率為 1/3。

膽固醇在老年人體內過高是有害的，可引起高血壓、冠狀動脈疾病、膽結石、動脈硬化等疾病。然而在人體內並非愈低愈好，相反的，它對人體的健康相當重要：首先，膽固醇是人體組織結構、生命活動及新陳代謝

中必不可少的一種物質，它參與細胞與細胞膜的構成；其次，人體的免疫力，只有在膽固醇的協作下，才能完成防禦感染、自我穩定和免疫監視三大功能；第三，膽固醇是腎上腺皮質激素、性激素等的基本來源。如果體內膽固醇過低，會造成身體機能紊亂、免疫功能下降、精神狀態不穩定、血管壁變脆及腦溢血的危險增加等。因此在防治心腦血管疾病時，應進行綜合「治療」，並將膽固醇維持在一個合理的數值。

膽甾醇細胞內合成過程如下：

(1) 乙醯輔酶 A 經縮合、水解、輔酶 NADPH 還原成 (*R*)-3- 甲基 -3, 5- 二羥基戊酸（Mevalonic acid, MVA）。

(2) MVA 經多重轉換成角鯊烯（squalene），角鯊烯為甾體化合物母體合成的前驅物。

(3) 角鯊烯氧化得 2, 3- 角鯊烯環氧化物，經酶催化環化聚合、重排甲基與脫去 H^+ 得羊毛甾醇，再經過一系列的酶催化反應，最後得到膽甾醇。

膽甾醇用途之一是用來代替薯蕷皂素當作原料合成甾體激素。例如，膽甾醇通過微生物轉變成雌酮、1, 4- 雄甾二烯 -3,7- 二酮（A. D. D.）等，

用 A. D. D. 可製造蛋白質同化激素、雄激素、雌激素、利尿激素、牛肉肥育激素、抗癌劑等。

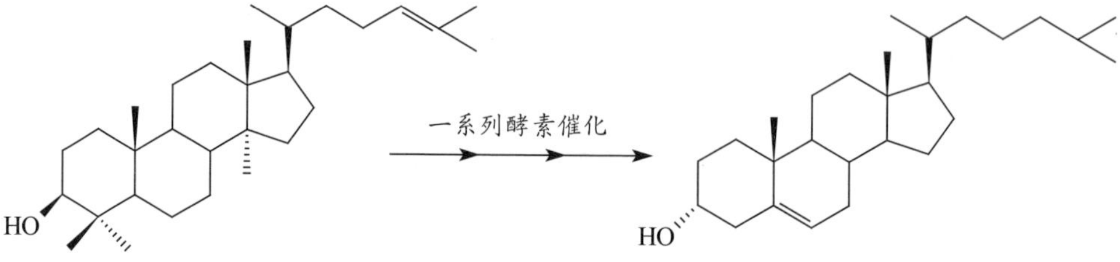

羊毛甾醇　　　　　　　　　　膽甾醇

膽甾醇在體內會轉變成糞甾醇排出體外，如此可降低體內膽固醇，也可以轉化成維生素 D_3、膽酸、皮質激素等。

2. 麥角甾醇（ergosterol）

分子式為 $C_{28}H_{44}O$，白色片狀或針狀結晶，熔點為 165℃，旋光度為 -130°。不溶於水，溶於熱乙醇和乙醚。存在於酵母菌、麥角菌、黴菌中，在空氣中極不穩定，一般是保存在植物油中。

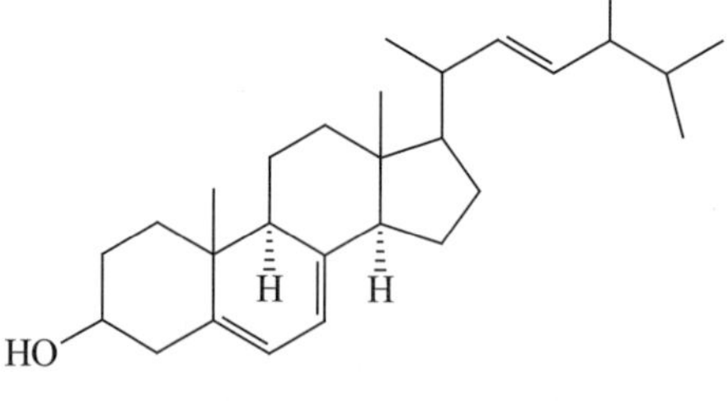

麥角甾醇（ergosterol）

分子中有三個雙鍵，抗氧化能力強，生理活性大，可作為合成甾體激素和藥物的原料。例如，在紫外光的作用下可轉化為維生素 D_2。

麥角甾醇（ergosterol）　　　　　　　　維生素 D_2（vitamin D_2）

二、甾體激素

甾體激素結構上的特點是 C_{17} 上沒有長的碳鏈，主要有性激素與腎上腺皮質激素，是一類維持生命、保持正常生活、促進性器官發育、維持生殖的重要生物活性物質，不僅能治療多種疾病，而且也是人類生育控制及免疫調節等方面不可缺少的藥物。

1.性激素

性腺（睪丸或卵巢）的分泌物，有雄性激素、雌性激素、妊娠激素三種，生理作用很強，只要少量就能產生極大的影響。

(1)**睪固酮（testosterone）**：分子式爲 $C_{19}H_{28}O_2$，學名爲 17β- 羥基 -4- 雄甾烯 -3- 酮，爲針狀結晶，熔點爲 150～156℃，旋光性爲 +209°（c=4, 乙醇），不溶於水，溶於乙醇、乙醚和其他溶劑，在人體內不穩定，口服無效。

(2)**甲基睪固酮（methyltestosterone）**：分子式 $C_{20}H_{30}O_2$，學名 17β- 羥基 -17α- 甲基 -4- 雄甾烯 -3- 酮，白色晶體，熔點 162～167℃，旋光性 +81°（c=1, 乙醇）。在乙醇、丙酮及氯仿中易溶，於水中不溶。在空氣中穩定，受光易變化，在人體內可合成 A.D.D. 。

(3) **丙酸睪固酮（testosterone propionate）**：分子式爲 $C_{22}H_{32}O_3$，學名爲 17β- 羥基 -17α- 甲基 -4- 雄甾烯 -3- 酮丙酸酯，簡稱丙睪酮。白色晶體或結晶性粉末，熔點爲 $118\sim123℃$，旋光性 $+88°$（c=1, 乙醇）。不溶於水，略溶於植物油中，易溶於氯仿、乙醇、乙醚等溶劑。

(4) **雌酮（estrone）**：分子式爲 $C_{18}H_{22}O_2$，學名 3- 羥基 -1, 3, 5（10）- 雌三烯 -17- 酮。

睪固酮（testosterone）

甲基睪固酮（methyltestosterone）

丙酸睪固酮（testosterone propionate）

雌酮（estrone）

(5) **苯甲酸雌二醇（estradiol benzoate）**：分子式爲 $C_{25}H_{27}O_3$，學名 3, 17β- 二羥基 -1, 3, 5（10）- 雌三烯 -3 苯甲酸酯。爲白色結晶，熔點 $191\sim196℃$，旋光性 $+60°$（c=1, 二氧六環）。不溶於水，略溶於丙酮，微溶於乙醇或植物油中。進人體內水解成**雌二醇（estradiol）**產生作用，雌二醇強度爲雌酮的 10 倍。

(6) **孕酮（progesterone）**：又稱黃體酮，分子式爲 $C_{21}H_{30}O_2$，學名爲 4- 孕甾烯 -3, 20- 二酮。白色或微黃色結晶或粉末，熔點 $127\sim131℃$，旋

光性爲 +195°（c=0.5, 乙醇）。不溶於水，溶於丙酮、二氧六環和濃硫酸。
孕酮具有抑制排卵、停止月經、抑制動情並使受精卵在子宮中發育等生理
作用。醫藥上用於防止流產。

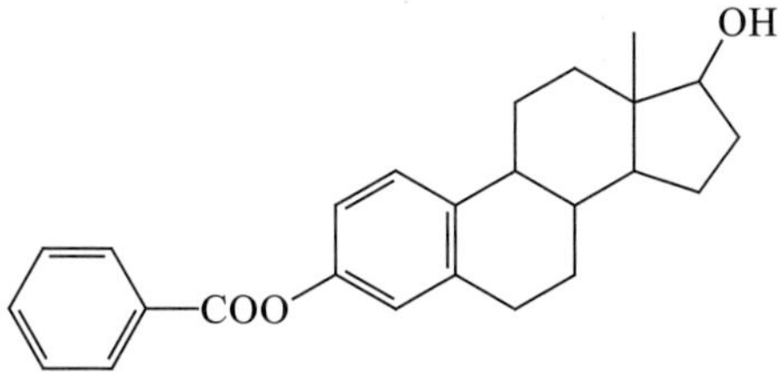

苯甲酸雌二醇（estradiol benzoate）

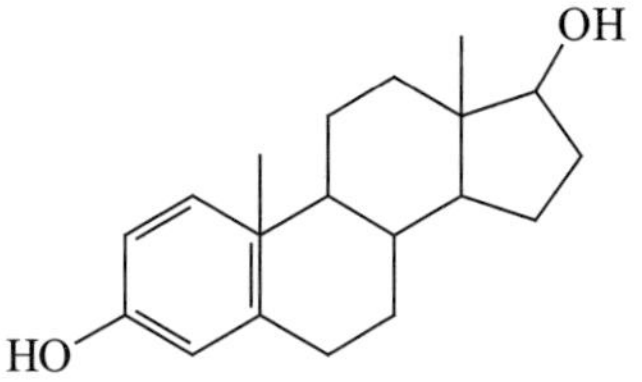

雌二醇（estradiol）

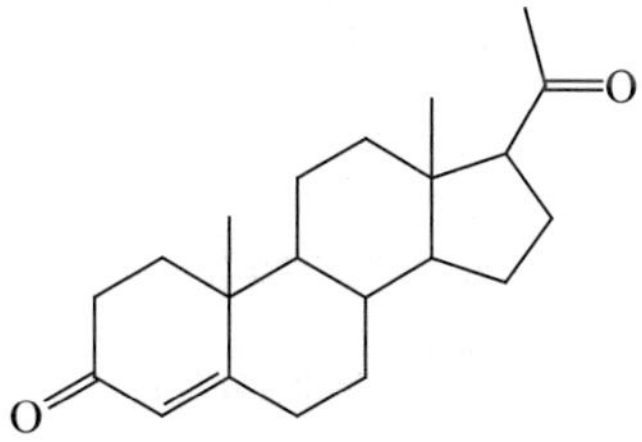

孕酮（progesterone）

　　孕酮這樣的妊娠激素有抑制排卵、防止懷孕的作用，可作避孕藥，
但孕酮口服需要很大的劑量。科學家把結構改造成**炔諾酮（norethister-
one）**，提高了效果，且和**雌性激素乙炔雌二醇（ethinylestradiol）**配合使
用，效果更佳。

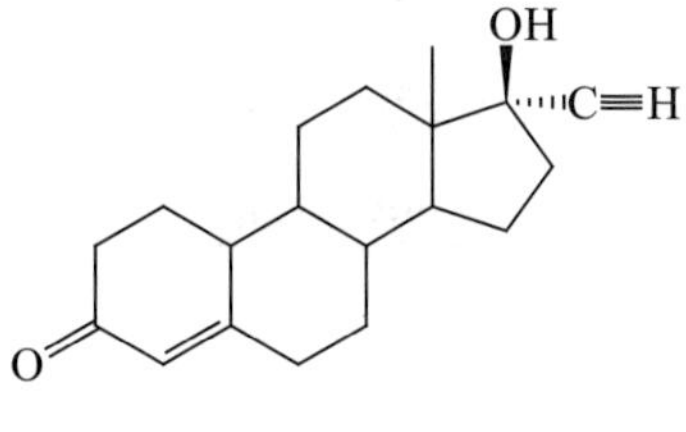

炔諾酮（norethisterone）
17α- 乙炔基 -17β 羥基 -4- 雌烯 -3- 酮
具有妊娠激素的作用

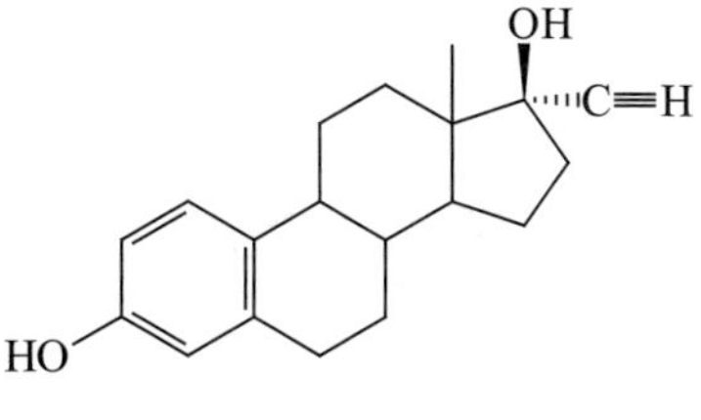

乙炔雌二醇（ethinylestradiol）
17α- 乙炔基 -1, 3, 5- 雌三烯 -3, 17β- 二醇
具有雄性激素的作用

2.腎上腺皮質激素

腎上腺皮質激素是產生於腎上腺皮質部分的一類激素。現已由腎上腺皮質部分分離出 41 多種甾體化合物，其中有幾種具有激素的性質，例如皮質甾酮、皮質酮、11- 去氧皮質甾酮、皮質醇等。它們在結構上有些類似，在 C_{17} 上都有 -COCH$_2$OH 基團，C_3 為酮基，C_4～C_5 間為雙鍵。

(1) **皮質醇（cortisol）**：又稱氫化可體松，學名 11β, 17α, 21- 三羥基 -4- 孕烯 -3, 20- 二酮。

(2) **皮質酮（cortisone）**：又稱可體松，學名 17α, 21- 二羥基 -4- 孕烯 -3, 11, 20- 三酮。熔點為 220～224℃，旋光性為 +209°。

(3) **皮質甾酮（corticosterone）**：學名為 11β, 21- 二羥基 -4- 孕烯 -3, 20- 二酮。

(4) **11- 去氧皮質甾酮（11-deoxycorticosterone）**：學名為 21- 羥基 -4- 孕烯 -3, 20- 二酮。

皮質醇（cortisol）

皮質酮（cortisone）

皮質甾酮（corticosterone）

11- 去氧皮質甾酮（11-deoxycorticosterone）

　　腎上腺皮質激素對糖、蛋白質、脂肪的代謝和無機鹽（Na^+、K^+ 鹽）代謝有顯著影響，但更重要的是發現可體松、氫化可體松可治療類風濕關節炎，還可治療支氣管哮喘、皮膚炎症，過敏等作用，是一類重要藥物。由於天然萃取數量有限，而且比較困難，現已改用工業合成的方法製造，可由薯芋皂素、膽汁酸等為原料製得，並且合成了療效更好、副作用更小的腎上腺皮質激素，例如 6α- 氟 -1- 去氫皮質醇等。

6α- 氟 -1- 去氫皮質醇（6α- 氟 -$11\beta,17\alpha$, 21- 三羥基 -1, 4- 孕二烯 -3, 20- 二酮）

三、膽汁酸

　　天然膽汁酸是**膽烷酸（cholanic acid）**的衍生物，在動物膽汁中，它們的羧基通常與甘胺酸或牛磺酸的氨基以胜肽鍵結合成甘氨膽汁酸或牛磺膽汁酸，並以鈉鹽形式存在。

　　膽烷酸具有甾體母核，其中 A/B 環稠合有順反兩種異構體形式，B/C 環稠合皆為反式，C/D 環稠合幾乎皆為反式。甾體母核 C_{10} 和 C_{13} 位所連都是 β- 甲基，C_{17} 位上連接的是 β- 戊酸側鏈。其結構中有多個羥基存在，多數為 α- 構型，但也有 β- 構型。有時在甾體母核上尚可見到雙鍵、羰基等存在。

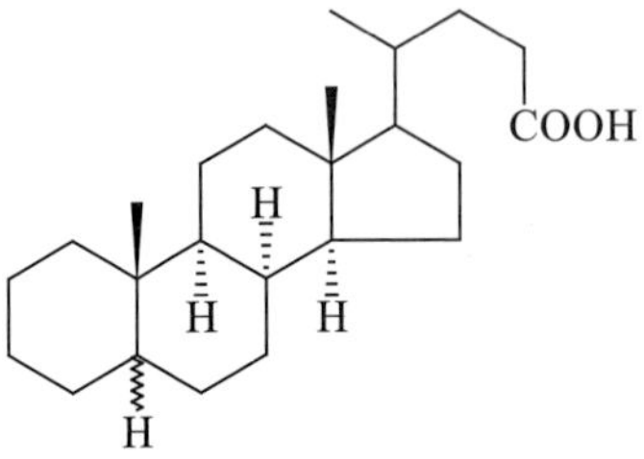

膽烷酸（cholanic acid）

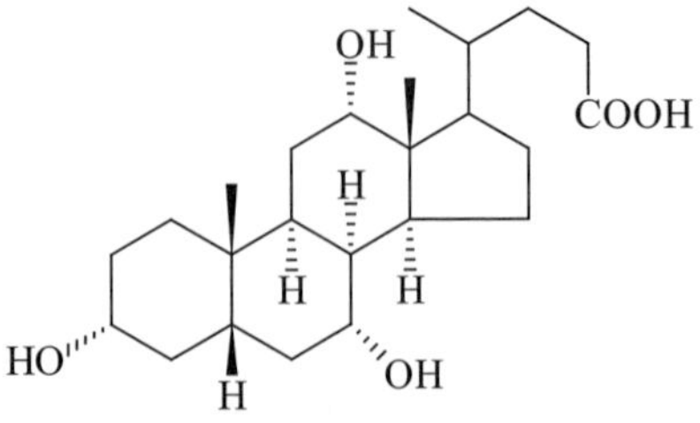

膽酸（cholic acid）

（3α, 7α, 12α- 三羥基膽烷酸）

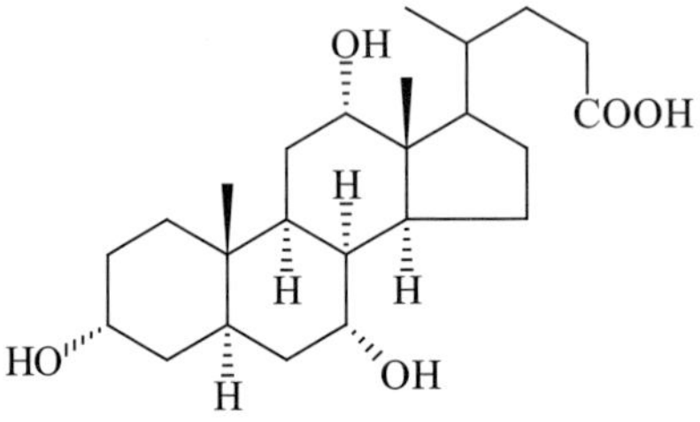

別膽酸（allocholic acid）

（3α, 7α, 12α- 三羥基別膽烷酸）

在高等動物膽汁中，通常發現的膽汁酸是 24 個碳原子的膽烷酸衍生物，在魚類、兩棲類和爬行類動物中的膽汁酸含有 27 個碳原子或 28 個碳原子，這類膽汁酸是糞甾烷酸的羥基衍生物，且通常與牛磺酸相結合。

從膽汁中發現的膽汁酸有近百種，分布較廣且有藥用價值的有**膽酸（cholic acid）**，去氧膽酸（3α, 12α- 二羥基膽烷酸）、鵝去氧膽酸（3α, 7β- 二羥基膽烷酸）、熊去氧膽酸（3α, 7β- 二羥基膽烷酸）、α- 豬去氧膽酸（3α, 6α- 二羥基膽烷酸）、石膽酸（3α- 羥基膽烷酸）等。去氧膽酸有鬆弛平滑肌作用，鵝去氧膽酸和熊去氧膽酸有溶解膽結石作用，而 α- 豬去氧膽酸具有降低血液膽固醇作用等。牛黃約含 8% 膽汁酸，主要成分為膽酸、去氧膽酸和石膽酸，熊膽中所含熊去氧膽酸高的可達 44.2～74.5%。

1. 膽汁酸的化學性質

　　游離膽汁酸在水中的溶解度很小，但與鹼成鹽後則易溶於水，此性質常用於膽汁酸的萃取。在膽汁酸的分離和純化時，常將膽汁酸製備成衍生物後進行，例如將末端羧基酸化後結晶析出。膽汁酸酯類在酸水中回流數小時，又可析出游離的膽汁酸。也可將羥基乙醚化，生成的乙醯化物也易於結晶分離。乙醯化具有保護羥基，避免羥基被氧化的作用。乙醯化膽汁酸在鹼性甲醇溶液中回流，即可發生水解，得到原化合物。

2. 膽汁酸的萃取

　　各種膽汁酸的萃取方法原理基本上相同，即將新鮮動物膽汁加入固體氫氧化鈉並加熱水解，使結合膽汁酸水解為游離膽汁酸鈉鹽，溶於水中，過濾取水層，加鹽酸酸化，則粗總膽汁酸沉澱析出，再用各種方法分離精製。也可先將膽汁酸化，得到膽汁酸及結合膽汁酸的沉澱後，再將沉澱物皂化，然後酸化，即得到粗膽汁酸。

　　膽酸存在於多種脊椎動物的膽汁中，尤以牛、羊等動物膽汁中含量最為豐富。牛膽汁中含有近 6% 的牛磺或甘胺膽汁酸的鈉鹽，羊膽汁中膽酸含量達 6% 以上。牛、羊膽汁中除含膽酸外，尚含有少量的去氧膽酸和石膽酸。從稀乙醇中析出的膽酸含有一分子結晶水，為板狀結晶，其味先甜後苦，無水物熔點 198℃，旋光性 +37°（C_2H_5OH）。可溶於乙酸、丙酮和鹼溶液，易溶於溫乙醇和乙醚，微溶於水，溶於濃硫酸成黃色溶液並帶有綠色螢光。

　　常用的萃取膽酸操作方法：將新鮮的牛或羊膽汁加 0.1 倍量固體氫氧化鈉，加熱煮沸 16 小時，放冷，鹽酸酸化至 pH 3.5～4.0（剛果紅試紙變

成藍色），將酸性沉澱物水洗至中性，或加水煮沸至顆粒狀，過濾取出沉澱物，並於 50～60℃烘乾，得膽酸粗品（回收率為 50～65%）。將膽酸粗品加 20 g/L（2%）活性碳及 4 倍量乙醇，加熱回流 2～3 小時，趁熱過濾得濾液，回收乙醇至總量的 1/3 時放冷析晶過濾，濾餅用少量乙醇洗滌1～3 次，至無腥味後，用乙醇重新結晶，得膽酸精製品（含量在 80% 以上），回收率一般為膽汁的 1.5～3.0%。

第四節　強心苷

　　強心苷（cardiac glycosides）是一類能增強心肌收縮作用的甾體配糖體化合物，結構的共同點是甾體骨架，C_{17} 位帶有不飽和五元內酯環或雙不飽和六元內酯環，C_3 位連有各種六碳糖。Nativelle 於 1869 年首先從紫花洋地黃中分離出強心配糖體。1935 年 Stau 等人發現科學家們早期所分離出的強心苷大多是已經酶解過的次生苷，並不是植物中原生的配糖體，次生苷雖有強心作用，但遠比原生苷弱。於是，他們在排除植物中酶影響的條件後，首先從紫花洋生地黃中分離出原生苷，之後又先後從毛花洋地黃、康毗毒毛旋花、海蔥、夾竹桃等植物中分到許多原生的強心苷。

　　到現在為止，已經從十幾科、一百多種植物中發現了強心苷類化合物，常見約有黃花夾竹桃、紫花洋地黃、毛花洋地黃、槓柳、鈴籃、海蔥、福壽草等。目前臨床應用的有二三十種，用於治療充血性心力衰竭及心律不整等心臟病，例如西地蘭、地高辛、毒毛旋花素 K、鈴蘭毒苷、毛地黃毒苷等，它們常用以治療急性或慢性充血性心力衰竭與心律不整，最常使用的是洋地黃類強心藥物。

1.強心苷的化學結構

強心苷的結構比較複雜，是由**強心苷元（cardiac aglycone）**與糖兩部分構成的。強心苷元中甾體母核四個環的稠合方式與甾醇不同。天然存在的強心苷元的 B/C 環都是反式，C/D 環都是順式，A/B 環兩種稠合方式都有，以順式稠合的較多，反式稠合的較少。在強心苷元分子的甾核上，C_3 和 C_{14} 位都有羥基取代，C_3-OH 大多是 β- 構型。C_{14} 羥基由於 C/D 環是順式，所以都是 β- 構型。甾核上也可能有羰基或雙鍵存在。強心苷元甾核的 C_{10} 上大多是甲基，也可能是醛基、羧基。強心苷元均屬於甾體衍生物，結構特徵是在甾體母核的 C_{17} 位上均連接一個不飽和內酯環。

根據其在甾體母核的 C_{17} 位上所連接不飽和內酯環的不同，可將強心苷元分成甲型強心苷及乙型強心苷兩類。

(1)甲型強心苷：由甲型強心苷元與糖縮合而成的苷常稱爲甲型強心苷，又稱爲強心甾烯。基本母核稱爲強心甾，此類苷元在甾體母核部分的 C_{17} 位上連接的是五元不飽和內酯環，即 $\triangle^{\alpha,\beta}$-γ- 內酯，故甲型強心苷元共由 23 個碳原子組成。在已知的強心苷中，絕大多數屬於此類。例如，**紫花洋地苷 A（purpurea glycoside A）**是由洋地黃苷元與 3 分子的 2- 去氧糖洋地黃毒糖和 1 分子的葡萄糖組成的。

強心甾醇

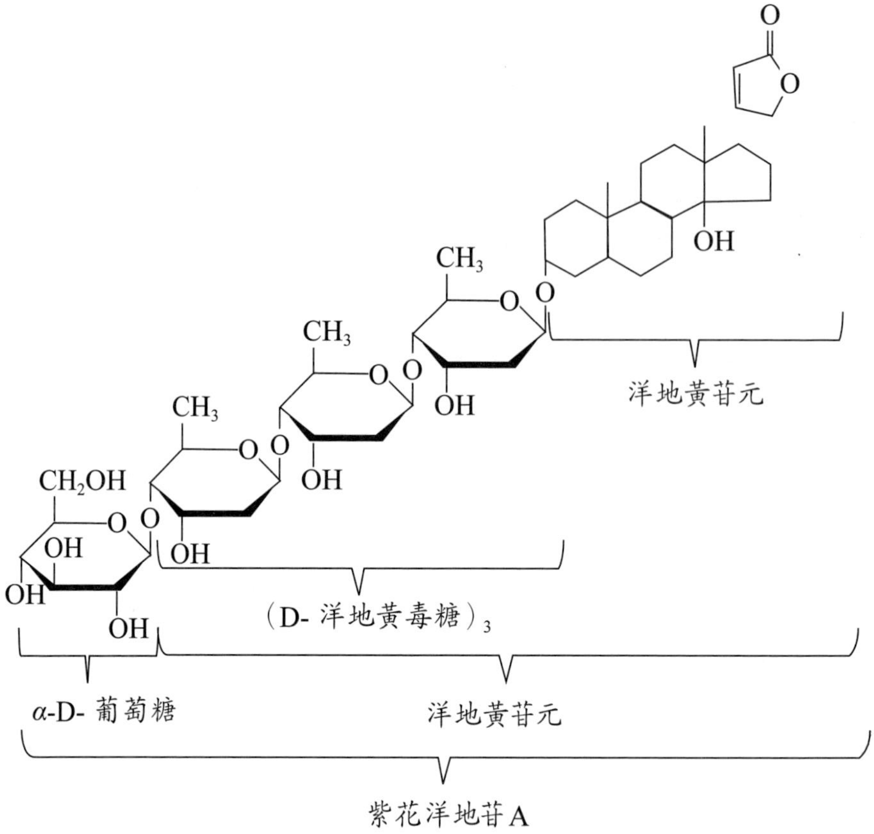

α-D- 葡萄糖　　　　　　洋地黃苷元

（D- 洋地黃毒糖）$_3$

洋地黃苷元

紫花洋地苷 A

　　(2) **乙型強心苷**：由乙型強心苷元與糖縮合而成的苷常稱爲乙型強心苷，又稱爲**蟾蜍甾二烯（bufanolide）**或**海蔥甾二烯（scillanolides）**，基本母核稱爲蟾蜍甾或海蔥甾。此類苷元在甾體母核部分的 C_{17} 位上連接的六元不飽和內酯環即 $\triangle^{\alpha\beta,\gamma\delta}$- 雙烯 -$\delta$- 內酯，故乙型強心苷元共由 24 個碳原子組成。C_{17} 側鏈亦爲 β- 構型。自然界中僅少數強心苷屬於這一類，例如**綠海蔥苷（scilliglaucoside）**是由綠海蔥苷元與一分子 -α-D- 葡萄糖組成的。

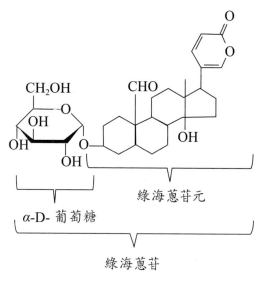

蟾蜍甾二烯（bufanolide）或海蔥甾二烯（scillanolides）

綠海蔥苷（scilliglaucoside）

2. 強心苷的性質

(1) **性狀**：強心苷多爲無色結晶或無特定形狀的粉末，中性物質，有旋光性。C_{17} 側鏈爲 β- 構型的味苦；α- 構型味不苦，但無效。對黏膜有刺激性。

(2) **溶解度**：強心苷的溶解性與其所連接之糖的種類和數目有關，一般可溶於水、甲醇、乙醇、丙酮等極性溶劑，難溶於乙醚、苯、石油醚等

非極性溶劑。一般糖基多的原生苷比次生苷或苷元的親水性強、親脂性弱，叮溶於水等高極性溶劑而難溶於低極性溶劑，多爲無定形粉末。洋地黃毒苷是一個三糖苷，但 3 分子糖都是洋地黃毒糖，整個分子只有 5 個羥基，故在水溶液中溶解度小（1：100000000）。當糖基與苷元上的羥基數目相同時，苷元上的羥基中，不能形成分子內氫鍵者比能形成分子內氫鍵者之水溶性大。例如，毛花洋地黃苷乙和毛花洋地黃苷丙都是四糖苷，整個分子中有 8 個羥基，4 個糖的種類也相同，苷元上羥基的數目也相同，僅位置不同，前者是 C_{14}、C_{14} 二羥基，其中 C_{16} 羥基能和 C_{17} 內酯環的羧基形成分子內氫鍵，後者是 C_{12}、C_{14} 二羥基，不能形成分子內氫鍵，所以毛花洋地黃苷丙在水中的溶解度（1：18500）比毛花洋地黃苷乙大。在氯仿中的溶解度，毛花洋地黃苷丙（1：1750）小於毛花洋地黃苷乙（1：550）。但糖基和苷元上羥基數目的多少對溶解性也有一定的影響，例如烏本苷是一個單糖苷，卻有 8 個羥基，水溶性很大（1：75），難溶於氯仿。

(3) **脫水反應**：強心苷混合強酸（3～5% 鹽酸）加熱水解時，苷元常會發生脫水反應。C_{14}-OH 最容易發生脫水反應生成縮水苷元；同時存在 C_{14}-OH 和 C_{16}-OH，也易脫水，得到二縮水苷元。例如將 C_3-OH 氧化爲酮基，則更使 C_5 第二羥基活化，在溫熱條件下即可脫水而形成烯酮。同樣的，C_{16} 被氧化爲酮基，也能促使 C_{14}- 第二羥基脫水而形成烯酮。若 C_4 位有雙鍵，則可促使 C_3-OH 與 C_4-H 脫水，生成共軛雙鍵。

(4) **水解反應**：水解反應是研究強心苷組成的常用方法，可分爲化學方法和生物方法兩大類，化學方法主要有酸水解、鹼水解和乙醯解，生物方法主要有酶水解。糖的部分若不同，則其水解的難易度及產物均不同。

3. 強心苷的檢測

除了檢測甾體常用的醋酐—濃硫酸反應（Liebermann-burchard reaction）與檢測糖常用的 Molish 反應（硫酸 -α- 萘酚）外，專用於檢測強心苷的顏色反應有以下幾種：

- **Kedde 反應**：取樣品的甲醇或乙醇溶液於試管中，滴加 Kedde 試劑（3, 5- 二硝基苯甲酸試劑）3～4 滴，會產生紅或紫紅色。

- **Legal 反應**：取樣品 1～2 mg，溶於 2～3 滴吡啶中，滴加 Legal 試劑（3% 的亞硝醯鐵氰化鈉溶液）和一滴 2 mol/L 的 NaOH 溶液，樣品液會呈深紅色並漸漸褪去。

- **Keller-Kiliani（K-K）反應**：此反應是 α- 去氧糖（2- 去氧糖）的特徵反應，對游離的 α- 去氧糖或在反應條件下能水解出 α- 去氧糖的強心苷都可顯色。取樣品 1 mg 溶於 5 mL 冰乙酸中，加一滴 20% 的三氯化鐵水溶液，傾斜試管，沿試管壁加入 5 mL 濃硫酸。若存在 α- 去氧糖，則乙酸層漸呈藍或藍綠色。但若不顯色，不能說明無 α- 去氧糖。

4. 強心苷的萃取與分離

從植物中分離萃取純強心苷是比較複雜與困難的工作，因爲它在植物中的含量一般都在 1% 以下，又常常與糖類、皂苷、色素、鞣質等共存，這些成分的存在可影響強心苷在溶劑中的溶解度。同時，強心苷的原生苷和次生苷共存，且很多結構相似的苷亦共存，故萃取分離較難。用一般的分離方法常要經過多次反覆處理或層析方法才能分得純晶。另需注意，酸鹼可使強心苷發生水解、脫水和異構化，故萃取分離時，要注意控制酸鹼性。

(1)**原生苷的萃取**：植物中的酶容易水解原生苷，因此萃取原生苷時

首先要抑制酶的作用。一般可用冷凍乾燥、快速萃取、快速乾燥等方法破壞酶的活力，或用硫酸銨等無機鹽鹽析，在低溫下將粉末與等量硫酸銨調成糊狀後裝入布袋、壓出汁液，渣中即是原生苷，可用乙酸乙酯或氯仿等溶劑萃取，或者將生藥粉末直接用 80% 左右的乙醇冷浸或加熱萃取。上述乙酸乙酯、氯仿萃取液或醇萃取液減壓濃縮後加水、過濾，然後再將濾液用吸附法、鉛鹽法、溶劑法萃取純化。

- **鉛鹽法**：濾液先用乙醚除去其中的葉綠素和油脂等雜質，然後加飽和醋酸鉛水溶液至不再產生沉澱為止。濾液加適量乙醇使乙醇含量為 50%，按常法脫鉛。
- **吸附法**：濾液用新煅燒的氧化鎂或活性炭吸附，再用甲醇或其他適當溶劑解析，濃縮即得總苷。
- **溶劑法**：濾液用氯仿等極性小的溶劑洗滌以除去脂溶性雜質，然後加乙醇，再加氯仿或乙酸乙酯萃取，蒸乾萃取液即得總苷。

(2) **次生苷萃取**：次生苷的萃取遠比原生苷簡便。通常先利用植物中的酶自行水解後再進行萃取，即將生藥粉末加等量水拌勻濕潤後，在 30～40℃保持 6～12 小時，進行發酵然後用乙酸乙酯或乙醇等按上述萃取原生苷的方法萃取和純化，即得次生苷。也可先提出原生苷再進行酶解，即將原生苷的水溶液加原植物中分離出來的酶（一般為原植物用水低溫浸泡的萃取液）或其他來源性質相同的酶，置於 30～40℃中保持 6～12 小時，使酶解完全用有機溶劑萃取，即得相應的次生苷。

(3) **強心苷的分離和純化**：上述方法所得總苷，一般應先選擇適當溶劑進行多次分步結晶，或利用混合苷中各單體在兩種互不相混的溶劑中分配係數不同來進行分離，但在多數情況下，往往必須使用多種方法反覆分

離，才能得到單一成分。

- **溶劑萃取法**：利用強心苷在兩種互不相溶的溶劑中溶解係數不同來達到分離。例如毛花洋地黃總苷中 A、B、C 的分離，由於在氯仿中苷 C 最小，而三者在甲醇中溶解度都較大，在水中幾乎不溶，用氯仿—甲醇—水（5：1：5）為溶劑系統進行二相溶劑萃取，溶劑用量為總苷的 1000 倍，苷 A 和苷 B 被分配到氯仿層，苷 C 在水層，分出水層，放置析晶，然後進行二次萃取，即可得到純化的苷 C。

- **逆流分配法**：根據分配係數不同，使混合苷得到分離。例如，黃花夾竹桃苷 A 和苷 B 的分離，以 750 mL 氯仿—乙醇（2：1）混合液和 150 mL 水為二相溶劑系統，氯仿層為移動相，水層為固定相，經多次逆流分配後，最後從氯仿層獲得苷 B，從水層獲得苷 A。

- **層析法**：分離親脂性強心苷和苷元，一般選用矽膠吸附層析。對於極性較大的強心苷，可用分配層析法分離。Stoll 等人研究過矽膠層析分離各種海蔥苷、洋地黃苷與毒毛旋花素苷的條件以及矽膠中水的含量對分離各種苷的影響，並用人工混合的苷與植物中所含混合苷的分離作了比較，認為矽膠中含水量的減少將增加混合苷的分配能力，但水分過少又會使各流分成分減少，拉長分離的時間。有時可提高溶劑中甲醇含量來使成分集中，例如分離毛花洋地黃甲、毛花洋地黃乙、毛花洋地黃丙混合苷時，用水飽和的矽膠（樣品量 100 倍左右）層析，水飽和的乙酸乙酯（含 0.5% CH_3OH）洗脫，總共用 250～300 mL 溶劑，即能使三種苷分別萃取純化。此外，液滴逆流層析法和 HPLC 法也是分離純化強心苷的有效方法。

習題

1. 何謂甾體化合物？甾體化合物的分類爲何？

2. 請問膽固醇在人體內的作用？並簡述膽甾醇細胞內合成過程。

3. 請舉例一個你（妳）知道的甾體激素的特性及其應用，請舉一實例說明。

4. 何謂強心苷及其生理活性爲何？

5. 請舉例一個你（妳）知道的強心苷分離萃取的方法。

第六章　黃酮類化合物

　　黃酮類化合物（flavonids）是植物中分布廣泛的一類物質，幾乎每種植物體內都含有。目前，已發現的黃酮類化合物總數已超過 9,000 個。在植物體內常以游離狀態或與糖合成苷的形式存在，對植物的生長、發育，開花、結果及抵禦異物的侵入等方面，扮演重要作用。

　　在 1952 年以前，黃酮類化合物主要指基本母核爲 **2- 苯基色原酮**（**2-phenyl chromone**）的一系列化合物。

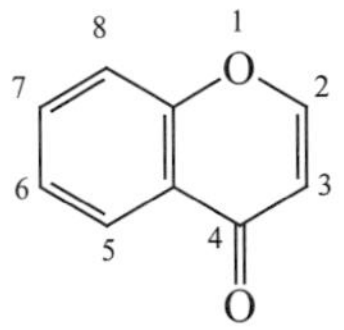

色原酮 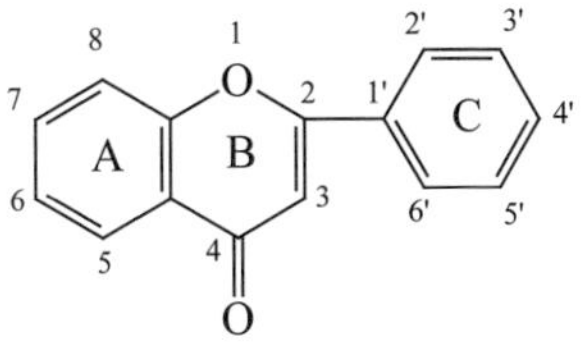　　　　　　　　　　2- 苯基色原酮

　　這類化合物大多呈現黃色或淡黃色，故得名黃酮。它們能與礦酸形成醚鹽，黃酮類化合物也稱爲黃鹼素類化合物。目前，該類化合物泛指兩個苯環（A 與 B）通過三個碳原子相互連接而成的只有 C_6-C_3-C_6 結構特徵的一系列化合物，具有以下基本結構：

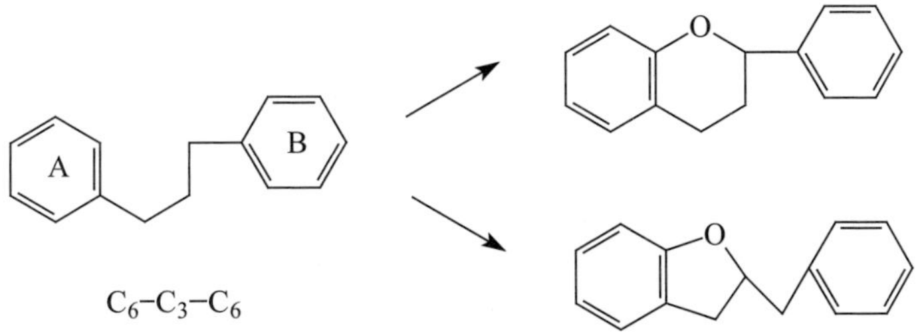

C_6–C_3–C_6

　　黃酮類化合物結構中常連接有酚羥基、甲氧基、甲基、異戊烯基等官能團。黃酮類化合物在植物體內的形成是由葡萄糖分別經**莽草酸途徑**（**shikimic acid pathway**）和**桂皮酸途徑**（**cinnamic acid pathway**），生成對羥基桂皮酸和三分子乙酸，合成查耳酮，再衍變爲各類黃酮化合物，黃酮類化合物的生合成路徑，如圖 6-1 所示。

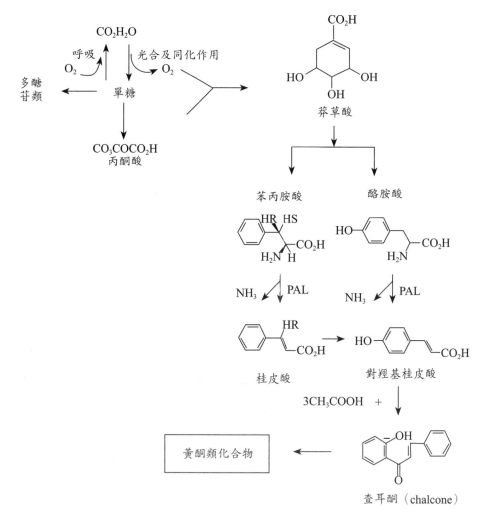

圖 6-1　黃酮類化合物的生合成路徑

　　黃酮類化合物實際上存在於植物的所有部分，例如根、心材、邊材、樹皮、葉、果實和花中，花、葉、果中的黃酮類化合物常以苷的形式存在，木質部分則多爲游離的黃酮類，大多存在於一些有色植物中，例如陳皮、槐米、黃芩、葛根、枳實、銀杏葉、甘草等植物中都有黃酮類化合物。黃酮類化合物分布範圍廣、種類多、活性強，已引起國內外的廣泛重視。

　　黃酮類化合物是藥用植物中的主要活性成分之一，具有清除自由基、抗氧化、抗衰老、抗疲勞、抗腫瘤、降血脂、降膽固醇、增強免疫力、抗菌、抑菌、保肝等生理活性，且毒性較低。檞皮素、蘆丁、山奈酚、兒茶素、葛根素、甘草黃酮等均具有清除自由基作用。蘆丁、檞皮素、檞皮苷能增強心臟收縮，減少心臟搏動數。蘆丁、橙皮苷、d-兒茶素、香葉木苷等具有維生素 P 樣作用，能降低血管脆性及異常的通透性，可用作防治高血壓及動脈硬化的輔助治療。檞皮素、蘆丁、金絲桃苷、燈盞花素、葛根素以及葛根、銀杏總黃酮等，均對缺血性腦損傷有保護作用。檸檬素、石吊藍素、淫羊藿總黃酮、銀杏葉總黃酮等具有降血壓作用。黃芩苷、木犀草素等有抗菌消炎作用。牡荊素、漢黃芩素等具有抑制腫瘤細胞的作用。水飛薊素、異水飛薊素、次水飛薊素等具有明顯的保肝作用，可用於毒性肝損傷、急慢性肝炎、肝硬化等疾病的治療。另外，有些黃酮類化合物還可用作食品、化妝品的天然添加劑。

第一節　結構與分類

　　根據中央三碳鏈的氧化程度，B 環（苯基）連接的位置（2-位或 3-位）以及三碳鏈是否與 B 環構成環狀結構等特徵，可以將天然黃酮類化合物進行分類，如表 6-1 所示。

表 6-1 黃酮類化合物分類

類型	基本結構	類型	基本結構
黃酮 （flavone）		二氫查 耳酮 （dihydro- halcone）	
黃酮醇 （flavonol）		花青素 （anthoc- yanidin）	
二氫黃酮 （dihydrof- lavone）		黃烷-3-醇 （flavan-3- ol）	
二氫黃 酮醇 （dihydrof- lavonol）		黃烷-3, 4- 二醇 （flavan-3, 4-diol）	
異黃酮 （isofla- vone）		雙苯吡酮 （xanthone）	
二氫異 黃酮 （dihydroi- soflavone）		橙酮 （aurone）	

類型	基本結構	類型	基本結構
查耳酮 （chalcone）	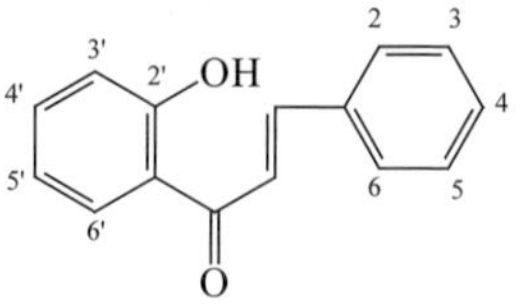	雙黃酮 （biflavone）	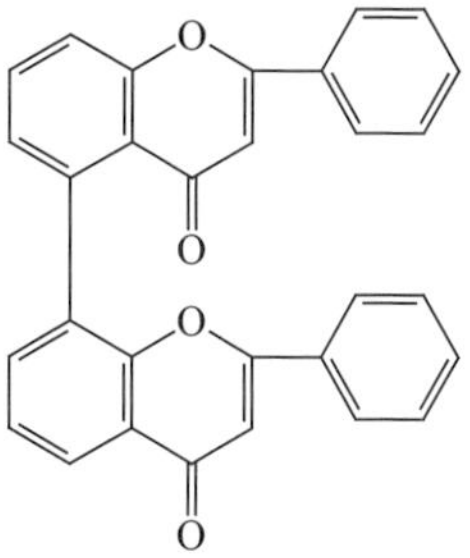

天然黃酮類化合物多爲上述基本母體的衍生物，母環上常連有 -OH、-OCH$_3$ 等取代基。此外，黃酮類化合物在自然界常以苷類形式存在。由於糖的種類不同，連接位置不同，苷元不同，因此可以組成各式各樣的黃酮苷。組成黃酮苷的糖類主要有以下四類：

- **單糖類**：D- 葡萄糖、D- 半乳糖、D- 木糖、L- 鼠李糖、L- 阿拉伯糖及 D- 葡萄糖醛酸等。
- **雙糖類**：槐糖（glc β_1→2 glc）、龍膽二糖（glc β_1→6 glc）、蕓香糖（rha α_1→6 glc）、新橙皮糖（rha α_1→2 glc）、刺槐二糖（rha α_1→6 gal）。
- **三糖類**：龍膽三糖（glc β_1→6 glc β_1→2 gal）、槐三糖（glc β_1→2 glc β_1→2 glc）等。
- **醯化糖類**：2- 乙醯葡萄糖、咖啡醯基葡萄糖（caffeoylglucose）等。

以下介紹數種常見類型的黃酮類化合物：

1. 黃酮類

廣泛分布於植物中，以唇形科、玄參科、爵麻科、苦苣苔科、菊科等植物中存在較多。該類化合物以**木犀草素（luteolin）**和**芹菜素（api-genin）**較爲常見。

芹菜素（apigenin）　　　　　　　木犀草素（luteolin）

2.黃酮醇類

經常與花青素苷元伴生，含於花瓣中。該類化合物以**山柰酚（kaemp-ferol）**、**檞皮素（quercetin）**、**楊梅素（myricetin）**最爲常見。黃酮醇類化合物的種類較多，每一種黃酮醇又能形成多種苷，例如山柰酚可形成 31 個以上不同的苷，檞皮素可形成 36 個以上不同的苷。中藥中常見的黃酮醇及其苷類常見表 6-2 所示。

表 6-2　幾種常見的黃酮類化合物

名稱	結構	來源
檞皮素	3, 5, 7, 3', 4'- 五羥基	槐花米、紫菀、銀杏葉、高良薑
蘆丁	檞皮素 -3-O- 蕓香糖	槐花米、菱葉、桑椹子
異檞皮素	檞皮素 -3-O- 葡萄糖	問荊、棉葉
金絲桃苷	檞皮素 -3-O-β- 半乳糖	滿山紅葉、貫葉連翹
異金絲桃苷	檞皮素 -3-O-α- 半乳糖	滿山紅葉
山柰酚	3, 5, 7, 4'- 四羥基	高良薑、銀杏葉
問荊苷	山柰酚 -7-O-（葡萄糖）$_2$	問荊

名稱	結構	來源
楊梅素	3, 5, 7, 3', 4', 5'- 六羥基	滿山紅葉
桑色素	3, 5, 7, 2', 4'- 五羥基	桑枝
臘梅苷	槲皮素 -3-O-（葡萄糖）$_2$	臘梅花
人參黃酮苷	山奈酚 -3-O- 半乳糖 -O- 二葡萄糖	人參

3. 雙黃酮類化合物

　　雙黃酮是由兩分子黃酮衍生物聚合生成的二聚體。集中分布在除了松科以外的裸子植物中，尤其銀杏綱最普遍，蕨類植物的卷柏屬中亦有存在。根據它的結合方式可以分為以下三類：

　　(1) **3, 8'- 雙芹菜素型**：3 位 C 與 8' 位 C 鍵結合。例如，由銀杏葉中分離出**銀杏素（ginkgetin）**、**異銀杏素（isoginkgetin）**和**白果素（bilobetin）**等雙黃酮，即屬於這型。銀杏雙黃酮具有緩解痙攣、抑制肝癌細胞、降壓和擴張血管的作用。

$R_1 = CH_3$，$R_2 = H$：銀杏素（ginkgetin）
$R_1 = H$，$R_2 = CH_3$：異銀杏素（isoginkgetin）
$R_1 = H$，$R_2 = H$：白果素（bilobetin）

(2)**8, 8'- 雙芹菜素型**：8 位 C 與 8' 位 C 鍵結合。例如，**柏黃酮（cupresuflavone）**。

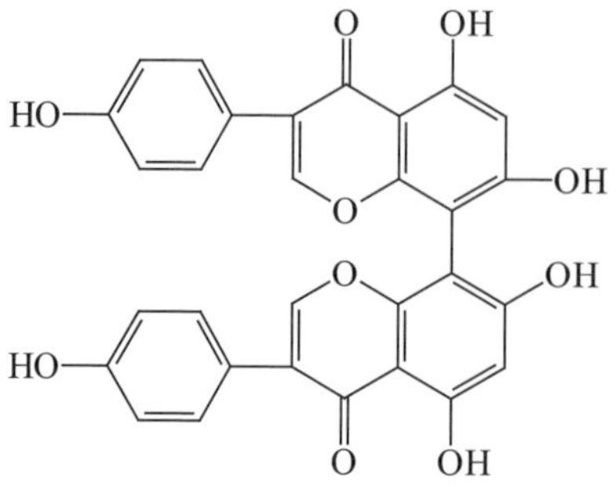

柏黃酮（cupresuflavone）

(3)**雙苯醚型**：由二分子芹菜素通過醚鍵連結而成。例如，**扁柏黃酮（hinokiflavone）**。

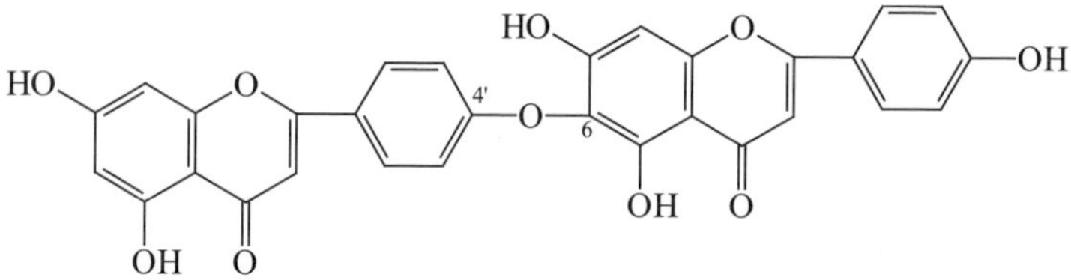

扁柏黃酮（hinokiflavone）

4.二氫黃酮類化合物

　　二氫黃酮類主要分布於被子植物的薔薇科、蕓香科、豆科、杜鵑花科、菊科、薑科等 70 餘科植物中。陳皮中**橙皮苷（hesperidin）**均爲二氫黃酮類化合物。

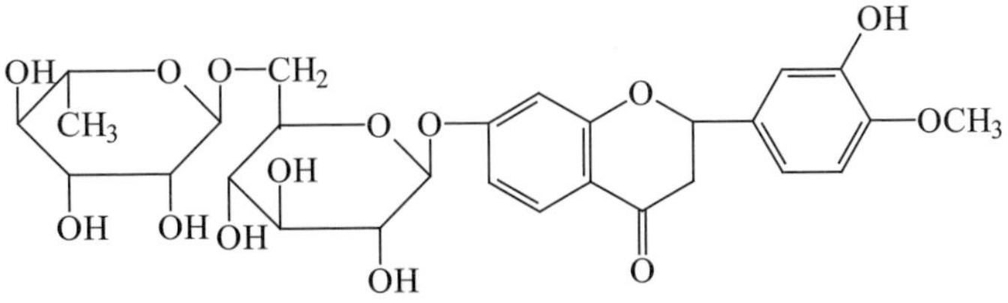

橙皮苷（hesperidin）

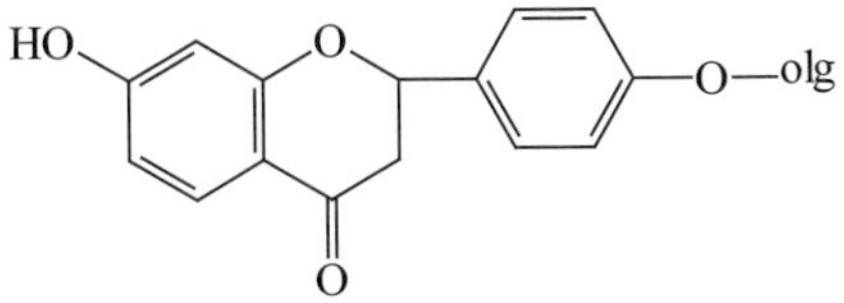

甘草苷（Liquiritin）

5. 二氫黃酮醇類化合物

二氫黃酮醇類化合物存在於裸子植物、單子葉植物薑科的少數植物中，雙子葉植物中較普遍存在，在豆科植物中也較多。二氫黃酮是黃酮醇的還原產物，常與相應的黃酮醇類存在於同一植物體內。**水飛薊素（silymarin）**具有較強的保肝作用，臨床上用於治療急性或慢性肝炎、肝硬化及代謝中毒性肝損傷等，取得良好效果。

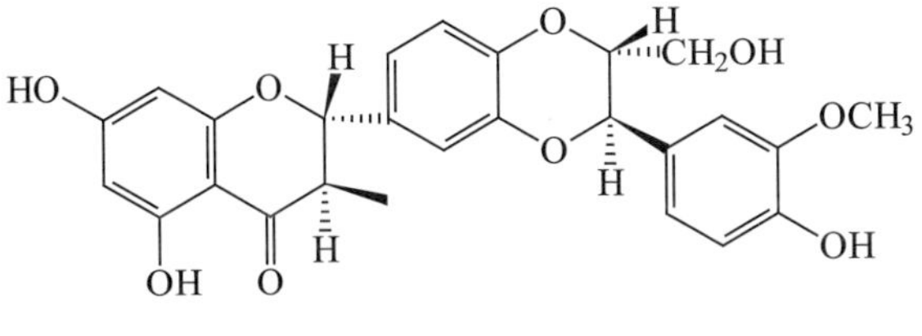

水飛薊素（silymarin）

6.異黃酮類化合物

　　黃酮 C_2 上的苯基轉移到 C_3 的化合物爲異黃酮。主要分布於被子植物中，以豆科蝶形花亞科和鳶尾科植物中存在較多。豆科植物葛根中所含的**大豆素（daidzein）、大豆苷（daidzin）、大豆素 -4', 7- 二葡萄糖苷（daidzein-4, 7'-diglucuronide）、葛根素（puerarin）和 7- 木糖葛根素（7-xyloside puerarin）**等均屬於異黃酮類化合物。

$R_1 = R_2 = R_3 = H$：大豆素（daidzein）
$R_1 = R_3 = H$，$R_2 = $ 葡萄糖基：大豆苷（daidzin）
$R_2 = R_3 = H$，$R_1 = $ 葡萄糖基：葛根素（puerarin）
$R_1 = H$，$R_2 = R_3 = $ 葡萄糖基：大豆素 -7, 4'- 二葡萄糖苷（daidzein-4, 7'-diglucuronide）
$R_1 = $ 葡萄糖基，$R_2 = $ 木糖基，$R_3 = H$：7- 木糖葛根素（7-xyloside puerarin）

　　葛根異黃酮有增加冠狀動脈血流量及降低心肌耗氧量等作用。大豆素具有類似罌粟鹼的解痙攣作用。大豆苷、葛根素及大豆素均能緩解高血壓患者的頭痛等症狀。

　　毛魚藤中所含的**魚藤酮（rotenone）**等於二氫異黃酮的衍生物。魚藤酮具有較強的殺蟲作用，對蚜蟲的毒性較菸鹼大 10～15 倍，對蒼蠅的毒性比除蟲菊強 6 倍，但對人畜無害。水中魚藤酮的濃度爲 1：1.3×10^7 時，即可使魚昏迷死亡。

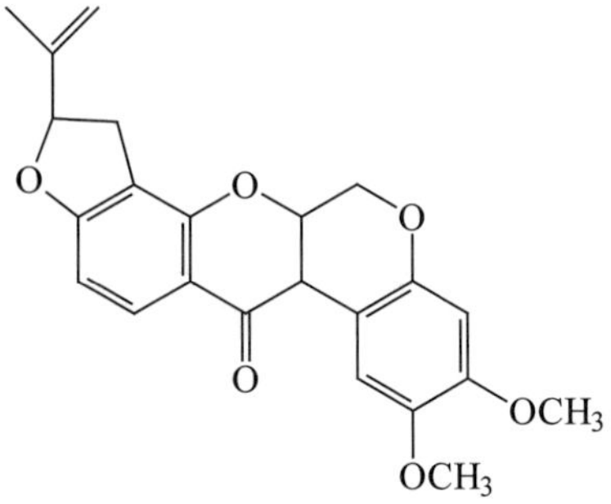

魚藤酮（rotenone）

7.查耳酮類化合物

此類化合物較多分布於菊科、豆科、苦苣苔科植物中。查耳酮的定位與其他黃酮類化合物不同。查耳酮為苯甲醛縮苯乙酮類化合物，2'- 羥基衍生物為二氫黃酮的異構體，兩者可以相互轉化，在酸的作用下轉化為無色的二氫黃酮，鹼化後又轉化為深黃色的 2'- 羥基查耳酮。

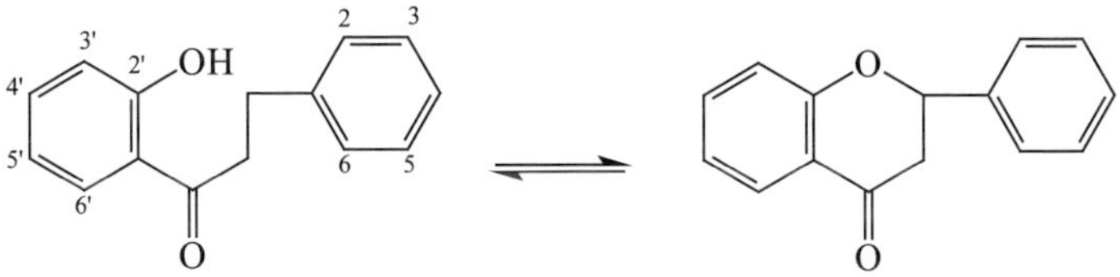

2'- 羥基查耳酮　　　　　　　　　　　二氫黃酮

紅花的花中含有**紅花苷（carthamin）**、**新紅花苷（neocarthamine）**和**醌式紅花苷（carthamine）**。開花初期主要含無色的新紅花苷及微量的紅花苷，開花中期主要含有黃色的紅花苷，開花後期則受酶的作用氧化變成紅色的醌式紅花苷。

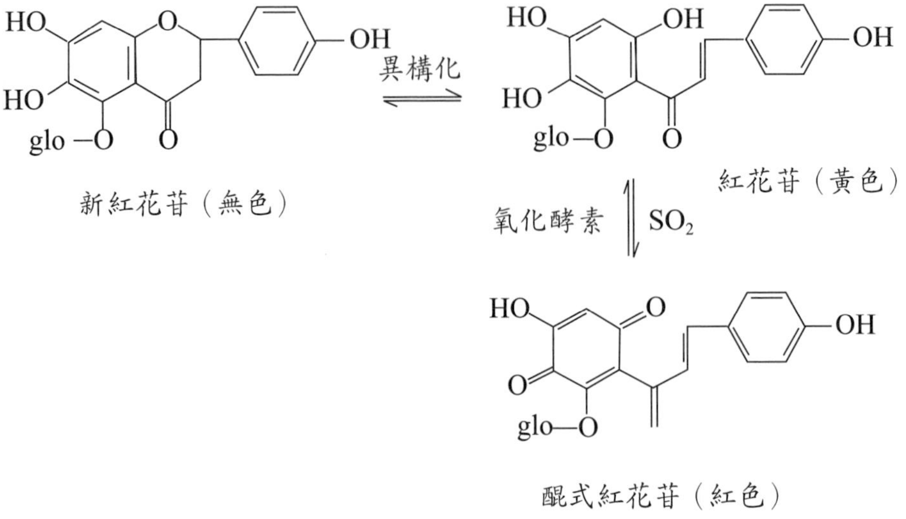

新紅花苷（無色）　　　　　　　　　　　紅花苷（黃色）

氧化酵素 ‖ SO₂

醌式紅花苷（紅色）

　　陳皮中也存在 2'- 羥基查耳酮類化合物。例如，柚皮苷雙氫查耳酮和新陳皮苷雙氫查耳酮，前者和後者分別比蔗糖甜 300 倍及 200 倍，這為人工合成和尋找甜味劑提供重要基礎。

第二節　黃酮化合物的物質特性

一、物質特性

　　黃酮類化合物多為結晶性固體，少數（例如黃酮苷類、花青素及苷元）為無定形粉末。

二、旋光性

　　從結構可見，二氫黃酮（flavanones）、二氫黃酮醇（flavanonols）、黃烷醇、二氫異黃酮及其衍生物、紫檀素、魚藤酮分子內含有不對稱碳原子，因此具有旋光性，其餘黃酮苷元無光學活性。黃酮苷類由於結構中引入了糖分子，故均有旋光性，且多為左旋。

二氫黃酮類（flavanones）　　二氫黃酮醇類（flavanonols）　　黃烷 -3, 4- 二醇類
（flavan-3, 4-diols）

三、顏色

　　黃酮類化合物的顏色與分子中是否存在交叉共軛體系及呈色團
（-OH、-OCH$_3$）的種類、數目以及取代位置有關。黃酮的色原酮部分無
色，在 2- 位上引入苯環後，即形成 p-π 交叉共軛體系，使共軛鏈延長，
因而呈現出顏色。

- **黃酮、黃酮醇及其苷類**：多呈現灰黃～黃色，查耳酮為黃～橙黃
  色，異黃酮類呈微黃色。
- **二氫黃酮、二氫黃酮醇**：不顯色。

　　在上述黃酮、黃酮醇分子中，尤其在 7- 位及 4'- 位引入 -OH 及 -OCH$_3$
等供電基後，化合物的顏色會加深，但在其他位置引入 -OH、-OCH$_3$ 等
供電基影響較小。花青素及其苷元所顯的顏色隨 pH 不同而改變，通常
pH< 7 時顯紅色，pH = 7 為無色，pH = 8.5 則呈紫色，pH > 8.5 呈藍色。
pH 不同，可能促進結構產生可逆變化。

　　隨著 pH 值變化花青素顏色的變化情況：

金屬鹽沉澱物，正離子　　pH = 7～8，醌式結構（淡紫色）　　pH > 11，負離子（藍色）

共振結構較穩定：

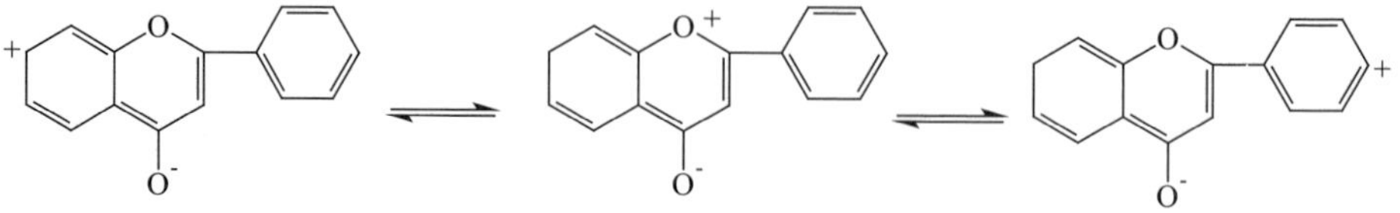

四、溶解性

溶解度因結構和存在狀態（苷元、單糖苷、二糖苷或三糖苷等）不同而有很大差異，一般有下列規則：

1. **游離苷元**：難溶或不溶於水，易溶於稀鹼及乙醇、乙醚、乙酸乙酯等有機溶劑中，其中二氫衍生物類苷元爲非平面型分子，分子間排列不緊密，分子間引力降低，有利於水分子進入，因而水中溶解度稍大。一些平面型分子，例如黃酮、黃酮醇等，分子堆砌緊密，分子間引力較大，更難溶於水。

2. **苷類化合物**：易溶於水、甲醇、乙醇等強極性溶劑中；難溶或不溶於苯、氯仿、石油醚等有機溶劑中，故用石油醚萃取可將黃酮類化合物與脂溶性雜質分開。其中，羥基糖化苷化愈多，水溶性愈大，糖鏈愈長，在水中溶解度也愈大。羥基被甲基化愈多（-OCH$_3$ 增多），黃酮苷類化合物的水溶性則下降愈多，弱極性有機溶劑即可溶解之。

四、酸鹼性

1. **酸性**：黃酮類化合物因分子中多具有酚羥基，故呈現酸性，可溶於鹼性水溶液、吡啶、甲醯胺及 *N, N-* 二甲基甲醯胺。因爲羥基位置不同，酸性強弱也不同，順序通常爲：**7, 4'- 二羥基 > 7- 或 4'- 羥基 > 一般酚羥基 > 5- 羥基**。故 7- 羥基或 4'- 羥基黃酮化合物可溶於 Na$_2$CO$_3$ 中。

　　利用黃酮類化合物的特性可將其從混合物中萃取或分離出來，用 pH 梯度法可分離黃酮類化合物。在紫外光譜鑑定黃酮結構時也可利用這一性質，確定波峰是否以游離態存在並找到其可能存在的位置。

　　2. **鹼性**：黃酮類化合物分子中 γ- 吡喃環上 1 位上的氧原子有未共用電子對，故呈現弱鹼性，可與強無機酸例如濃硫酸、鹽酸等生成鎓鹽，該鎓鹽極不穩定，加水後即分解。

　　黃酮類化合物溶於濃硫酸中生成的鎓鹽常常顯現出特殊顏色，此特性可用於黃酮類化合物的鑑別。

五、呈色反應

　　黃酮類化合物的顏色反應主要是利用分子中的酚羥基及 γ- 吡喃酮環的性質。

　　(1)**鹽酸－鎂粉（或鋅粉）反應**：多數黃酮、黃酮醇、二氫黃酮及二氫黃酮醇類化合物呈現橙紅～紫紅色，少數呈紫～藍色。查耳酮、橙酮、兒茶素類不顯色。異黃酮類一般不顯色。

　　(2)**四氫硼鈉（鉀）反應**：$NaBH_4$ 是對二氫黃酮類化合物專屬性較高的一種還原劑。與二氫黃酮類化合物產生紅～紫色。其他黃酮類化合物均不顯色。

　　(3)**鋁鹽**：生成的錯合物多為黃色（$\lambda_{max} = 415$ nm），並有螢光，可用於定性及定量分析。常用試劑為 1% 三氯化鋁或硝酸鋁溶液。

　　(4)**鉛鹽**：常用 1% 醋酸鉛及鹼式醋酸鉛水溶液，鹼式醋酸鉛反應能力更強，可生成黃～紅色沉澱。

　　(5)**鋯鹽**：多用 2% 二氯氧化鋯（$ZrOCl_2$）甲醇溶液。黃酮類化合物分

子中有游離的 3- 或 5-OH 存在時，均可反應生成黃色的鋯錯合物。3-OH, 4- 酮基錯合物的穩定性 > 5-OH, 4- 酮基錯合物（僅二氫黃酮醇除外）。〔當反應液中接著加入枸櫞酸後，5- 羥基黃酮的黃色溶液呈現顯著褪色，而 3- 羥基黃酮溶液仍呈現鮮黃色（鋯—枸櫞酸反應）〕。

(6) **鎂鹽**：二氫黃酮、二氫黃酮醇類與醋酸鎂的甲醇溶液，加熱可顯出天藍色螢光，若具有 C_5-OH ，色澤更為明顯。而黃酮、黃酮醇及異黃酮類等則呈現黃～橙黃～褐色。

(7) **氯化鍶（$SrCl_2$）**：在氨性甲醇溶液中，可與分子中具有鄰二酚羥基結構的黃酮類化合物生成綠色～棕色，乃至黑色沉澱。

(8) **三氯化鐵反應**：多數黃酮類化合物因分子中含有游離酚羥基，與三氯化鐵水溶液或醇溶液可產生正反應，呈現顏色；當含有氫鍵締合的酚羥基時，顏色更明顯。

(9) **硼酸顯色反應**：在無機酸或有機酸存在的條件下，5- 羥基黃酮及 2- 羥基查耳酮可與硼酸反應，呈現亮黃色。

(10) **鹼性試劑顯色反應**：在日光及紫外光下，觀察樣品用氨蒸氣和其他鹼性試劑處理後顏色變深的情況，可用於黃酮類化合物的鑑別。當分子中有鄰二酚羥基取代或 3, 4'- 二羥基取代時，在鹼液中很快便會氧化，最後生成綠棕色沉澱。

第三節　黃酮類化合物的萃取分離

一、黃酮類化合物的萃取

(1) **溶劑萃取法**：極性小的游離黃酮苷元，用 $CHCl_3$、$C_2H_5OC_2H_5$、CH_3OH 或 $CH_3OH:H_2O$（1：1）連續萃取；極性較大的黃酮苷元，可以用甲醇：水（1：1）、乙醇：水（1：1）等萃取。多糖黃酮苷，由於極性

較大，可以直接用沸水萃取；高甲氧基黃酮化合物，因極性降低，可以用苯直接萃取。

　　(2)**鹼萃取酸沉澱法**：黃酮類化合物易溶於鹼水中，可先用鹼性水萃取，然後加酸使黃酮苷類沉澱析出。常用的鹼為石灰水，常用的酸為 HCl 等。需控制酸鹼的濃度，以免破壞黃酮結構或萃取效率。此法簡單易行，橙皮苷、黃芩苷、蘆丁等可用此法萃取。

　　以槐米中萃取蘆丁為例：槐米（槐樹 *Sophora japonica L.* 花蕾）加入約 6 倍水並煮沸，一邊攪拌一邊緩緩加入石灰水至 pH 8～9，在此 pH 條件下微沸 20～30 分鐘，趁熱抽氣過濾。濾液在 60～70℃條件下，用濃鹽酸將濾液調整 pH 值至 5，攪拌後靜置 24 小時後，再次抽氣過濾。用水將沉澱物清洗至中性，以 60℃乾燥後可得到蘆丁粗品，用沸水重新結晶，以 70～80℃乾燥後可得到蘆丁純品。

二、黃酮類化合物的分離

　　由於黃酮類化合物的物質特性不同，分離的原理有：1. 極性大小不同，利用吸附能力或分配原理進行分離；2. 酸性強弱不同，利用梯度 pH 萃取法進行分離；3. 分子大小不同，利用葡聚糖凝膠分子進行篩選分離；4. 分子中特殊結構，利用與金屬鹽錯合能力的不同進行分離。

　　常用分離方法有管柱層析法、高效率薄層色譜（HPTLC）、高效率液相層析法（HPLC）等。在此針對數種管柱層析法及常用吸附劑（包括矽膠、氧化鋁、纖維素、聚醯胺、活性碳、澱粉等）進行介紹。

　　(1)**矽膠管柱層析法**：非極性與極性化合物都能應用，適用於分離黃酮類、黃酮醇類、二氫黃酮類、二氫黃酮醇類、異黃酮類和黃酮苷元類。

適合的洗脫劑是關鍵，各種洗脫劑的洗脫能力如下列：

　　石油醚＜四氯化碳＜苯＜氯仿＜乙醚＜乙酸乙酯＜吡啶＜丙酮＜正丙醇＜乙醇＜甲醇＜水

　　(2)活性碳吸附法：活性碳來源容易，價格便宜，在水中的吸附能力大，在有機溶劑中吸附力小；對於大分子化合物的吸附力大於對小分子化合物的吸附力。主要用於苷類的精製工作。在植物中用甲醇萃取得到的萃取液經過活性碳管柱吸附後，依次加入沸騰熱水、甲醇、7% 酚／水（大部分黃酮可以洗下來）、15% 酚／醇，洗脫液減壓濃縮至小體積，用乙醚萃取除去殘留酚，剩餘部分減壓濃縮，可得出較純粹的黃酮苷類。

　　(3)離子交換樹脂法：萃取、分離、純化可一次完成，適用於稀釋數倍大的黃酮，可除去黃酮類化合物中的水溶性雜質。先用陰離子（或是陽離子）交換樹脂吸附黃酮，然後用水清洗管柱，把水溶性雜質除去，再用甲醇把黃酮類化合物依次洗脫下來。

　　(4)聚醯胺管柱層析法：由己內醯胺聚合而成的尼龍 -66 及由己二酸與己二胺聚合而成的尼龍 -66，適用於黃酮類化合物的分離，是目前最有效及最簡便的方法。常用的洗脫劑有兩類：水、10～20% 乙醇（或甲醇）適用黃酮苷的分離；氯仿、氯仿／甲醇、甲醇適用於黃酮苷元的分離。

　　操作步驟：聚醯胺經過 80～100 目的篩網篩去小於 0.002 nm 的粒子，加水調成糊狀，填裝至 1/2 管柱高，待沉降後，慢慢放掉水，加入 20% 甲醇樣品液至聚醯胺管柱，先用水洗脫，再依次用 20%、30%、40%、75%、100% 的甲醇洗脫，每一段洗脫液用可見光或紫外光檢測顏色，直到看不到顏色，最後用 0.3～4.5 mol/L 鹽酸洗脫。

(5) **葡聚糖凝膠管柱層析法**：固定相葡聚糖凝膠爲具有許多孔隙的網狀結構固體，有分子篩的特性。分離游離黃酮，主要靠吸附作用，吸附強弱取決於含多少羥基。分離黃酮苷，取決於分子篩的屬性，洗脫時黃酮苷基本上是按分子量由大到小流出。

操作步驟：40 g 葡聚糖 LH-20 裝塡管柱（2.5 cm×33 cm），將 166 mg 蕓香苷和 75 mg 檞皮素溶於 22 mL 甲醇中，並加至葡聚糖凝膠管柱中，用甲醇洗脫（4 mL/min），蕓香苷約在 190～250 mL 之間被沖洗出來，檞皮素約在 390～46 mL 之間被沖洗出來。

檞皮素：R＝H
蕓香苷：R＝蕓香糖

三、萃取分離實例

山楂中含有的化學成分主要爲黃酮類化合物，另外還有胡蘿蔔苷、熊果酸等成分，主要成分的萃取分離方法如下：

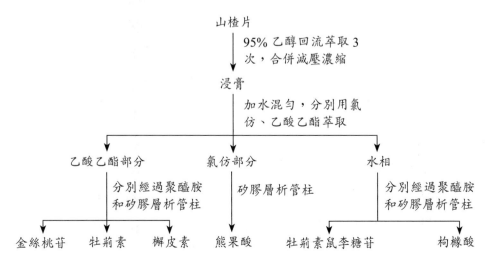

第四節　黃酮化合物的應用

黃酮化合物在工業上用為染料和抗氧化劑。近十年來，發現黃酮化合物具有多種生理功能，在藥品、食品、化妝品等方面有較大的應用價值。

一、天然甜味劑

(1) **苷草酮（licoricone）**：分子式為 $C_{20}H_{18}O_4$。

物質特性：白色或淡黃色粉末，易溶於水，不溶於乙醚、氯仿中，熔點為 245～246℃，甜度是蔗糖的 200 倍。

用途：當作甜味劑。

(2) **新橙皮苷二氫查耳酮（neohesperidin dihydrochalcone）**：分子式為 $C_{28}H_{30}O_{25}$。

物質特性：白色針狀結晶體，熔點為 52～154℃，碘值為 120，飽和水溶液的 pH 為 6.25，在 25℃ 2 L 水中可溶入 1 g，可溶於稀鹼，在乙醚、無機溶劑中不溶，甜度為糖精的 7～10 倍。較穩定，無吸濕性，屬於低熱量甜味劑。

來源：未成熟柑橘用橙皮苷在酶作用後切去鼠李糖，再用鹼還原，變成具甜味的橙皮素 -7- 葡萄糖苷二氫查耳酮，然後放入澱粉中，加入葡萄糖基轉移酶，便可製成具果實風味的甜味劑。

甘草酮（licoricone）

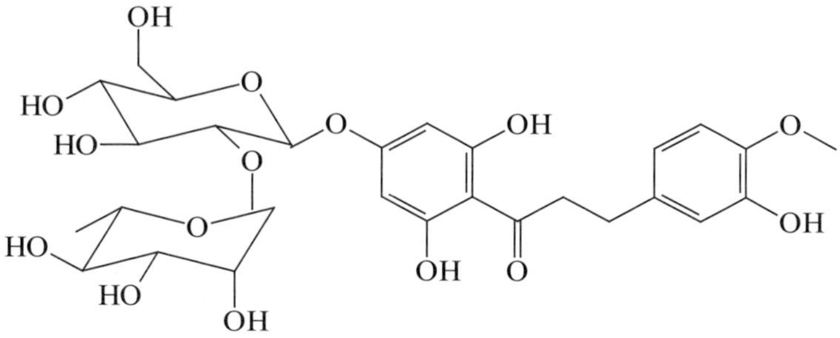

新橙皮苷二氫查耳酮（neohesperidin dihydrochalcone）

二、天然抗氧化劑

　　黃酮類化合物 A、B 環上有多少個酚羥基，C_2 與 C_3 之間有雙鍵，有自由 C_3- 羥基和酮基，因此具有潛在的抗氧化活性。酮基和 3 位或 5 位羥基聯合作用，可以螯合金屬離子，因而削弱微量金屬的助氧化作用。有人研究過黃酮類化合物的抗氧化性質，認為黃酮是一級抗氧化劑的作用。

　　(1)**洋槐黃素（robinetin）**：在金橘果皮內的含量較高，熔點為 325～330℃。去甲二氫癒創木酸酯聚有較強的抗氧化性，洋槐黃素抗氧化為它的兩倍。

　　(2)**密橘黃素（nobiletin）**：熔點為 134～137℃，橘皮中的含量高，也具較強的抗氧化性。

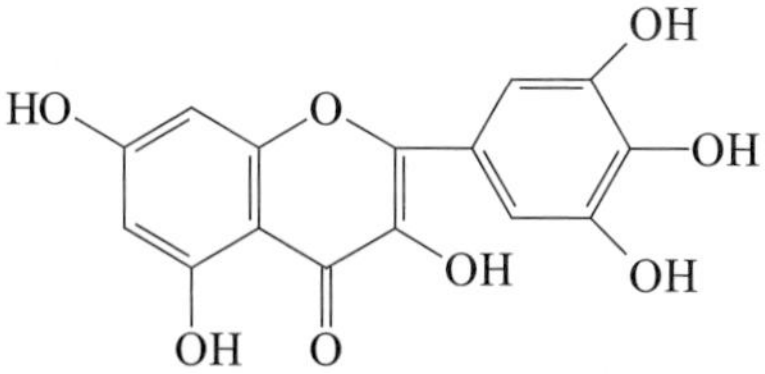

洋槐黃素（robinetin）

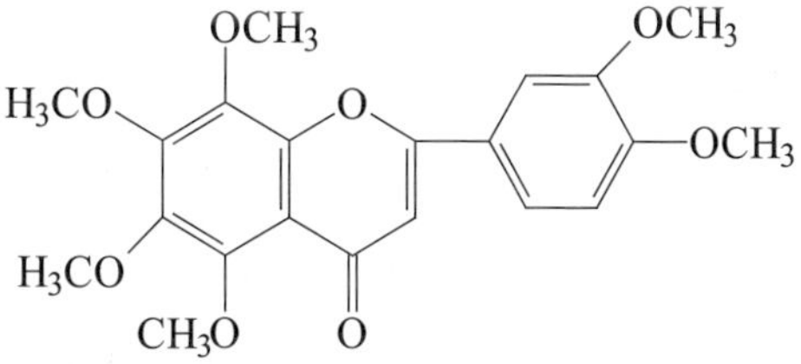

密橘黃素（nobiletin）

三、保健食品

(1)**楊梅黃素（myricetin）**：是一種天然色素，具維生素 C 樣的活性。由於 B 環上有三個鄰羥基，具有強抗氧化性，清除羥自由基的效果很好。楊梅黃素還可以改善心腦血管通透性，具防止血管脆弱性。因此楊梅黃素可以用在保健品及食品添加劑上。

(2)**橙皮苷（hesperidin）**：熔點為 257～260℃，白色針狀結晶，與維生素 P 功效類似，可代替維生素 P，具防血管脆弱性，是治療冠心病藥物的重要原料之一。橙皮苷 B 環上相鄰位置各有一個羥基和一個烷氧基，具抗氧化性，可製作藥物或食品添加劑。橙皮苷亦可應用在化妝品中，其效果比維生素 C 還好，並有一定的抗癌作用。

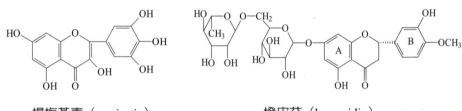

楊梅黃素（myricetin）　　　　　橙皮苷（hesperidin）

四、化妝品中的應用

(1)**護膚霜**：黃酮類化合物的紫外線吸收範圍為 250～400 nm，略帶黃色，具防曬作用，可添加於護膚霜中。

(2)**染髮霜**：黃酮類化合物在 B 環上 3' 位、4' 位上有羥基，可與 Al、Mg、Fe 等元素形成有色錯合物。

(3)**抗氧化劑**：黃酮類化合物 B 環上相鄰位置其羥基和烷氧基的數目有兩個或兩個以上，也具有抗氧化性，可添加於高檔化妝品中。

五、天然色素

(1)**高粱色素**：溶於水和丙二醇，pH < 7，紅褐色。對光和熱穩定。用於畜產、水產、點心及植物蛋白的著色，主要成分有黃酮類、黃酮醇類。

(2)**可可色素**：黃烷 -3, 4- 二醇類，3' 位，4' 位可能含一個或兩個羥基，可溶於水、乙醇、丙二醇。顏色隨pH值改變而改變，對光、熱穩定。

(3)**紅花黃色素**：存在於紅花（carthamus tinctorius）中，可溶於水、稀乙醇，難溶於無水乙醇和油脂。pH 7 時呈黃色，對光、熱穩定，但遇 Fe^{2+} 會變黑色。遇到 Ca^{2+}、Sn^{2+}、Mg^{2+}、Cu^{2+}、Al^{3+} 也會變色，可應用於飲料、葡萄酒、蜜餞、化妝品中。含有以下三種主要成分：

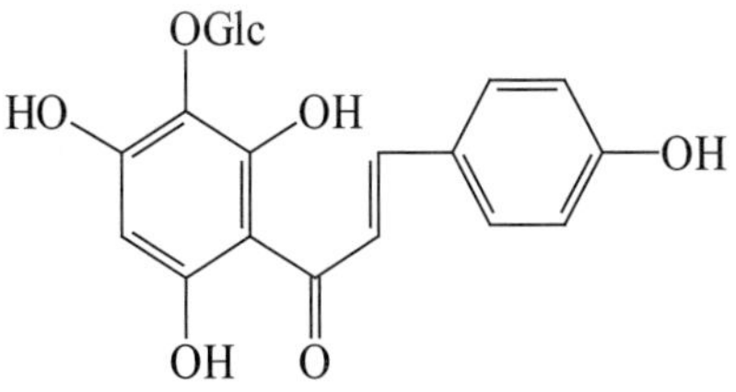

紅色成分

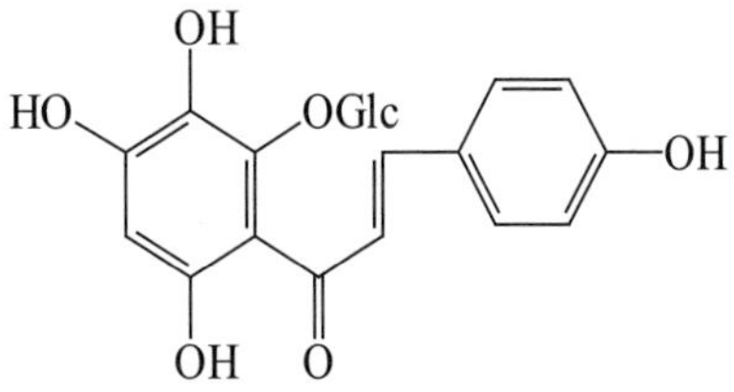

黃色成分

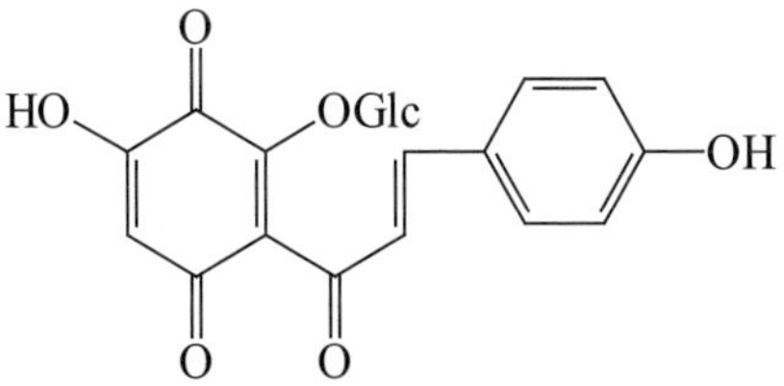

深紅色成分

六、藥品中應用

黃酮類化合物是臨床上治療心血管疾病的良藥，有強心、擴張冠狀血管、抗心律不整、降血壓、降低血膽固醇、降低毛細血管滲透性等作用。

例如，橙皮苷是治療冠心病藥物的重要原料之一。

許多黃酮類化合物具有抗癌作用，作用方式是減少甚至消除一些化學致癌物的致癌毒性。黃酮類化合物對一些致突劑和致癌物有拮抗作用。例如，芹菜素、槲皮素對黃麴黴素 B_1 與 DNA 加合物的形成有抑制作用，槲皮素及其衍生物可有效誘導微粒芳烴羥化酶和環氧化水解酶，使多環芳烴和苯並芘通過羥化或水解失去致癌活性。

一些黃酮類化合物有抗肝中毒和保肝作用。例如，**水飛薊素（silybin）**，分子式為$C_{25}H_{22}O_{10}$。無水物熔點為158℃（180℃分解）。旋光性+11°（c = 0.25，丙酮—乙醇）。易溶於丙酮、乙酸乙酯、甲醇，幾乎不溶於水。已作為防治肝炎和保肝藥物出售。臨床上用於治療急、慢性肝炎、肝硬化及多種中毒性肝損傷。

水飛薊素（silybin）

再如，從梅花中萃取分離出的兩種新黃酮醇苷 2"- 氧代乙醯蕓香苷和 2"- 氧代 -3'- 氧代甲基蕓香苷，它們對大鼠醛糖還原酶有較好的抑制作用。作為多羥基化合物裡的一種重要酶類，醛糖還原酶能催化還原葡萄糖為山梨醇。山梨醇無法滲出細胞膜，而細胞內的山梨醇積聚與一些慢性病有關，例如糖尿病、白內障，因此梅花黃酮對這些疾病有一定的預防作用。

2"- 氧代乙醯蕓香苷　　　　　　2"- 氧代乙醯 -3'- 氧代甲基蕓香苷

習題

1. 何謂黃酮類化合物？有哪些分類？

2. 黃酮類化合物的物質特性及生理活性爲何？

3. 請舉例一個你（妳）知道的黃酮類化合物分離萃取的方法。

4. 請舉例一個你（妳）知道的黃酮類化合物的特性及其應用。

第七章　香豆素和木脂素

　　香豆素（coumarin）和**木脂素（lignans）**屬於天然苯丙素類成分，苯丙素類化合物均由**桂皮酸途徑（cinnamic acid pathway）**合成而來。苯丙素類是由醋酸或苯丙胺酸和酪胺酸衍生而成，後兩種物質脫氮生成桂皮酸的衍生物。除香豆素和木脂素外，多數天然芳香化合物都是依這一生物合成途徑而產生，苯丙素類化合物生物合成途徑如圖 7-1 所示。

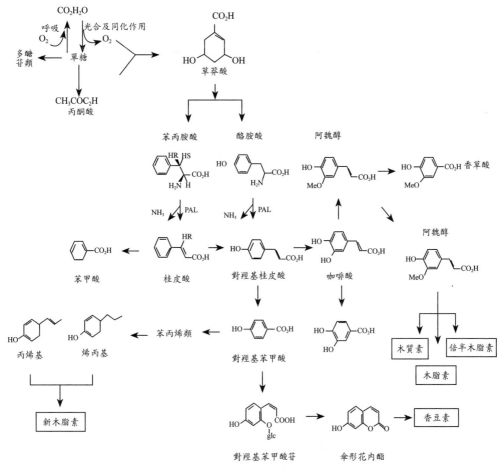

圖 7-1　苯丙素類化合物生物合成途徑

第一節　香豆素

　　香豆素（coumarin）是具有苯並 α-吡喃酮結構的次生代謝產物總稱，是由順式鄰羥基桂皮酸形成的內酯，絕大多數在 7 位有羥基或醚基取代，具有芳香氣味。迄今為止，從自然界已分離得到近 900 種香豆素類化合物，它們都具有以下的基本母核結構：

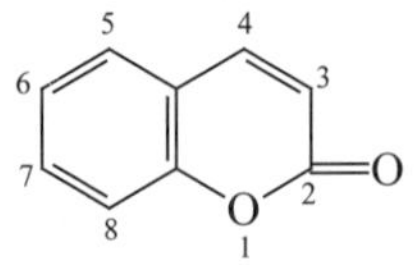

　　香豆素類化合物廣泛分布於高等植物中，尤其在傘形科、蕓香科、菊科、豆科和茄科等植物中的分布更為普遍。它們大多以游離態或與糖結合成苷的形式存在於植物的花、果實、葉、莖中。

　　香豆素類化合物在紫外光下常常呈現藍色螢光，有些在可見光下也常能觀察到螢光，而在遇到濃硫酸時能產生其藍色螢光特徵，據此很容易發現它的存在。

一、香豆素化合物的結構

　　香豆素母核上常有羥基、烷氧基、苯基、異戊烯基等。其中，異戊烯基的活潑雙鍵可與鄰位酚羥基環合成呋喃或吡喃環的結構。根據其取代基及連接方式的不同，通常將香豆素類化合物分為簡單香豆素、呋喃香豆素、吡喃香豆素、異香豆素和其他香豆素類等。

1.簡單香豆素化合物

　　簡單香豆素是指只在苯環上有取代基的香豆素類化合物。取代基包括羥基、甲氧基、亞甲二氧基和異戊烯基等。

絕大部分香豆素在 C_7 位都存在著含氧官能基團，900 多個香豆素當中僅有少數是例外，因此可以認為 umbeliferon 為香豆素的基本母核。其他 C_5、C_6、C_8 都有存在含氧官能基團的可能，常見的有 -OH、-OCH_3 等。側鏈異戊烯基有一個、兩個或三個相連接的，其上雙鍵有時轉換成環氧、鄰二醇、酮基或接糖基而成苷。此類型的香豆素有**七葉內酯（aesculetin）**、**七葉內酯苷（aesculin）**、**濱蒿內酯（scoparone）**、**九里香內酯（coumurrayin）**、**當歸內酯（angelicone）**、**飛龍掌血內酯（toddalolactone）**、**橙皮油內酯（auraptene）**及**去羥基飛龍掌血內酯（dehydrotoddalolactone）**。

$R_1 = R_2 = H$：七葉內酯（七葉素）（aesculetin）
$R_1 = glc$，$R_2 = H$：七葉內酯苷（七葉苷）（aesculin）
$R_1 = R_2 = CH_3$：濱蒿內酯（scoparone）

九里香內酯
（coumurrayin）

當歸內酯
（angelicone）

毛兩面針素（飛龍掌血內酯）
（toddalolactone）

橙皮油內酯（auraptene）

去羥基飛龍掌血內酯
（dehydrotoddalolactone）

2. 呋喃香豆素化合物

呋喃香豆素（**furocoumarins**）是指香豆素核上的異戊烯基常與鄰位酚羥基環合成呋喃而成的香豆素類化合物。成環後有時伴隨降解，失去 3 個碳原子。根據呋喃環並合的位置可將此類化合物分為線型和角型。

(1) **線型（linear）**：呋喃環與香豆素母核在 6、7 位並合，三個環在一直線上，稱線型，即 6, 7- 呋喃並香豆素型。以**補骨脂內酯（psoralen）**為代表，又稱補骨脂內酯型。例如，**茴芹內酯（pimpinellin）**。

(2) **角型（angular）**：呋喃環在 5、6 或 7、8 位並合，三個環處在一折角線上，稱角型，即 7, 8- 呋喃並香豆素型，以**異補骨脂內酯（isopsoralen）**為代表，又稱異補骨脂內酯型。例如，**異香柑內酯（isobergapten）**。

補骨脂內酯（psoralen）

異補骨脂內酯（isopsoralen）

R = H：異香柑內酯（isobergapten）
R = OCH₃：茴芹內酯（pimpinellin）

3.吡喃香豆素

　　吡喃香豆素（**pyranocoumarins**）是由香豆素苯環上異戊烯基與其鄰位酚羥基環合形成 2, 2- 二甲基 -α- 吡喃環結構的香豆素類化合物。與呋喃香豆素相似，也可分為線型和角型。

　　(1)**線型**：即 6, 7- 吡喃並香豆素（linear）。例如，**美花椒內酯（xanthotoxyletin）**及**魯望橘內酯（luvangatin）**。

　　$R_1 = OCH_3$，$R_2 = H$：美花椒內酯（xanthotoxyletin）
　　$R_1 = H$，$R_2 = OCH_3$：魯望橘內酯（luvangatin）

　　(2)**角型**：即 7, 8- 吡喃並香豆素類（angular）。例如，**沙米丁（samidin）**及**維斯納丁（visnadin）**。

　　$R_1 = R_2 = H$：（+）順凱爾內酯
　　$R_1 = COCH_3$，$R_2 = COCH = C(CH_3)_2$：沙米丁（samidin）
　　$R_1 = COCH_3$，$R_2 = COCHCH_2CH_3$：維斯納丁（visnadin）
　　　　　　　　　　　　　|
　　　　　　　　　　　　CH_3

(3)**其他吡喃香豆素類化合物**。例如，**別美花椒內酯（alloxanthoxyletin）**及**狄佩它妥內酯（dipetalolactone）**。

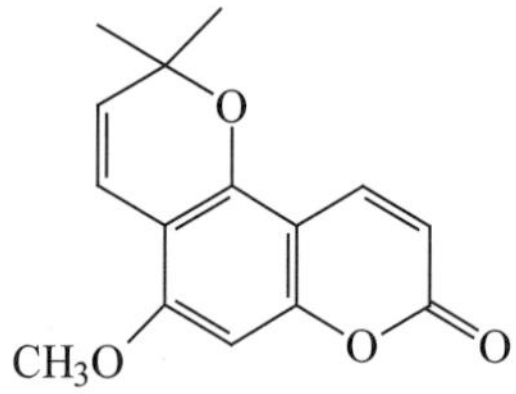

別美花椒內酯（alloxanthoxyletin）

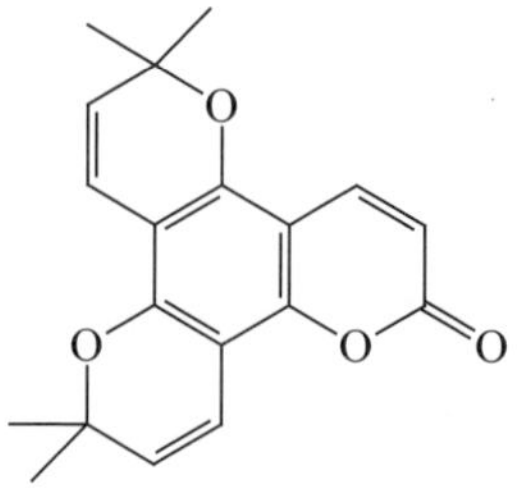

狄佩它妥內酯（dipetalolactone）

4. 異香豆素化合物

　　異香豆素（isocoumarin）是香豆素的異構體，分布與香豆素不同，比較零散，且局限在少數科屬中。例如，從傘科植芫荽中獲得**芫荽酮 A（coriandrone A）**、**芫荽酮 B（coriandrone B）**及**芫荽酮 C（coriandrone C）**屬於此類化合物。

5. 其他香豆素化合物

　　指 α- 吡喃酮環上有取代基的香豆素。C_3 或 C_4 上常有苯基、羥基、異戊烯基等取代基。例如，**蟛蜞菊內酯（wedelolactone）**及**海棠果內酯（callophylloide）**。

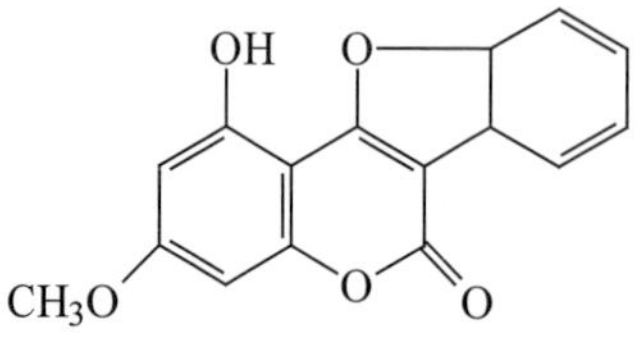

蟛蜞菊內酯（wedelolactone）

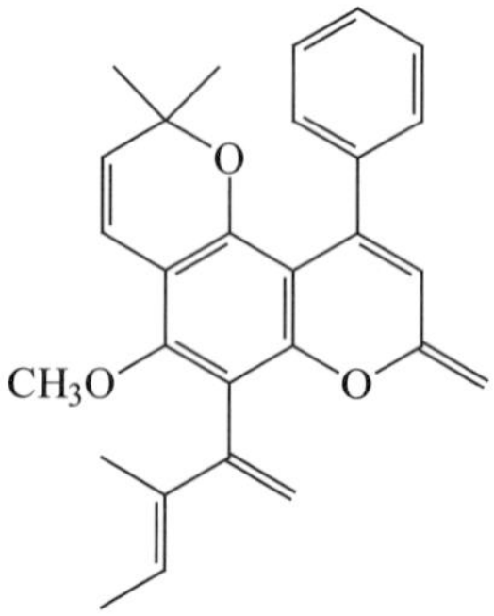

海棠果內酯（callophylloide）

二、香豆素化合物的物質特性

1.物理性質

　　游離的香豆素多爲結晶形固體，有一定熔點，大多具有香氣，具有昇華性質，分子最小的有揮發性（可隨水蒸氣蒸出）；香豆素苷類大多無香味、無揮發性、不能昇華。游離的香豆素能溶於沸水，難溶於冷水，易溶於甲醇、乙醇、氯仿和乙醚；香豆素苷類能溶於水‧甲醇和乙醇，難溶於乙醚、苯等極性小的有機溶劑。

　　香豆素類化合物在可見光下爲無色或淺黃色結晶，在紫外光下呈現藍色螢光，在鹼溶液中螢光會加強。一般在 7 位引入羥基後螢光增強，甚至在可見光下也可辨認，加鹼後可變爲綠色螢光，但羥基醚化後則螢光減弱。若在 8 位再引入一個羥基，則螢光變成極弱或消失。

2.化學性質

　　(1)內酯性質和鹼水解反應：香豆素的 α- 吡喃酮環具有 α, β- 不飽和內酯結構，在稀鹼液中會逐漸水解成黃色溶液，生成順鄰羥基桂皮酸鹽，經酸化後又可閉環恢復爲原來的內酯。如果長時間在鹼溶液中加熱放置或經紫外光照射，可轉變爲穩定的反鄰羥基桂皮酸。

C_8 有 C=O、雙鍵、環氧者易得順鄰羥桂皮酸衍生物：

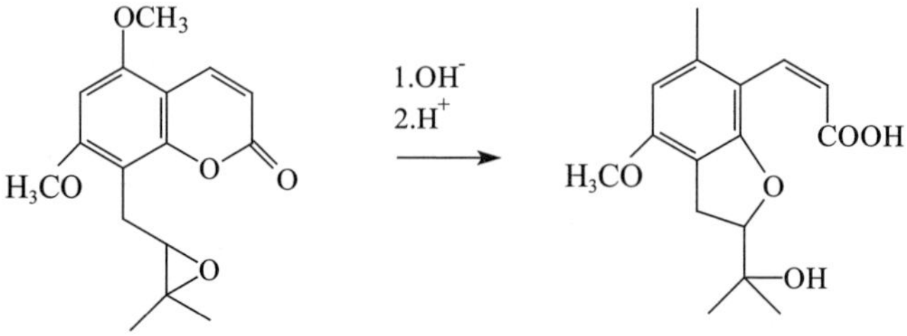

鹼水解的速率與芳香環有關，尤其是 C_7 位取代基的性質，難易順序如下：**7-OH 香豆素 < 7-OCH$_3$ 香豆素 < 香豆素**。

(2)與酸反應

- **環合反應**：異戊烯基易與鄰酚羥基環合，由此可以決定酚羥基和異戊烯基間的相對位置。

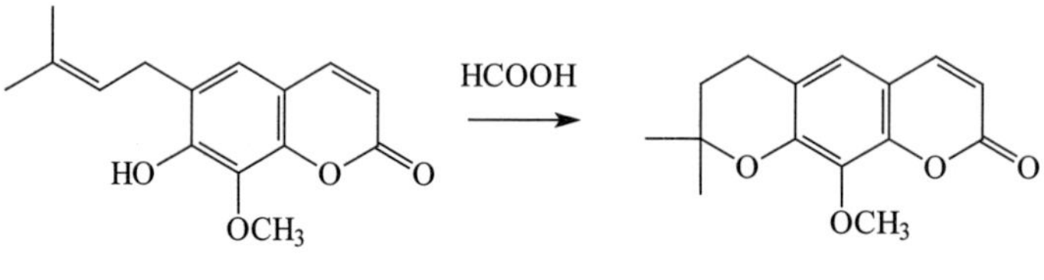

- **醚鍵的開裂反應**：烯醇醚遇酸易水解。

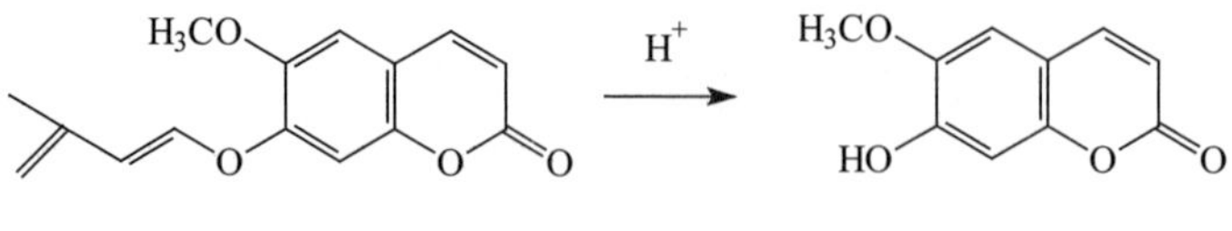

- **雙鍵加水反應：**

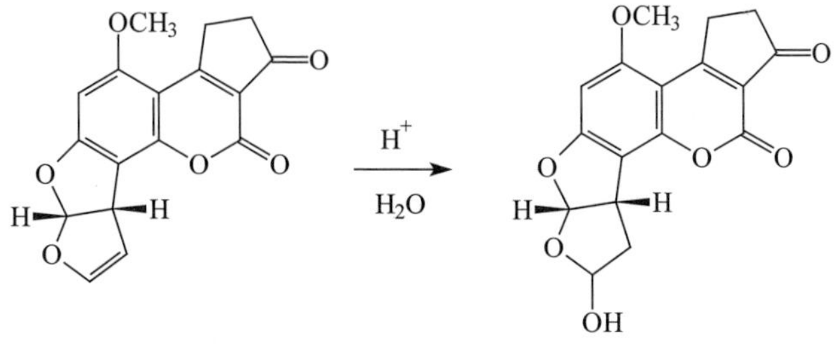

黃麴黴素 B_1（aflatoxin B_1）　　　　黃麴黴素 B_{2a}

（高毒性）　　　　　　　　　　（低毒性）

(3) 呈色反應

- **三氯化鐵呈色反應**：含有酚羥基的香豆素可與三氯化鐵發生顏色反應。

- **異羥肟酸鐵反應（識別內酯）**：香豆素有內酯結構，在鹼性條件下與鹽酸羥胺縮合成異羥肟酸，再於酸性條件下與三價鐵離子錯合成鹽而呈現紅色。

- **Gibbs 反應**：2, 6- 二氮（溴）苯醌氯亞胺在弱鹼性條件下可與酚羥基對位的活潑氫縮合成藍色化合物。

- **Emerson 反應**：氨基安替比林和鐵氰化鉀可與酚羥基對位的活潑氫生成紅色縮合物。

此外，當只有香豆素分子中有游離的酚羥基且此酚羥基的對位沒有取代基時，才會發生 Gibbs 和 Emerson 反應。

三、香豆素的萃取分離

香豆素的萃取，一般先用甲醇或乙醇從植物中萃取，濃縮回收溶劑

後得浸膏，然後用石油醚、乙醚、丙酮、甲醇等極性遞增的溶劑依次萃取浸膏，分成極性不同的部位，有時在溶劑萃取物中就可獲得結晶或混合結晶，多數需進一步分離。常用的方法有以下幾種：

1. 鹼萃取酸沉澱法：利用香豆素類可溶於熱鹼液中，加酸又析出的性質，以 0.5% 氫氧化鈉水溶液（或醇溶液）熱溶萃取物，冷卻並用乙醚除去雜質，然後加酸調解 pH 值至中性，適當濃縮後再酸化，使香豆素類或其苷沉澱析出。對於酸鹼敏感的香豆素類化合物所使用鹼、酸試劑的濃度不能太高，並應避免長時間加熱，以防破壞香豆素結構。

2. 真空昇華或蒸餾法：小分子的香豆素類因為有揮發性，可採取水蒸氣蒸餾法萃取。

3. 層析方法：矽膠層析是最常用的方法，洗脫溶劑常用己烷與乙醚、己烷與乙酸乙酯、二氯甲烷或四氯化碳與乙酸乙酯等。氧化鋁層析也可用於分離香豆素，常用酸性氧化鋁或中性氧化鋁。洗脫劑用苯、石油醚、氯仿或乙酸乙酯等。此外，葡聚醣凝膠也可用於分離香豆素。

四、香豆素的生理功能

1. **調節植物發芽和生長作用**：低濃度可刺激植物發芽和生長作用，高濃度則可抑制之。

2. **光敏作用**：可引起皮膚色素沉澱；補骨脂內酯可治白斑病。

3. **抗菌、抗病毒作用**：蛇床子、毛當歸根中的蛇床子素（Osthole）：抑制乙肝表面抗原。

4. **平滑肌鬆弛作用**：茵陳蒿中的濱蒿內酯具有鬆弛平滑肌等作用。

5. **抗凝血作用**。

6. **肝毒性**：有些香豆素對肝有一定的毒性。

第二節　木脂素

　　木脂素（lignans）是一類廣泛存在於自然界，由苯丙素氧化聚合而成的天然產物。通常是指其二聚物，少數為三聚物和四聚物。

一、木脂素類化合物的結構

　　木脂素化合物可分為**木脂素（lignans）**和**新木脂素（neolignans）**兩大類。前者是指兩分子苯丙烷一側鏈中 β 碳原子（8-8'）連接而成的化合物，後者是指兩分子苯丙烷以其他方式（例如 8-3', 3-3'）相連而成的化合物。此外，還有一些其他類型的木脂素類化合物，**雜木脂素（hybrid lignin）**是由一分子苯丙素與黃酮、香豆素或萜類等結合而成的天然化合物，例如黃酮木脂素、香豆素木脂素、萜木脂素等；**去甲木脂素（norlignan）**，基本母核只有 16～17 個碳原子，比一般的木脂素少 1～2 個碳；另外還有**倍半木脂素（sesquiligans）**（三聚體）、**二木脂素（dilignans）**（四聚體）、苯丙素低聚體等其他類型的木脂素。

　　木脂素的組成單體主要有四種：**肉桂醇（cinnamyl alcohol）**、**肉桂酸（cinnamicacid）**、**丙烯基酚（proprnyl phenol）**及**烯丙基酚（allyl phenol）**。少數木脂素可能由兩種類型單體混合組成。木脂素的兩個苯環上常有含氧取代基，根據取代基不同，組成木脂素的苯丙素單元分為對羥基肉桂醇、松柏醇和芥子醇等。

　　木脂素由雙分子苯丙烷縮合形成各種碳架後，側鏈 γ- 碳原子上的含氧官能基團如羥基、羰基、羧基等相互脫水縮合，形成半縮醛、內酯、四呋喃等環狀結構，使得木脂素類化合物的結構類型更加多樣化。以下簡單介紹幾種常見的類型。

1. 二芳基丁烷類（dibenzylbutanes）

此類型的木脂素是其他類型木脂素的生源前體。例如，**去甲二氫癒創木脂酸（nordihydroguaiaretic acid, NDGA）**及**葉下珠脂素（phyllanthin）**。

去甲二氫愈創木脂酸
（nordihydroguaiaretic acid, NDGA）

葉下珠脂素（phyllanthin）

2. 二芳基丁內酯類（dibenzyltyrolactones）

這是木脂素側鏈形成內酯結構的基本類型，還包括單去氫和雙去氫化合物，它們是芳香基惠內酯類木脂素的合成前體。例如，**扁柏脂素（hinokinin）**、**檜脂素（salvinin）**及**台灣脂素 A（taiwanin A）**。

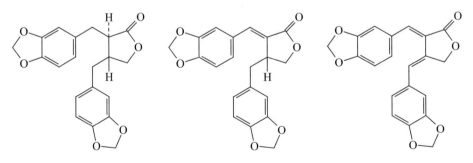

扁柏脂素（hinokinin）　　檜脂素（salvinin, 台灣脂素 B）　　台灣脂素 A（taiwanin A）

3. 芳香機萘類（arylnaphthalenes）

有芳香基萘、芳香基二氫萘和芳香基四氫萘三種結構。

芳香基萘類木脂素常以氧化的 γ- 碳原子縮合形成內酯。例如，**鬼臼毒素（podophyllotoxin）**及**鬼臼毒素葡萄糖苷（podophyllotoxin glucoside）**。

R＝H：1- 鬼臼毒素（podophyllotoxin）
R＝glc：1- 鬼臼毒素葡萄糖苷（podophyllotoxin glucoside）

4. 四氫呋喃類（tetrahydrofurans）

因氧原子連接位置的不同，可形成 7-O-7'、7-O-9'、9-O-9' 三種結構。

7-O-7'   7-O-9'   9-O-9'

常見的四氫呋喃類木脂素，有**楠脂素（galbacin）**、**橄欖脂素（olivil）**及**蓽澄茄脂素（cubebin）**。

楠脂素（galbacin）   橄欖脂素（olivil）   蓽澄茄脂素（cubebin）

5. 雙四氫呋喃類

由兩個取代四氫呋喃單元形成四氫呋喃並四氫呋喃結構。例如，**芝麻脂素（sesamin）**及**細辛脂素（asarinin）**。

(+)- 芝麻脂素（sesamin）   (+)- 細辛脂素（asarinin）

6.聯苯環辛烯類（dibencyclooctenes）

此類木脂素集中存在於五味子屬（*Schizandra*）和南五味子屬（*Kadsura*）植物中，具有聯苯並環辛二烯結構。例如，**五味子甲素（schizandrin A）**、**五味子乙素（schizandrin B）**及**五味子丙素（schizandrin C）**。

$R_1 = R_2 = R_3 = R_4 = CH_3$：五味子甲素（schizandrin A）
$R_1 + R_2 = CH_2$，$R_3 = R_4 = CH_3$：五味子乙素（schizandrin B）
$R_1 + R_2 = R_3 = R_4 = CH_2$：五味子丙素（schizandrin C）

7.苯並呋喃類（benzofurans）

此類型的木脂素有 **eupomatene**、**利卡靈 A（licarin A）**、**布爾乞靈（burchellin）**、**南五味子素 A（kadsurin A）**、**海風藤酮（kadsurenone）**及**山蒟素（hancinone）**。

eupomatene　　　利卡靈 -A（licarin A）　　布爾乞靈（burchellin）

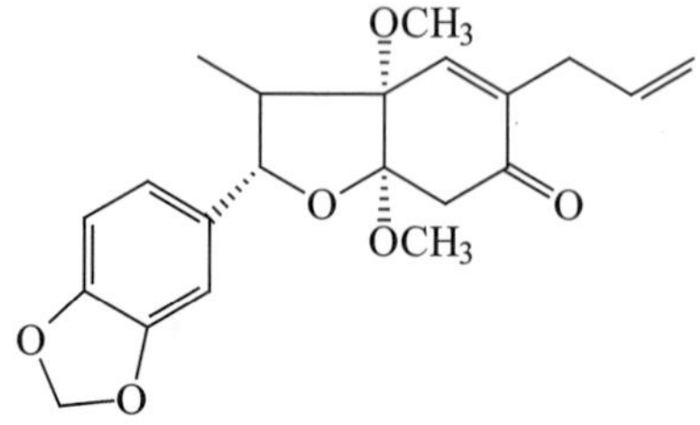

南五味子素 A（kadsurin A）

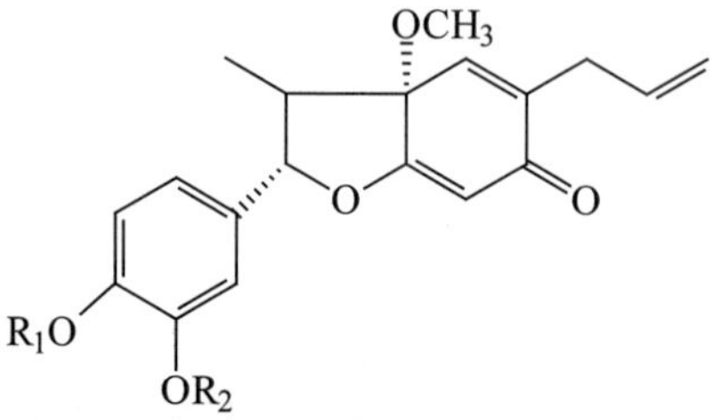

$R_1 = R_2 = CH_3$：*海風藤酮*（kadsurenone）
$R_1 + R_2 = CH_2$：*山蒟素*（hancinone）

8. 雙環辛烷類（bicycle[3.2.1]octanes）

此類型的木脂素有**圭安寧（guaianin）**及**大葉素（macrophyllin）**。

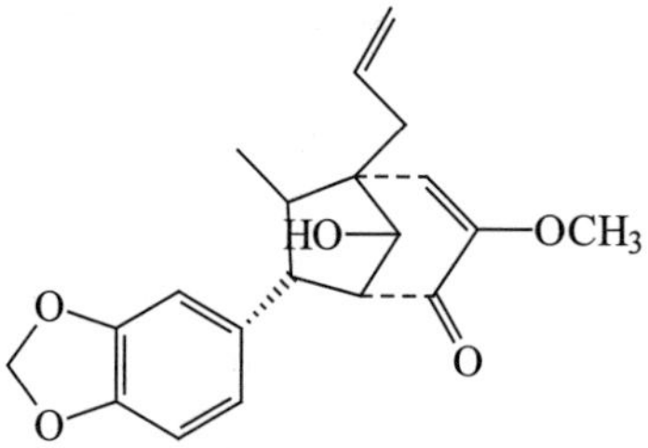

圭安寧（guaianin）

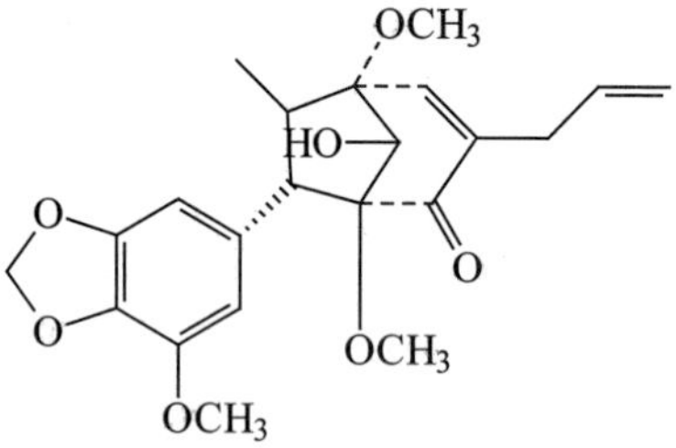

大葉素（macrophyllin）

9. 苯並二惡烷類

此類型的木脂素有**優西得靈（eusiderin）**及**貓眼草素（maoyancao-su）**。

優西得靈（eusiderin）　　　　　　貓眼草素（maoyancaosu）

10. 螺二烯酮（spirodienones）

此類型的木脂素如**呋胡椒酯酮（futoenone）**。

呋胡椒酯酮（futoenone）

11. 聯苯類（biphenylenes）

兩分子苯丙素的兩個苯環通過 3-3' 直接連接而成。例如，**厚樸酚**
（magnolol）及**和厚樸酚（honokiol）**。

厚樸酚（magnolol）　　　　　　和厚樸酚（honokiol）

12. 倍半木脂素（**sesquiligans**）和二木脂素（**dilignans**）

常見的倍半木脂素如**拉帕酚 A（lappaol A）**，而二木脂素如**拉帕酚 F （lappaol F）**。

拉帕酚 A（lappaol A）　　　　　　拉帕酚 F（lappaol F）

二、木脂素的物質特性

木脂素通常為無色結晶，但新木脂素較難結晶，少數可昇華，木脂素多數以游離形式存在於植物體內，能溶於苯、乙酸乙酯、乙醚、乙醇等親脂性溶劑，難溶於水；少數成苷後水溶性增大。

木脂素化合物多數具有光學活性，遇酸易異構化。礦物酸可使木脂素發生碳架重排，使其構型發生變化，旋光性質改變，生物活性亦發生改變。因此，在萃取過程中應注意操作條件，避免活性變弱或消失。

木脂素化合物從結構類型來看，沒有共同的特徵反應，但有一些非特徵性試劑可用於薄層層析呈色。例如，5% 或 10% 磷鉬酸乙醇溶液、10%

硫酸乙醇溶液、茴香醛硫酸試劑等，噴灑後於 100～120℃加熱數分鐘，各類木脂素可表現出不同顏色。含有亞甲二氧基的木脂素加濃硫酸後，再加沒食子酸，可產生藍綠色，稱之爲 Labat 反應。

三、木脂素的萃取分離

　　大多數木脂素以游離態存在，形成苷的數量不多，常與大量樹脂狀物共存於植物體中，本身在溶劑處理過程中也容易樹脂化，這使木脂素的萃取分離有一定的困難。實驗中通常先用乙醇或丙酮等親水溶劑萃取，再用氯仿、乙醚等依次萃取，回收溶劑後即得粗製的游離總木脂素。

　　木脂素的分離常採用層析方法，其中以吸附層析是最常用的方法。吸附劑常用矽膠或中性氧化鋁柱，洗脫劑常用石油醚—乙酸乙酯、石油醚—丙酮、石油醚—乙醚、苯—乙酸乙酯、氯仿—甲醇等。此外，分配層析也可用於分離木脂素。

　　除上述方法外，具有內酯結構的木脂素可以利用鹼液使其皂化成鈉鹽後與其他脂溶性物質分離，但鹼液易使木脂素發生異構化，此法不宜用於有旋光活性的木脂素。其他適於酚性苷的分離方法，同樣可以用於木脂素苷類化合物的分離。

四、木脂素的生理活性

　　1. **抗腫瘤作用**。
　　2. **肝保護和抗氧化作用**。
　　3. **對中樞神經系統的作用**，例如鎮靜、興奮作用。
　　4. **血小板活化因數拮抗活性**。

5. **抗病毒作用**。

6. **平滑肌解痙作用**。

7. **毒魚作用**。

8. **殺蟲作用**。

習題

1. 何謂香豆素及其生理活性？

2. 請舉例一個你（妳）知道的香豆素分離萃取的方法。

3. 何謂木脂素及其生理活性？

4. 請舉例一個你（妳）知道的木脂素分離萃取的方法。

5. 香豆素與木脂素，兩者之間的關係為何？

醌類化合物（quinones）是天然物中一類比較重要的活性成分，是指分子內具有不飽和環二酮結構（醌式結構）或容易轉變成此種結構的天然有機化合物，廣泛存在於自然界，特別是在海洋生物、細菌、眞菌、地衣、高等植物中更爲普遍。源於植物的醌類主要集中於紫草科、茜草科、紫葳科、胡桃科、百合科等類群。

第一節　醌類化合物的分類

天然醌類化合物主要有苯醌、萘醌、菲醌和蒽醌四種類型。母核上多具有酚羥基、甲氧基、甲基、異戊烯基和脂肪側鏈以及稠合氧雜環等。

1.苯醌類化合物（benzoquinones）

苯醌類化合物可分爲對苯醌和鄰苯醌兩大類。鄰苯醌結構不穩定，因此天然存在的苯醌類化合物多數是對苯醌的衍生物，常見的取代基有 -OH、-OCH$_3$、-CH$_3$ 或其他羥基側鏈。天然存在的對苯醌衍生物多爲黃色或橙色的結晶，例如風眼草中的 **2, 6- 二甲氧基對苯醌**（**2, 6-dimethoxy-p-benzoquinone**）爲黃色結晶，具有較強的抗菌作用。存在生物界的**泛醌類**（**ubiquinones**）能參與生物體內氧化還原過程，是生物氧化反應的一類輔酶，稱爲**輔酶 Q 類**（**coenzymes Q**），輔酶 Q$_{10}$（n=10）已用於治療心臟病、高血壓及製作化妝品中。

2, 6- 二甲氧基苯醌
（2,6-dimethoxy-p-benzoquinone）

輔酶 Q_{10} （n=10）
（coenzymes Q）

2. 萘醌類化合物（naphthoquinones）

萘醌類化合物從結構上可以有 1, 4、1, 2 及 2, 6- 萘醌三種類型。但天然存在的萘醌類化合物多爲 1, 4- 二萘醌（即對位萘醌）的衍生物。許多萘醌類化合物具有顯著的生物活性，多爲橙色或橙紅色結晶，少數呈紫色。例如，胡桃葉及其未成熟果實中含有的**胡桃醌（juglone）**具有抗菌、抗癌及中樞神經鎭靜作用；毛膏菜和白雪花中的**藍雪醌（plumbagin）**又稱礬松素，具有抗結核桿菌的作用，它能干擾結核桿菌的正常代謝，從而抑制結核桿菌的生長。從中藥紫草及軟紫草中分離的一系列**紫草素（shikonin）**及**異紫草素（isoshikonin）**類衍生物具有止血、抗發炎、抗菌、抗病毒及抗癌等作用，爲中藥紫草中的主要有效成分。

萘醌
（naphthoquinone）

胡桃醌
（juglone）

藍雪醌
（plumbagin）

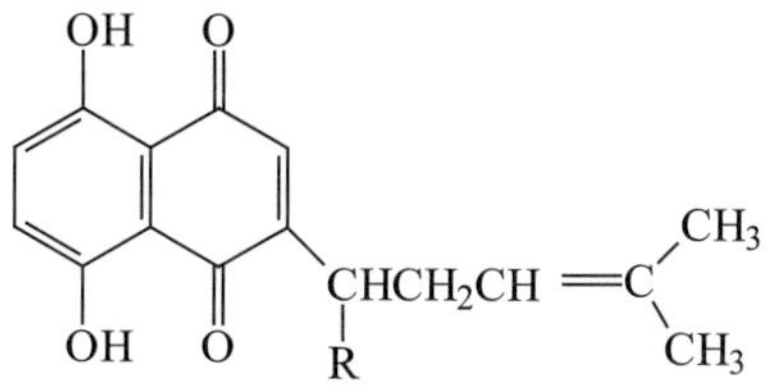

紫草素（shikonin）R = ……OH

異紫草素（isoshikonin）R = ——OH

3. 菲醌類化合物（phenanthraquinone）

天然存在的菲醌衍生物包括鄰菲醌和對菲醌兩種類型，基本結構如下：

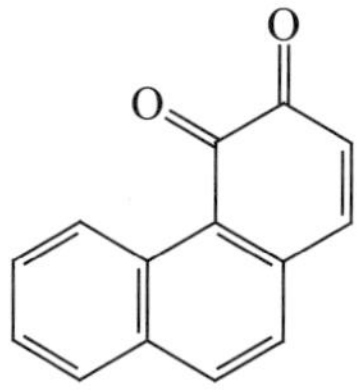

鄰菲醌 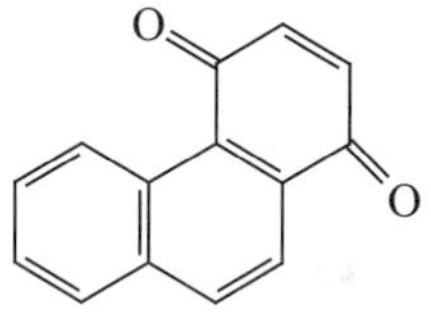　　　　　　　　　對菲醌

中藥丹參中含有的多種菲醌衍生物都屬於鄰菲醌和對菲醌類化合物。丹參醌類成分具有抗菌及擴張冠狀動脈的作用，由**丹參醌 IIA（tanshinone IIA）**製得的丹參醌 IIA 黃酸鈉注射液可以增加冠狀動脈流量，臨床上用於治療冠狀動脈粥樣硬化性心臟病、心肌梗塞等疾病。草藥落羽松中分離出的落羽酮及落羽松二酮也具有菲醌樣結構。二者都有抑制腫瘤生長的作用。

丹參醌 IIA（tanshinone IIA）：$R_1 = CH_3$，$R_2 = H$
丹參醌 IIB（tanshinone IIB）：$R_1 = CH_2OH$，$R_2 = H$
羥基丹參醌 IIA（hydroxytanshinone IIA）：$R_1 = CH_3$，$R_2 = OH$
丹參酸甲酯（methyl tanshinonate）：$R_1 = COOCH_3$，$R_2 = H$

4.蒽醌類化合物（anthraquinones）

蒽醌類化合物是一類廣泛存在於自然界的重要天然色素，主要包括羥基蒽醌衍生物以及不同程度的還原產物，例如蒽酚、氧化蒽酚、蒽酮及蒽酮的二聚體等。天然蒽醌以 9, 10- 蒽醌最為常見，比較穩定。多數蒽醌的母核尚有不同數目的羥基取代，其中以二元羥基蒽醌為多。在 β 位多為 -CH_3、-CH_2OH、-CHO 、-COOH 等官能基取代，個別蒽醌化合物還有兩個以上碳原子的側鏈取代。

1、4、5、8 位為 α 位；
2、3、6、7 位為 β 位；
9、10 為中位（*meso* 位）

(1) **蒽醌衍生物**：根據 -OH 在蒽醌母核中位置不同，可將羥基蒽醌衍生物分為兩類。

① **大黃素型**：羥基分布在兩側苯環上，多數呈棕～黃色。例如，中藥大黃中主要蒽醌大多屬於這個類型。例如，**大黃酚（chrysophanol）**、**大黃素（emodin）**、**大黃素甲醚（physcione）**、**蘆薈大黃素（aloe-**

emodin）及大黃酸（rhein）。

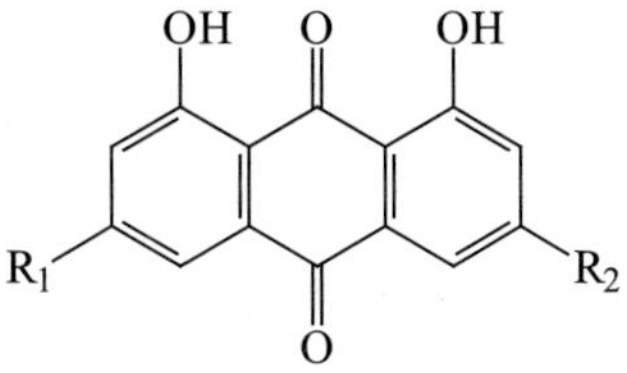

R₁ = CH₃，R₂ = H：大黃酚（chrysophanol）
R₁ = CH₃，R₂ = OH：大黃素（emodin）
R₁ = CH₃，R₂ = OCH₃：大黃素甲醚（physcione）
R₁ = H，R₂ = CH₂OH：蘆薈大黃素（aloeemodin）
R₁ = H，R₂ = COOH：大黃酸（rhein）

羥基蒽醌衍生物多與葡萄糖、鼠李糖等結合成苷而存在，有單糖苷，
也有雙糖苷，具體實例如下：

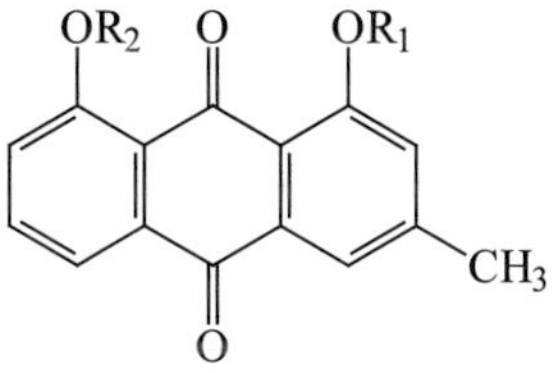

R₁ = H，R₂ = glc：大黃酚葡萄糖苷（大黃酚 -8-O-β- 葡萄糖苷）
R₁ = glc，R₂ = H：大黃酚 -ω-O-β- 葡萄糖苷

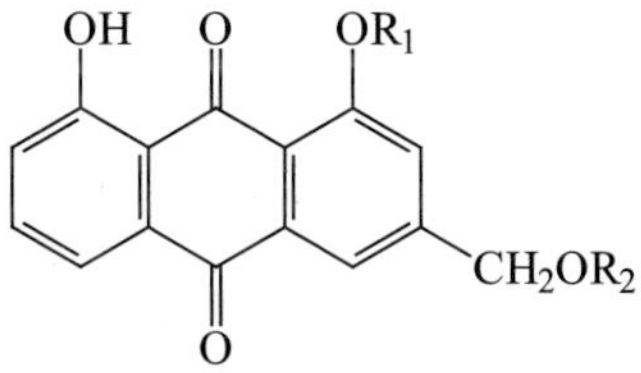

R₁ = glc，R₂ = H：蘆薈大黃素葡萄糖苷
R₁ = H，R₂ = glc：蘆薈大黃素 -ω-O-β-D- 葡萄糖苷

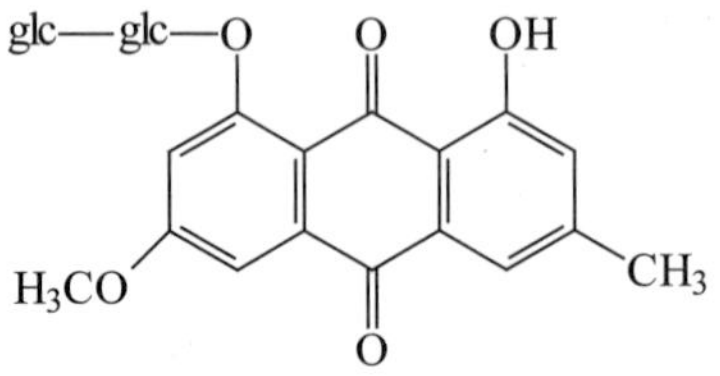

大黃素甲醚 -ω-O-β-D- 龍膽雙糖苷

② **茜草素型**：羥基分布在一側苯環上，顏色多為橙黃～橙紅色。例如，中藥茜草中的茜草素等化合物就是這種類型。目前，已從茜草中分離出 19 種蒽醌類化合物，主要有**茜草素（alizarin）**、**羥基茜草素（purpurin）**、**偽羥基茜草素（pseudopurpurin）** 等多種蒽醌類化合物。

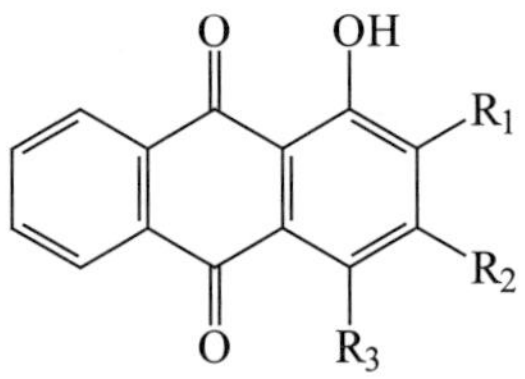

R_1 = OH，R_2 = H，R_3 = H：茜草素（alizarin）
R_1 = OH，R_2 = H，R_3 = OH：羥基茜草素（purpurin）
R_1 = OH，R_2 = COOH，R_3 = OH：偽羥基茜草素（pseudopurpurin）

(2)蒽酚（或蒽酮）衍生物：蒽酮在酸性溶液中被還原，則生成蒽酚及其互變異構體蒽酮。

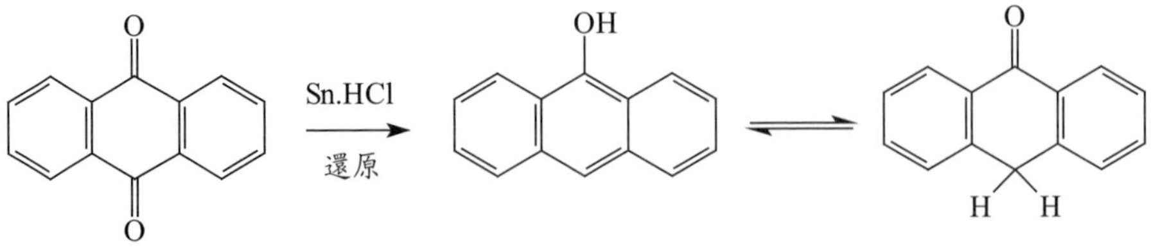

蒽醌   蒽酚   蒽酮

蒽酮、蒽酚類化合物性質不穩定，故只存在於新鮮植物中，該類成分可以慢慢被氧化成蒽醌類成分。例如，新鮮大黃中所含的蒽酚類成分經過幾年貯存即檢測不出。蒽酚類衍生物以游離苷元和結合成苷兩種形式存在。中位上的羥基與糖結合的苷性質比較穩定，只有經過水解去糖以後才容易被氧化。

(3)**二蒽酮類衍生物**：二蒽酮類化合物可以看成是兩分子的蒽酮相互結合而成的化合物。例如，大黃和番瀉葉中致瀉的主要有效成分番瀉苷A、B、C、D等，均為二蒽酮類衍生物。

① **番瀉苷 A（sennoside A）** 是由兩分子大黃酸蒽酮通過 C_{10}-C_{10}' 相互結合（反式排列）而成。$[\alpha]_D^{20}$-167°（70% 丙酮），不溶於水、苯、乙醚或氯仿，難溶於甲醇、乙醇或丙酮，但在與水相混的有機溶劑中，溶解度隨含水量的增加而提升，溶劑中含水量達 30% 時溶解度最大，能溶於碳酸氫鈉水溶液，易被酸水解生成 2 分子葡萄糖和 1 分子番瀉苷元 A，具有右旋性。

② **番瀉苷 B（sennoside B）** 的性質與番瀉苷 A 相似，是番瀉苷 A 的異構體。$[\alpha]_D^{20}$-100°（70% 丙酮），水解後生成 2 分子葡萄糖和番瀉苷元 B。苷元 B 是苷元 A 的內消旋體。

③ **番瀉苷 C（sennoside C）** 是由 1 分子大黃酸蒽酮與 1 分子蘆薈大黃素蒽酮通過 C_{10}-C_{10}' 相互結合（反式排列）形成的二蒽酮二葡萄糖苷，$[\alpha]_D^{24}$-123°（70% 丙酮）。

④ **番瀉苷 D（sennoside D）** 是番瀉苷 C 的異構體。

番瀉苷 A 和番瀉苷 C 具有相同的立體結構，水解後產生具有光學活性的苷元。由於 C_{10}-C_{10}' 鍵的旋轉受阻，所有苷元 B、苷元 D 都是內消旋

的，而苷 B、苷 D 的旋光性是由糖的部分造成的。

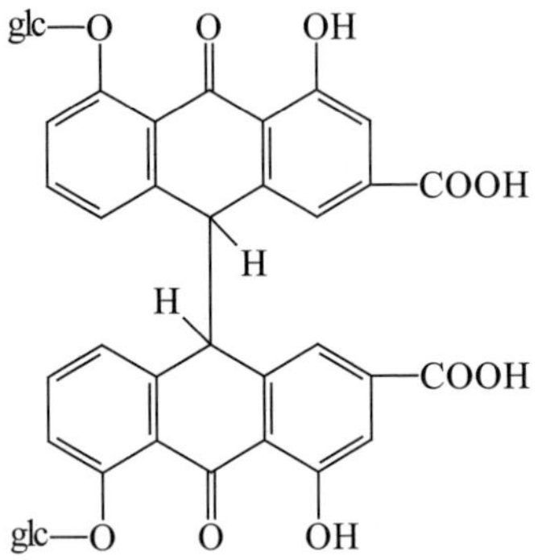

番瀉苷 A（sennoside A）

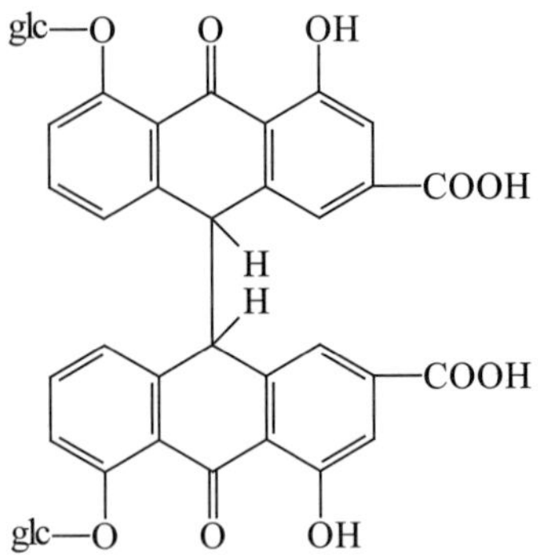

番瀉苷 B（sennoside B）

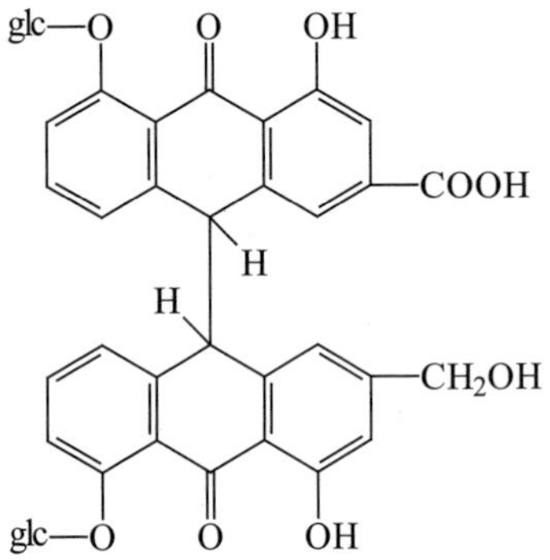

番瀉苷 C（sennoside C）

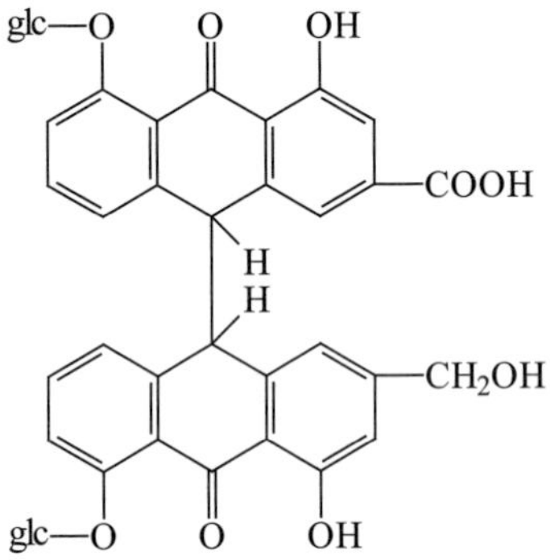

番瀉苷 D（sennoside D）

　　大黃及鼠李皮中也存在著許多二蒽酮的衍生物，從大黃中也能分離得到番瀉苷 A、番瀉苷 B、番瀉苷 C、番瀉苷 D，並進一步得到番瀉苷 E 和番瀉苷 F，它們是番瀉苷 A 和番瀉苷 B 的草酸鹽。

　　二蒽酮類衍生物除 C_{10}-C_{10}' 的結合方式外，還有其他形式。例如，**金絲桃素（hypericin）** 為萘並二蒽酮類衍生物，存在於金絲桃屬植物中，具有抑制中樞神經的作用，近年研究發現具有抗 HIV 病毒活性的作用。

金絲桃素（hypericin）

第二節　醌類化合物的物質特性

1.醌類的物理性質

　　醌類化合物一般都有良好的晶形，成苷後難以得到好的結晶體，多數為無定形粉末。苯醌和萘醌大多以游離態存在，蒽醌通常結合成苷存在於植物體中，因其極性較大而難以得到結晶。分子中沒有酚羥基的醌類化合物，幾乎無色，但隨著酚羥基等呈色基團的引入即顯現出不同的顏色，引入的呈色基團含量愈多，顏色愈深，有黃、橙、棕紅、紫紅色等。

　　游離的醌類化合物具有昇華性，分子量較小的苯醌及萘醌類還具有揮發性，可隨水蒸氣蒸餾。多數游離醌類化合物能溶於乙醇、乙醚、苯和氯仿等有機溶劑，微溶或不溶於水。和糖結合成苷後極性增大，易溶於甲醇、乙醇—水等極性溶劑，也可溶解於熱水，幾乎不溶於乙醚、苯和氯仿等極性較小的有機溶劑中。此外，有些醌類化合物遇光不太穩定，因此在處理樣品時應盡可能在暗處進行，避光保存。

2. 醌類化合物的化學性質

(1)**酸性**：分子中含有酚羥基的醌類化合物一般呈現酸性，在鹼性水溶液中成鹽溶解，酸化時又析出沉澱。

醌類化合物分子中，因爲酚羥基的數目及位置不同，其酸性強弱也不同。例如，萘醌的醌核上若連有羥基，酸性就類似於低級羧酸，可溶於 $NaHCO_3$ 溶液。萘醌及蒽醌苯環上 β- 羥基的酸性則次之，可溶於 Na_2CO_3 溶液。而 α- 羥基由於能與 C=O 形成分子內氫鍵，酸性較弱，只能溶於 NaOH 溶液。

蒽醌類衍生物的酸性強弱順序爲：**含 -COOH > 含 2 個以上 β- 酚羥基 > 含 1 個 β- 酚羥基 > 含 2 個 α- 酚羥基 > 含 1 個 α- 酚羥基**。故可在有機溶劑中分別用 5% $NaHCO_3$、5% Na_2CO_3、1% NaOH 和 5% NaOH 水溶液進行梯度萃取，可分離酸性不同的蒽醌化合物。

(2)**呈色反應**：醌類化合物由於分子中含有酚羥基、羰基及共軛體系，可以和一些試劑發生呈色反應。並且羥基的位置不同，產生的顏色也不同。

① **Feigl 反應**：醌類及其衍生物在鹼性條件下加熱能迅速與醛類及鄰二硝基苯反應，生成紫色化合物。實驗時取醌類化合物的水或苯溶液 1 滴，加入 25% 的 $NaCO_3$ 水溶液、4% 的 HCHO、5% 的鄰二硝基苯的苯溶液各 1 滴，混合後置水浴上加熱，1～4 分鐘內會出現紫色。醌類化合物的濃度愈高，反應速率愈快。

② **亞甲基藍顯色反應**：將 100 mg 亞甲基藍溶解於 100 mL 乙醇中，加入 1 mL 冰醋酸及 1 g 鋅粉，緩緩振搖直至藍色消失即可備用。該溶液

可作爲紙層析和薄層層析的呈色劑，樣品以藍色斑點出現，專用於檢測苯醌及萘醌，可與蒽醌類化合物相區別。

③ **鹼性條件下的呈色反應（Borntrager 反應）**：羥基蒽醌或其苷類化合物在鹼性溶液（NaOH、Na_2CO_3 及氨水）中發生顏色改變，多呈橙、紅、紫紅色及藍色等顏色。用本法鑑定是否含有蒽醌類成分時，取樣品 0.1 g 加 10% H_2SO_4 5 mL，於水浴加熱 2～10 分鐘，冷卻後加 2 mL 乙醚，靜置後分出醚層，加 5% NaOH 溶液 1 mL，醚層由黃色變爲無色，而水層顯紅色，則說明有羥基蒽醌存在。

④ **Kesting-Craven 反應（活性次甲基試劑反應）**：活性次甲基試劑有乙醯醋酸酯、丙二酸酯、丙二腈等。當醌或萘醌化合物的醌環有未取代的位置時，可在氨鹼性下與活性次甲基反應，會生成顯現藍綠色或藍紫色的物質。萘醌的苯環上如有羥基取代，反應會受到抑制。蒽醌類化合物不能發生反應。

⑤ **與金屬離子的反應**：有 α- 酚羥基或鄰位二酚羥基結構的蒽醌類化合物，可與 Pb^{2+}、Mg^{2+} 等金屬離子形成錯合物而呈色。例如，將羥基蒽醌衍生物的醇溶液滴在濾紙上，然後噴以 0.5% 的醋酸鎂甲醇或乙醇溶液，於 90℃ 中加熱 5 分鐘，即可生成橙紅、紫紅或藍紫色錯合物。反應比較靈敏，可用於鑑別羥基蒽醌的存在及當作薄層層析或紙層析的呈色劑。與 Pb^{2+} 形成的錯合物在一定 pH 值條件下能沉澱析出，可用於精製蒽醌類化合物。

第三節　醌類化合物的萃取分離

醌類化合物結構不同，其物質特性相差很大，故沒有通用的萃取分離方法。以下介紹游離醌類及醌苷類化合物常用的萃取分離方法。

1. 游離醌類化合物的萃取分離方法

游離醌類化合物的萃取分離方法主要有以下幾種。

- **有機溶劑萃取法**：將植物樣品用氯仿、乙醚、苯等有機溶劑進行萃取，然後濃縮。有時在濃縮過程中即可析出晶體，必要時可進行重新結晶等精製處理。
- **鹼萃取酸沉澱法**：此法可用於萃取帶酚羥基或羧基的醌類化合物。酚羥基與鹼成鹽而溶於鹼溶液中，酸化後又沉澱析出。游離羥基蒽醌的分離，可採用 pH 梯度萃取法和層析法。
- **水蒸氣蒸餾法**：該法適用於分子最小的苯醌及萘醌類化合物。
- **層析法**：常用矽膠管柱層析或製備薄層層析分離游離醌類衍生物。如果分離結構相近的同系物，有時必須改變吸附劑或洗脫劑，進行反相層析分離或用製備型 HPLC 分離精製，才能取得較佳的分離效果。

2. 醌苷類化合物的萃取分離方法

蒽醌苷類化合物的分離與精製較為複雜，常常先用氯仿、乙醚、苯或鉛鹽法預先除去大部分雜質，獲得較純的總苷後，再用管柱層析進行分離。實際操作中常採用中等極性的溶劑，例如乙酸乙酯、正丁醇等將蒽醌苷類化合物從水溶液中萃取出來，再用層析法進一步分離。管柱層析時常把吸附管柱層析或分配管柱層析結合起來使用，常用的固定相有聚醯胺、矽膠及葡萄糖凝膠等。其中，聚醯胺層析法對分離羥基蒽醌類衍生物效果較好，因為不同的羥基蒽醌苷類成分羥基數目及位置不同，與聚醯胺形成氫鍵的能力不同，因而吸附強度也不相同。

一般羥基蒽醌類衍生物及其相應的苷類化合物在植物體內多以酚羥基

或羧基結合成鹽，如以鈉鹽、鈣鹽等形式存在，為提高萃取效率，應先加酸使之游離後再用醇萃取。

第四節　代表性含醌類天然物

一、大黃

大黃屬蓼科植物掌葉大黃（*Rheum Palmatum L.*），唐古特大黃（*Rheum tanguticum Maxim. ex Balf.*）和藥用大黃（*Rheum Officinale Baill.*）的乾燥及根莖，具有通便攻下、清熱解毒、活血化瘀等藥效。

生理功能：大黃具有瀉下、抗菌、解毒等多種藥理作用，游離蒽醌具有抗菌活性，蒽苷類具有瀉下作用，這是因為結合型的苷具有保護作用，可通過消化道到達大腸，再經酶或細菌分解為苷元，刺激大腸而引起腸蠕動增加。

活性成分：大黃中的化學成分有蒽苷、苷、鞣苷等，其中以蒽醌成分為主。

(1)**蒽醌成分**：大黃中的化學成分隨品種不同而有差異，羥基蒽醌衍生物主要以苷類存在，大黃中的五種游離蒽醌均可與葡萄糖結合成苷。蒽醌苷中糖的部分多結合在苷元 C_8 或 C_1 位上，也有結合在其他位置上的，例如大黃素 -6- 葡萄糖苷、蘆薈大黃素 -ω-O-β-D- 葡萄糖苷。大黃中還存在著三種雙葡萄糖苷，分別是大黃酚、蘆薈大黃素和大黃酸的衍生物，此外還從藥用大黃中分離到大黃素甲醚 -8-O-β-D- 龍膽雙糖苷。大黃中的二蒽酮衍生物多以苷的形式存在，番瀉苷的含量約占0.87%，番瀉苷A、C、E 的含量比番瀉苷 B、D、F 多，其中以番瀉苷 A 含量最多。由新鮮大黃中還曾分離出游離的番瀉苷元 C 和**大黃二蒽酮 B 和 C（reidin B, C）**。

大黃二蒽酮 B（reidin B）　　　　　大黃二蒽酮 C（reidin C）

　　大黃中蒽醌衍生物的種類、存在形式、含量與品種、採集時間及儲存時間均有關係，例如新鮮大黃中含有還原狀態的蒽酚及蒽酮較多，在儲存過程中逐漸氧化爲蒽醌。此外，大黃中還含有少量的土大黃苷及其苷元土大黃苷元，在結構上爲二苯乙稀的衍生物，屬於芪類。劣等大黃中大黃苷的含量高，因此通常認爲含有土大黃苷的大黃品質較差，在部分國家藥典中，大黃中不得檢驗出這一成分。

土大黃苷（3, 3', 5'- 三羥基 -4- 甲氧基 -1, 2- 二苯基乙烯 -3'-*β*-D- 葡萄糖苷）

　　(2) **鞣質**：大黃中含有 10～30% 的鞣質，主要有大黃鞣質及其相關物質，例如沒食子酸、兒茶精和大黃四聚素。大黃鞣質具有止瀉作用，與蒽苷瀉下作用恰好相反。此外，大黃中還有樹脂類物質約 10.4%，爲蒽衍生物與樹脂及沒食子酸、桂皮酸的結合物。

二、丹參

　　中藥丹參為唇型科植物丹參（*Salvia maliltiorrhiza Bge.*）的乾燥根及根莖，具有去痰止痛、活血調經、養心除煩等功效。對冠心病、心肌梗塞、肝脾腫大均有相當的療效。藥理作用還有具抗菌作用，對中樞神經系統具有具鎮靜和鎮痛作用。

　　生理功能：丹參菲醌類化合物及原兒茶酸具有抗菌作用，丹參素具有改善心臟功能，舒張冠狀動脈平滑肌作用，原兒茶醛有增加冠狀動脈流量作用。臨床上，有用丹參酮 IIA 經磺化作用，在結構的呋喃環上引入磺酸基後再製成水溶性的鈉鹽供注射用，可增加供冠狀動脈血流量，改善心肌功能。

　　活性成分：從丹參根中可分出多種菲醌衍生物，其中**丹參醌**（**tanshiquinone**）、**隱丹參酮**（**cryptotanshinone**）、丹參醌 II$_A$、丹參醌 II$_B$、丹參酸甲酯、羥基丹參醌 II$_A$、二氫丹參醌 I 及次甲基丹參醌均為鄰醌型菲醌；而**丹參新醌甲、乙、丙**（**danshexinkun A, B, C**）則屬於對醌型的菲醌類。

丹參醌 I（tanshiquinone I）

隱丹參酮（cryptotanshinone）

丹參新醌甲（danshexinkun A）：R= —CH< (CH₃ / CH₂OH)

丹參新醌乙（danshexinkun B）：R= —CH< (CH₃ / CH₃)

丹參新醌丙（danshexinkun C）：R= —CH₃

　　丹參除含有脂溶性的菲醌類成分外，尚含有水溶性的有效成分。例如，**丹參素（salvianic acid）**〔β-（3, 4- 二羥苯基）乳酸〕、原兒茶醛、原兒茶酸等。

丹參素（salvianic acid）

　　物質特性：丹參菲醌類化合物多爲紫色、紅色、橙色等結晶，不溶於水，溶於有機溶劑。多數爲中性，但丹參新醌甲、乙、丙（丹參醌A、B、C）因結構中含有醌環上的羥基，呈現酸性，可溶於鹼性水溶液。

　　萃取分離與鑑定：丹參菲醌類的萃取分離可用乙醚爲溶劑，萃取液用 5% Na₂CO₃ 液萃取，醚層含有中性成分，通過矽膠層析及製備薄膜層分離到丹參醌 I_A、II_A、II_B 及隱丹參醌等。鹼水層含酸性成分的鹽，酸化後用乙醚萃取酸性成分，再經過矽膠層析及薄層製備，可得到丹參新醌甲、乙、丙。

　　丹參醌類的鑑定常用矽膠薄層層析法，以氯仿—乙酸乙酯（9：1）或苯—甲醇（9：1）爲展開劑，再比對標準品，於日光下觀察色斑。水溶

性成分的鑑定亦用矽膠薄層層析法，展開劑為氯仿—丙酮—甲酸（8：1：1），以氨氣薰出呈色，並與對照品之色斑相比對。

三、虎杖

虎杖為蓼科植物虎杖（*Polygonum cuspidatum Sieb. et Zucc.*）的乾燥根莖及根。具有活血止痛、清利濕熱、止咳化痰等功效。外用治療火傷及跌打損傷，亦有瀉下作用。

活性成分：虎杖中含有多種游離蒽醌化合物及苷類。游離蒽醌衍生物有大黃酚、大黃素、大黃素甲醚等，為抗菌的有效成分。結合蒽醌苷含有大黃素甲醚 -8- 葡萄糖苷及大黃素 -8- 葡萄糖苷。此外，虎杖中含有**白藜蘆醇（resveratrol）**，又稱芪三酚或 3, 4', 5- 三羥基芪，以及與葡萄糖形成的苷即為**白藜蘆醇苷（piceid）**，又稱虎杖苷或 3, 4', 5- 三羥基芪 -3-β-D-葡萄糖苷，具有降血脂作用及鎮咳作用。此外，含有萘醌化合物（7- 乙醯基 -2- 甲氧基 -6- 甲基 -8- 羥基 -1, 4- 萘醌）及酚性成分、黃酮類化合物、鞣質等。在新鮮的虎杖根中還有少量的大黃酚蒽酮，是以蒽苷的結合形式存在，但在生長三年以後的根中，此種蒽酮則會顯著地減少，特別是結合形式的蒽酮苷。

白藜蘆醇（resveratrol）（R=H）　　　　白藜蘆醇苷（piceid）（R=β-D-glu）

習題

1. 何謂醌類化合物？天然中的分類有哪些？

2. 請簡述醌類化合物的物質特性。

3. 請舉例一個你（妳）知道的醌類化合物分離萃取的方法。

4. 中藥中的大黃（*Rheum officinale Baill.*）具有清熱解毒，活血化瘀、通便瀉火的作用，請問造成這些生理活性成分物質為何？其作用的原理為何？

第九章　生物鹼類化合物

　　生物鹼（alkaloids）是指存在生物體（主要是植物）中除了蛋白質、胜肽類、胺基酸及維生素 B 以外的含氮鹼基的有機化合物，有類似鹼的性質，能與酸結合成鹽。此類化合物在天然產物研究中占有重要的地位，在人類疾病治療和化學藥物的開發方面具有重要作用。自從 1806 年德國學者 F. W. Sertuner 從鴉片中分離出**嗎啡鹼（morphine）**以來，迄今已從自然界分離出大約 1 萬多種生物鹼。

　　生物鹼類化合物大多具有生物活性，往往是許多藥用植物包括許多中草藥的有效成分，例如鴉片中分離的鎮痛成分嗎啡、麻黃的抗哮喘成分麻黃鹼、顛茄的解痙攣成分阿托品、長春花的抗癌成分長春新鹼、黃連的抗菌消炎成分黃連素（小檗鹼）等。但也有例外，例如多種烏頭和貝母中的生物鹼並不代表原生藥的療效。有些甚至是中草藥中的有毒成分，例如馬錢子中的士的寧。

　　目前在動物體內發現的生物鹼極少，已知之生物鹼主要廣為分布在植物界約 50 多科植物當中。而生物鹼在植物界中的分布範圍又有區別，在系統發育較低級的植物類群（例如，藻類、菌類、地衣類、蕨類植物等）中分布較少或無分布，乃集中分布在系統發育較高的植物類群（例如裸子植物，尤其是被子植物）中，例如裸子植物的紅豆杉科、松柏科、三尖杉科等植物；單子葉植物的百合科和石蒜科等植物；雙子葉植物的毛茛科、茄科、罌粟科、豆科、防己科、番荔枝科、小檗科、蕓香科、馬錢科、龍膽科、紫草科、夾竹桃科、茜草科等植物中，均含有生物鹼。生物鹼極少

與萜類和揮發油共存於同一植物類群中；且愈是特殊類型的生物鹼，其分布的植物類群就愈窄。

　　生物鹼的存在形式根據分子中氮原子所處的狀態主要分為六類：

- **游離鹼**：僅少數鹼性極弱的生物鹼以游離形式存在，如那可定、那碎因（narceine）等。
- **鹽類**：這是大多數生物鹼的存在形式，與之形成鹽的酸有草酸、酒石酸、檸檬酸、硫酸、鹽酸等。
- **醯胺類**：例如秋水仙鹼（colchicine）。
- **N- 氧化物及亞胺（C=N）、烯胺（N-C=N）等形式存在的生物鹼**：以 N- 氧化物的形式最多。
- **苷類**：分為氮苷和氧苷，尤以吲哚類和甾體類生物鹼較多。
- **與其他雜原子如 S、Cl、Br 結合的生物鹼**：例如美登素（maytansine）。

　　生物鹼在植物體內一般被認為是二級代謝產物，生物鹼在植物體內的形成是由葡萄糖分別經**莽草酸途徑（shikimic acid pathway）**及生成胺基酸，常見的胺基酸有苯丙胺酸、酪胺酸、色胺酸、組胺酸、離胺酸、馬糞胺酸及鄰胺基苯甲酸。胺基酸經由**胺基酸路徑（amino acid pathway）**形成生物鹼，包括胺基酸由脫羧（decarboxylation）及胺基轉移（transamination）形成胺類或醛類。胺類與醛類反應形成 Schiff base，再與 carbonion 經由 Mannich 反應形成生物鹼。例如，**嗎啡（morphine）**在植物體的形成機制，如圖 9-1 所示。由植物體的葡萄糖分別經莽草酸途徑及生成胺基酸，胺基酸形成多巴，再由多巴轉化為多巴胺及 3, 4-dihydroxy-phenyl pyruvic acid，進行 Mannich 反應，形成 norlaudanosdine，其可衍生形成罌粟鹼（papaverine）。norlaudanosdine 可繼續衍生形成小檗鹼（berberine）、 salutaridine、salutardinol、蒂巴因（thebaine），蒂巴因脫去甲基可形成可待因（codeine），可待因脫去甲基，最後形成嗎啡（morphine）。

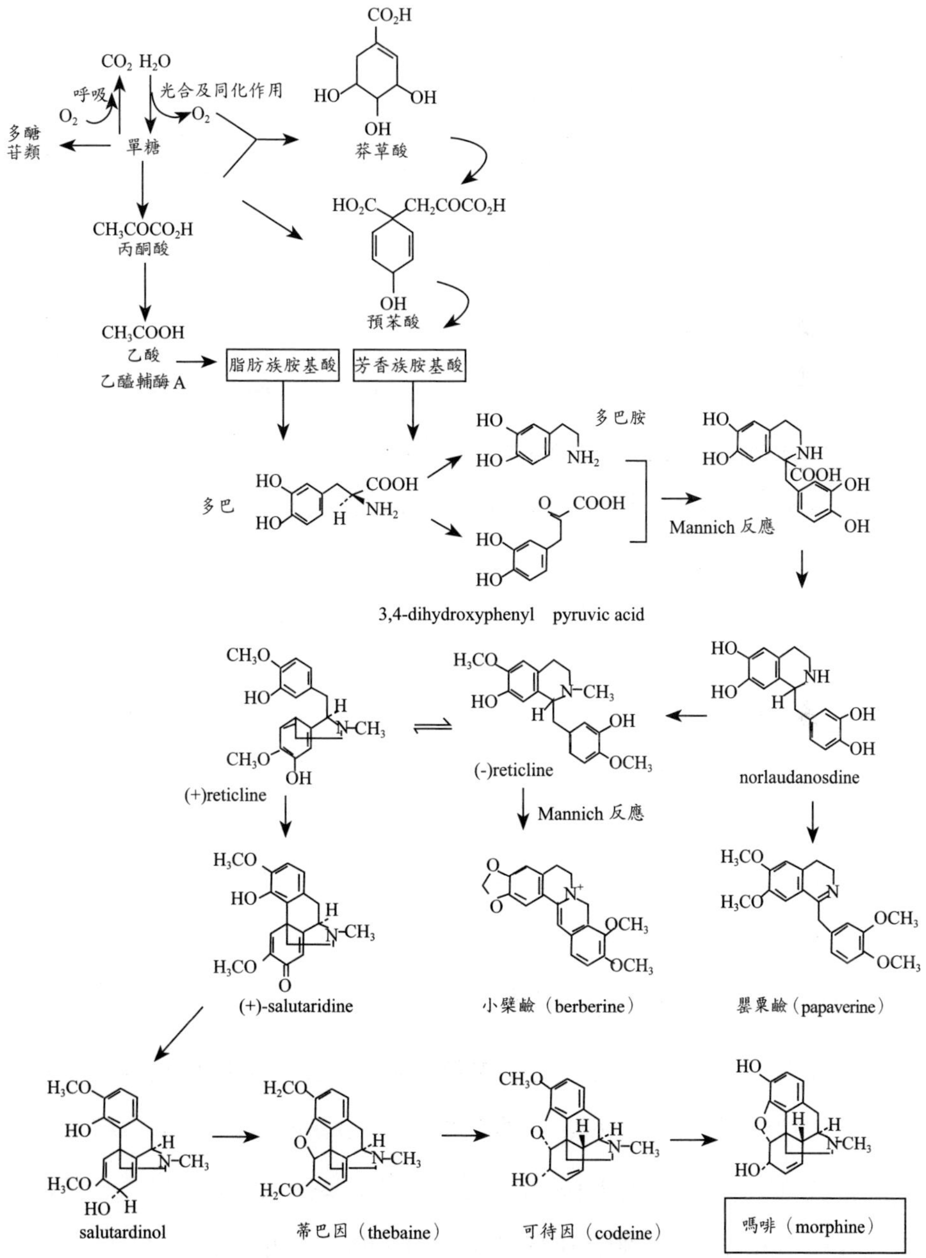

圖 9-1　生物鹼生合成─胺基酸路徑

　　此外，生物鹼與保護植物或促進植物生長及代謝的作用有關，但它們的眞正作用仍不清楚，因爲一些不含或含微量生物鹼的植物或動物同樣生長發育良好，因此生物鹼在生物體內的功能仍有待研究。

第一節　　生物鹼的分類

　　生物鹼的分類有多種，較常用的是根據生物鹼分子中基本母核，大概地分爲以下 10 類。

一、有機胺類生物鹼

　　氮原子不在環內的生物鹼。例如，**L- 麻黃鹼（ephedrine）**，它是毒品之一，具有興奮中樞神經、升高血壓、擴大支氣管作用，可以治療哮喘。**益母草鹼（leonurine）**爲中藥益母草的有效成分，能收縮子宮，對子宮有增強其收縮能力與節律性作用，並具有降壓作用和抗血小板聚集作用。

L- 麻黃鹼（ephedrine）　　　　　　　　益母草鹼（leonurine）

二、吡咯烷衍生物類生物鹼

　　由吡咯及四氫吡咯衍生的生物鹼，包括簡單吡咯烷類和雙稠吡咯烷類。最簡單的吡咯烷生物鹼，例如**古豆鹼（hygrine）**，是從古柯葉中分離出的液體生物鹼，沸點 195℃。從一葉萩的葉與根中分離出的**一葉萩鹼（securinine）**，具有興奮中樞神經作用，臨床上可用於治療脊髓灰白質炎及某些植物神經系統紊亂所引起的頭暈症。

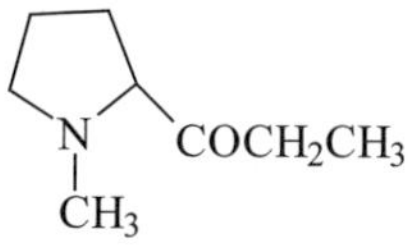

古豆鹼（hygrine）

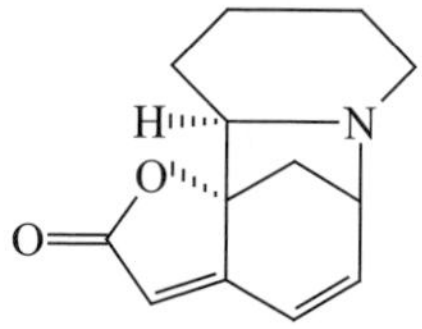

一葉萩鹼（securinine）

三、吡啶衍生物生物鹼

　　由吡啶衍生出的生物鹼，例如**蓖麻鹼（ricinine）**，分子中含有氰基，毒性較大，內服後會導致嘔吐，損傷肝和腎。**獼猴桃鹼（actinidine）**，具有強壯補精作用。

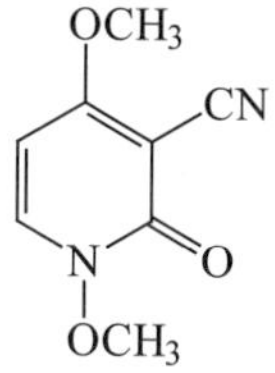

蓖麻鹼（ricinine）

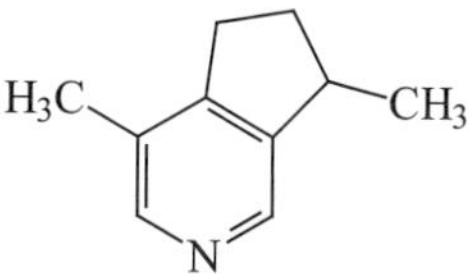

獼猴桃鹼（actinidine）

四、喹啉衍生物類生物鹼

　　具有喹啉母核的生物鹼，例如具有抗癌活性的**喜樹鹼（campto-thecin）**與具有治療瘧疾作用的**奎寧（quinine）**都是喹啉衍生物類生物鹼。

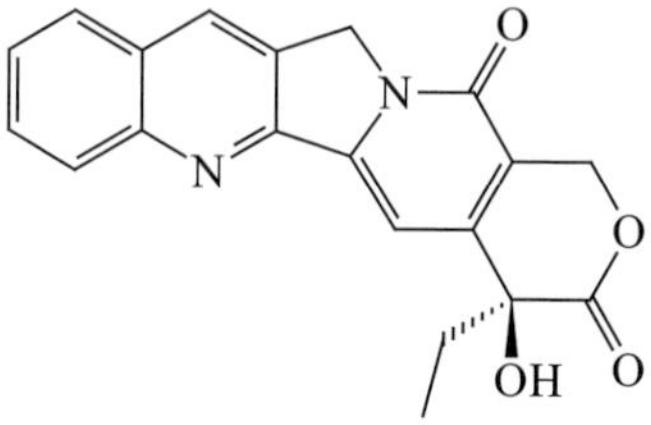

喜樹鹼（camptothecin）

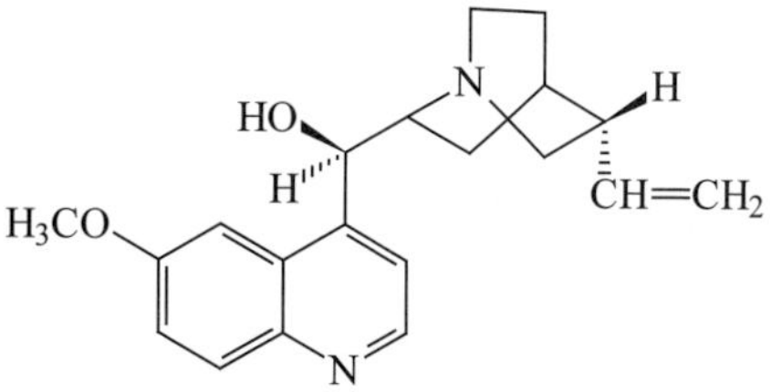

奎寧（quinine）

五、異喹啉衍生物類生物鹼

具有異喹啉母核或氫化母核的生物鹼,是最大的一類生物鹼。最簡單的是鹿尾草中降血壓成分的**鹿尾草鹼(salsoline)**和**鹿尾草啶(salsolidine)**。鴉片中具有緩解痙攣作用的**罌粟鹼(papaverine)**。

鹿尾草鹼(salsoline)   鹿尾草啶(salsolidine)   罌粟鹼(papaverine)

六、吲哚衍生物類生物鹼

具有簡單吲哚和二吲哚類衍生物,例如相思豆中的**相思豆鹼(abrine)**,作用於中樞神經會產生狂躁、神經錯亂。另如可治療青光眼的**毒扁豆鹼(physostigmine)**。

相思豆鹼(abrine)   毒扁豆鹼(physostigmine)

七、嘌呤衍生物類生物鹼

　　含有嘌呤母核的生物鹼，例如**咖啡鹼**（**caffeine**），是一種中樞神經興奮劑和利尿、強心藥。**香菇嘌呤**（**eritadenine**），具有降血脂作用，可以當作營養保健劑。

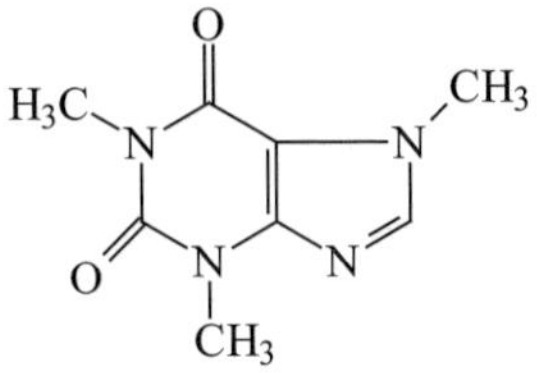

咖啡鹼（caffeine）

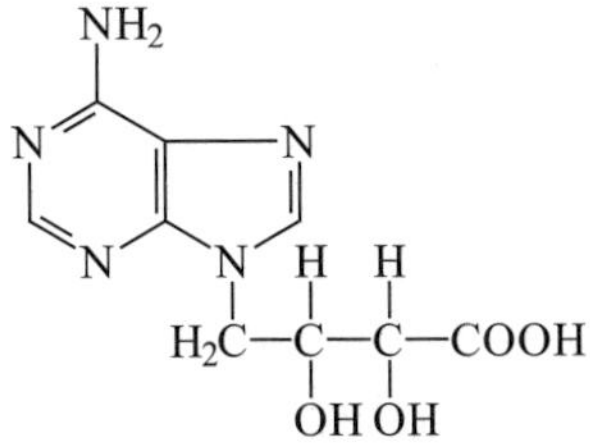

香菇嘌呤（eritadenine）

八、萜類生物鹼

　　其氮原子在萜的環狀結構中或在萜結構的側鏈上。例如，**烏頭鹼**（**aconitine**），分子式為 $C_{34}H_{47}O_{11}N$ ，屬於二萜類生物鹼，具有強心與止痛作用。

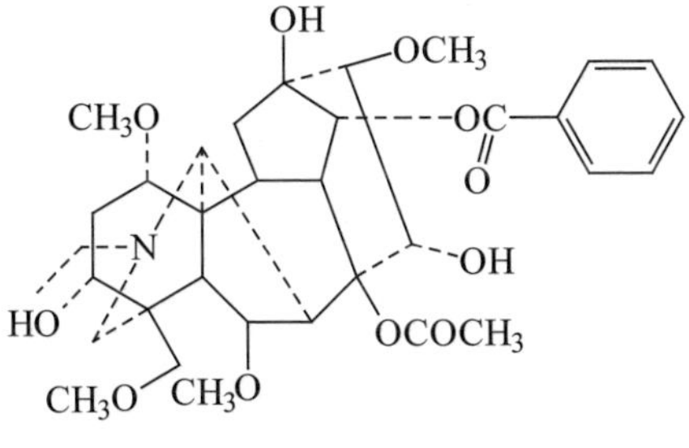

烏頭鹼（aconitine）

九、甾體類生物鹼

甾體類生物鹼是一類含有甾體結構的生物鹼。例如，孕甾烷類生物鹼**枯其林（kurchiline）**，具有止瀉、解毒的功能，異甾烷類生物鹼**黎蘆鹼（veratramine）**，具有催吐、袪痰等功效。

枯其林（kurchiline）　　　　　鹼黎蘆鹼（veratramine）

十、大環類生物鹼

美登素（maytansine），分子式 $C_{34}H_{46}ClO_{10}N_3$，熔點為 183.5～184℃。主要用於治療白血病，結構複雜，為含有 8 個手性中心與一對共軛雙鍵的 19 元大環內醯胺化合物。

美登素（maytansine）

第二節 生物鹼的物質特性

一、物質特性

絕大多數生物鹼由 C、H、O、N 幾種元素組成，極少數分子含有 Cl、S 等元素。生物鹼大多為結晶形固體，有一定的熔點，只有少數是非結晶形的粉末。例如，烏頭中烏頭原鹼（aconine）。無氧原子的生物鹼多為液態例如菸鹼（nicotine）、毒芹鹼（coniine）。液體生物鹼在常壓下可以蒸餾或隨水蒸氣蒸餾而不被破壞。固體生物鹼有極少數例如麻黃鹼（ephedrine）能隨水蒸氣蒸餾出來。有的可昇華，例如咖啡因（caffeine）等。除少數生物鹼有揮發性（例如液體生物鹼）外，一般無揮發性。生物鹼多具苦味，甚至有些生物鹼味道極苦（例如鹽酸小檗鹼）。有些會刺激唇舌產生焦灼感。

生物鹼一般是無色或白色的化合物，只有少數具有高度共軛體結構的生物鹼有其他顏色。例如，小檗鹼（berberine）呈現黃色（經硫酸和鋅粉還原後，生成四氫小檗鹼，呈現無色）、蛇根鹼呈現黃色、小檗紅鹼呈現紅色等。

小檗鹼（黃色）   四氫小檗鹼（無色）

二、旋光性

大多數生物鹼分子中有手性碳原子，有光學活性，且多數為左旋。某些情況下，生物鹼的旋光性易受 pH 值、溶劑等因素影響。在中性條件下，菸鹼、北美黃連鹼呈左旋，在酸性溶液中則變為右旋；麻黃鹼在氯仿中呈左旋，但在水中則變為右旋。有時，游離生物鹼與其鹽類的旋光性並不一致。例如，氯仿中吐根鹼呈左旋，但其鹽酸鹽則呈右旋。

生物鹼的生理活性與其旋光性密切相關。一般左旋體有顯著的生理活性，而右旋體則無生理活性或很弱。例如，去甲烏頭鹼，左旋具有強心作用，右旋無強心作用。但也有少數生物鹼與此相反，例如右旋古柯鹼的局部麻醉作用大於左旋古柯鹼。

三、溶解度

生物鹼及其鹽類的溶解度與分子中 N 原子的存在形式、極性基團的類型與數目、溶劑等密切相關。絕大多數三級胺和二級胺生物鹼具有親脂性，溶於有機溶劑如甲醇、乙醇、丙酮、乙醚、苯和鹵代烷類（例如 CH_2Cl_2、$CHCl_3$、CCl_4）等，不溶於鹼溶液。但有不少例外，例如偽石蒜鹼（pseudolycorine）不溶於有機溶劑而溶於水，喜樹鹼（camptothecin）僅溶於酸性氯仿，小分子的麻黃鹼（ephedrine）同時溶於有機溶劑和水。四級銨鹼類和某些含 N- 氧化物的生物鹼為水溶性生物鹼，例如小檗鹼（berberine）、益母草鹼（leonurine）、氧化苦參鹼（oxymatrine）等。某些分子中含有酸性基團（例如含銨基、酚羥基的生物鹼），易溶於水，例如嗎啡鹼（morphine）、那碎因（narceine）等。另外，液體生物鹼如菸鹼（nicotine）等也易溶於水。苷類生物鹼多數水溶性較好。某些生物鹼分

子中具有酸性基團（例如酚、羧基等），例如含酚羥基的藥根鹼易溶於稀鹼溶液。另外，含內酯結構的生物鹼，例如喜樹鹼（camptothecin）、毛果芸香鹼（pilocarpine）等，遇鹼溶液其內酯環會開裂成鹽而溶解。生物鹼鹽類一般大多易溶於水。一般而言，無機酸鹽的水溶性大於有機酸的鹽類，同一生物鹼與不同酸所成的鹽類溶解度不同。但仍有不少例外，例如高石蒜鹼（homolycorine）的鹽酸鹽不溶於水，而溶於氯仿，鹽酸小檗鹼（berberine hydrochloride）難溶於水等。同一生物鹼與不同酸所成的鹽溶解度不同。

四、鹼性

生物鹼一般都具有鹼性，只是鹼性強弱不同而已。因為分子中氮原子上的孤電子對能接受質子而呈鹼性。鹼性基團的 pKa 值大小順序一般是：

胍類 > 四級銨鹼 > 脂肪胺 > 芳雜環（吡啶）> 醯胺類

生物鹼的鹼性強弱與氮原子的雜化類型、誘導效應、誘導—靜電場效應、共軛效應、空間效應以及分子內氫鍵形成等因素有關：

1. **氮原子的雜化類型**：一般情況下，生物鹼的鹼性隨 N 原子的雜化度升高其鹼性隨之增強，即 $sp^3 > sp^2 > sp$。例如，吡啶氮（sp^2）鹼性小於四氫吡啶環上的氮（sp^3）。

2. **誘導效應**：供電子的誘導效應會使氮原子的電子雲密度增大，鹼性增強；反之，吸電子的誘導效應會使氮子的電子雲密度降低，鹼性減弱。當然，容易形成四級銨型鹼的二級胺生物鹼除外，因為四級銨鹼的氮陽離子和羥基呈離子鍵形式，鹼性增強。

3. **共軛效應**：如果分子中氮原子的孤電子對處於 p-π 共軛體系中，一般而言，鹼性會較弱。生物鹼中，常見的 p-π 共軛效應主要有三種類

型：苯胺型、烯胺型和醯胺型。

　　4. **誘導—靜電場效應**：生物鹼分子中如同時含有兩個氮原子時，即使其處境完全相同，鹼性強弱還是有差異。第一個氮原子質子化後，會產生一個強的吸電子基團，此時它對第二個氮原子產生兩種鹼性降低的效應，即誘導效應和靜電場效應。

　　5. **空間效應**：甲基麻黃鹼（pKa=9.30）鹼性弱於麻黃鹼（pKa=9.56），這是甲基的空間障礙所致。東莨菪鹼分子中 N 原子附近的環氧環空間障礙，使其鹼性（pKa=7.5）弱於莨菪鹼（pKa=9.65）。氮雜六元環體系中，與氮的電子對處於 1, 3- 雙直立關係的鍵，如利血平（pKa=6.07）中的 C_{19}-C_{20} 鍵，使其鹼性減弱。

　　6. **分子內氫鍵**：分子內形成氫鍵可使生物鹼的鹼性增強。例如，鉤藤鹼鹽的質子化氮上氫可與酮基形成分子內氫鍵，使其更穩定，鹼性增強，pKa=6.32。異鉤藤鹼的鹽則無類似氫鍵的形成，pKa=5.20 時，鹼性小於前者。

　　判斷一個生物鹼的鹼性強弱，必須綜合考慮各因素的影響。一般情況中，當空間效應和誘導效應共存時，前者為主要作用；當誘導效應和共軛效應共存時，後者的影響較大。此外，除了分子結構本身影響外，外界因素如溶劑、溫度等也可影響其鹼性強度。

五、生物鹼的檢測

　　在生物鹼的測定、萃取分離純化和結構鑑定中，往往需要一種簡單、快捷、靈敏的檢測方法。最常用的是生物鹼的沉澱反應與呈色反應。

　　1. **沉澱反應**：生物鹼或生物鹼的鹽類水溶液能和某些酸類、重金屬鹽類以及一些較大分子量的複鹽反應，生成單鹽、複鹽或錯合鹽沉澱。這

些能與生物鹼產生沉澱的試劑稱為生物鹼沉澱試劑。利用這個特性可以檢查植物中是否含有生物鹼以及用於分離生物鹼。

生物鹼沉澱試劑的種類很多，較為常用的有以下幾種：

- **碘化汞鉀試劑（Mayer 試劑，HgI.2KI）**：在酸性溶液中與生物鹼反應生成白色或淡黃色沉澱，若加入過量試劑，沉澱將再次被溶解（B.HgI.2HI）。

- **碘化鉍鉀試劑（Dragendorff 試劑，BiI$_3$.KI）**：在酸性溶液中與生物鹼反應生成紅棕色沉澱（B.BiI$_3$.HI）。

- **碘—碘化鉀試劑（Wagner 試劑，KI-I$_2$）**：在酸性溶液中與生物鹼反應多生成棕褐色沉澱（B.I$_2$.HI）。

- **3% 氯化金試劑（Auric chloride, HAuCl）**：在酸性溶液中與生物鹼反應生成黃色晶形沉澱（B$_2$.HAuCl$_4$ 或 B$_2$.4HCl.3AuCl$_3$）。

- **矽鎢酸試劑（Bertrand 試劑，SiO$_2$.12WO$_3$）**：在酸性溶液中與生物鹼反應生成淺色、灰白色或乳白色沉澱。

- **苦味酸試劑（Hager 試劑，2, 4, 6- 三硝基苯酚）**：在中性溶液中與生物鹼反應生成黃色晶形沉澱。

- **雷氏銨鹽（硫氰酸鉻銨試劑）**：在酸性溶液中與生物鹼反應生成難溶性複鹽，通常有一定晶形、熔點或分解點（紫紅色沉澱）〔BH+[Cr(NH$_3$)$_2$]（SCN$_4$）〕。

在實驗時，通常選用三種或三種以上的生物鹼沉澱試劑進行試驗，如均為正反應，表明液中可能有生物鹼存在。

2. **呈色反應**：生物鹼能和某些試劑反應生成特殊的顏色，稱為呈色

反應，用於鑑定生物鹼。生物鹼呈色反應原理尚未清楚，一般認為是氧化
反應、脫水反應、縮合反應或氧化、脫水與縮合的共同反應。用於生物鹼
的呈色試劑很多，它們往往因生物鹼的結構不同而呈現不同的顏色。但
是，顏色反應僅可作為判別生物鹼的參考，因為生物鹼純度不同，呈色就
有差別，通常生物鹼愈純，顏色愈明顯。

常用的呈色劑有以下幾種：

- **Mandelin 試劑（1% 釩酸銨的濃硫酸溶液）**：與阿托品呈現紅色，
  奎寧呈現淡橙色，嗎啡呈現藍紫色，可待因呈現藍色，士的寧呈
  現藍紫色到紅色。

- **Marquis 試劑（0.2 mL 30% 甲醛溶液與 10 mL 濃硫酸混合）**：與
  嗎啡呈現橙色至紫色，可待因呈現洋紅色至黃棕色，古柯鹼和咖
  啡鹼不顯色。

- **Frohde 試劑（1% 鉬酸鈉或 5% 鉬酸銨的濃硫酸溶液）**：與烏頭
  鹼呈現黃棕色，嗎啡呈現紫色轉棕色，可待因呈現暗綠色至淡黃
  色，黃連素呈現棕綠色，秋水仙鹼呈現黃色。

- **濃鹽酸**：與黎蘆鹼呈現紅色，小檗鹼在加氨水的情況下可呈現紅
  色，其他大部分生物均不顯色。

- **濃硝酸**：與嗎啡呈現紅藍色至黃色，可待因呈現黃色，士的寧呈
  現黃色，烏頭鹼呈現紅棕色，阿托品、古柯鹼、咖啡鹼不顯色。

- **濃硫酸**：與秋水仙鹼呈現黃色，可待因鹼呈現淡藍色，小檗鹼呈
  現綠色，阿托品、古柯鹼、嗎啡及士的寧等不顯色。

- **Labat 反應（5% 沒食子酸的醇溶液）**：與具有亞甲二氧基結構的
  生物鹼呈現翠綠色。

- **Vitali 反應（發煙硝酸和苛性鹼醇溶液）**：若結構中有苄氫存在則

呈陽性反應。

此外，生物鹼與酸性染料如溴麝香草酚藍、溴甲酚綠等，在一定 pH 值的緩衝液中也會形成複合物而呈色，此種複合物定量地被氯仿等有機溶劑萃取而用於比色測定，是應用廣泛的一種測定微量生物鹼方法。

第三節　生物鹼的萃取與分離

一、生物鹼的萃取

生物鹼的萃取方法有溶劑法、離子交換樹脂法和沉澱法等。在萃取分離生物鹼時，首應考慮到生物鹼植物中的存在形式和生物鹼的特性，以便選擇合適的萃取分離方法。

1. **溶劑法**：是最常用的方法。根據生物鹼的存在形式不同，可選擇不同的溶劑進行萃取。例如，以游離狀態存在，可用苯或氯仿等有機溶劑萃取。對於苷類生物鹼的萃取，一般直接將植物樣品以甲醇或乙醇浸泡，濃縮後進行管柱層析分離。注意宜採用新鮮原材料或先進行滅酶處理，避免用酸或鹼處理，否則會被水解。含油脂多的植物材料，則應預先脫脂。

(1) **水或酸溶液─有機溶劑萃取法**：原理是生物鹼鹽類易溶於水，難溶於有機溶劑；游離鹼易溶於有機溶劑，難溶於水。一般用酸性水溶液，例如 0.1～1% 的 H_2SO_4、HCl 或 HOAc 等進行萃取。可使植物中生物鹼轉化為鹽類，提高了生物鹼在水中的溶解度，從而把生物鹼從植物中萃取出來。萃取液濃縮至適當體積後，再用鹼（如氨水、石灰乳等）鹼化游離出生物鹼，然後用有機溶劑如氯仿、苯等進行萃取，最後濃縮萃取液得親脂性總生物鹼。本法簡便易行，萃取液的體積較大，濃縮困難；萃取液中的

水溶性雜質多（例如皂苷、蛋白質、糖類、鞣質及水溶性色素等），不適用於含大量澱粉或蛋白質的植物材料。如果雜質多，可再用離子交換樹脂法進一步萃取。

(2)**醇－酸溶液萃取法**：原理是生物鹼及其鹽類易溶於甲醇或乙醇。故用醇代替水或溶液萃取生物鹼。此法應用最爲普遍。萃取方式可以是滲出法、浸漬法或加熱回流法。醇萃取物常含有不少非生物鹼成分，需進一步純化。常用適量酸溶液使生物鹼成鹽溶出，過濾液再用氨水或氫氧化鈉鹼化、有機溶劑萃取、濃縮得親脂性總生物鹼。

(3)**鹼溶液－有機溶劑萃取法**：常用方法是將萃取材料用鹼溶液（石灰乳、$NaCO_3$ 溶液或是 $1\sim3\%$ 的氨水）充分濕潤後，再用有機溶劑例如 CH_2Cl_2、$CHCl_3$、CCl_4 或苯等直接固－液萃取，回收有機溶劑後即得親脂性總生物鹼。由於弱鹼性生物鹼難以穩定的鹽類形式存在於植物中，因此，要萃取總弱鹼性生物鹼，則需用水或稀有機酸溶液如酒石酸、乙酸等濕潤後，再用有機溶劑進行固－液萃取，回收溶劑即可。本法的優點是所得總生物鹼較爲純淨；缺點是有時萃取不完全。

2. **離子交換樹脂法**：將水或酸溶液萃取液通過強酸性陽離子交換樹脂進行交換，以便於非生物鹼成分分離。酸溶液萃取液通過陽離子交換樹脂柱時，生物鹼會被樹脂吸附，雜質則隨溶液流出。交換後的樹脂用 10% 的氨水鹼化，再用乙醚、氯仿、甲醇等洗脫，濃縮可得總生物鹼。離子交換樹脂多採用強酸性陽離子交換樹脂，例如磺酸型的陽離子交換樹脂，交聯密度十分重要，以 $3\sim8\%$ 爲宜。操作上，若用乙醚洗脫，則鹼化過程十分關鍵，以有濕潤感爲指標。此法有很重要的實用價值。許多藥用生物

鹼如奎寧、咖啡因、一葉萩鹼、麥角鹼類、東莨菪鹼、石蒜鹼等都是應用此法生產的。不過，有時個別生物鹼離子交換後，因強吸附作用而難被有機溶劑洗脫下來。

3. **沉澱法**：四級銨類生物鹼極易溶於水，用鹼化或鹽析的方法一般不易得到沉澱。又由於它在有機溶劑中溶解度不大，亦不便應用溶劑萃取法。因此常用沉澱法進行萃取。常用雷氏銨鹽爲沉澱劑，使之與生物鹼結合爲雷氏復鹽，因難溶於水而沉澱析出。

操作步驟：將四級銨鹼的水溶液用酸溶液調到弱酸性，加入新鮮配製的雷氏銨鹽飽和水溶液至不再生成沉澱爲止。濾取沉澱，用少量水洗滌1～2次，抽乾，將沉澱溶於丙酮（或乙醇）中後過濾，濾液即爲雷氏生物鹼復鹽丙（或乙醇）溶液。於此濾液中加入 Ag_2SO_4 飽和水溶液，形成雷氏銨鹽沉澱，濾除後濾液備用。於濾液中加入計算量的氯化鋇溶液，濾除沉澱，最後所得濾液即爲四級銨生物鹼的鹽酸鹽。

4. **其他方法**：揮發性生物鹼（例如麻黃鹼）可用水蒸氣蒸餾法萃取，易昇華的生物鹼可用昇華法萃取（例如咖啡鹼），某些親水性生物鹼（如 *N*- 氧化物等）常用與水不相混溶的有機溶劑如正丁醇、二異戊醇等萃取。

二、生物鹼的分離純化

生物鹼的分離通常分爲系統分離與特定分離。系統分離帶有基礎研究的性質，通常採用總鹼分離至類別或部位，再進一步分離成單體生物鹼的分離程序。類別是指按鹼性強弱性、非酚性粗分的生物鹼類別，部位主要指經 HPLC 分離管柱根據其極性不同而粗分的部分，特定生物鹼的分離則依據其物質特性，再進行後續分離。生物鹼的一般分離流程如圖9-2所示。

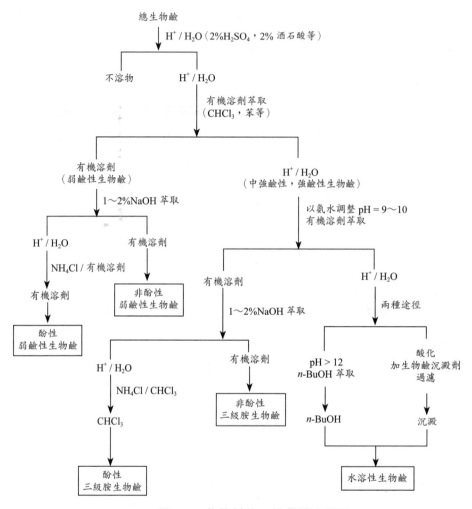

圖 9-2 生物鹼的一般分離流程圖

經萃取和粗分後獲得的總生物鹼，可採用下列方法進行分離：

(1) 根據生物鹼及其鹽的溶解度不同進行分離：根據生物鹼在有機溶劑中溶解度的不同，可以將彼此分離。例如，莨菪鹼、紅古豆鹼和山莨菪鹼、樟柳鹼分離時，就是在 pH=9 時，依次用 CCl_4 和 $CHCl_3$ 進行萃取，前者易溶於 CCl_4，後易溶於 $CHCl_3$，從而得以分離。

　　許多生物鹼的鹽比其游離鹼容易結晶，故可利用生物鹼各種鹽類在不同溶劑中的溶解度差異來分離純化生物鹼。例如，麻黃鹼和偽麻黃鹼的分離，即因為草酸麻黃鹼在水中溶解度小於草酸偽麻黃鹼，草酸麻黃鹼能夠先行結晶析出，草酸偽麻黃鹼則留在原液中。

　　金雞鈉樹皮中四種主要生物鹼〔奎寧鹼、奎寧丁、金雞寧（cincho-nine）和金雞寧丁（cinchonidine）〕的分離，就是利用硫酸奎寧、酒石酸金雞寧丁和氫溴酸奎尼丁在水中溶解較小，而金雞寧不溶於乙醚的性質，在分離的不同步驟製備成相應的難溶鹽類而達到彼此分離的目的。

　　(2) 利用生物鹼鹼性強弱的不同進行分離：同一植物中含有生物鹼的鹼性往往不同。因此可採用生物鹼的鹼性差異來進行分離純化生物鹼，此法稱為 pH 梯度萃取法。原理是不同的混合生物鹼在酸溶液中加入適量的鹼液、有機溶劑萃取，則弱鹼先游離析出轉入有機劑層，強鹼與酸式鹽仍留在水溶液中，逐步添加鹼，則游離出生物鹼的強度也逐步增強。反之，將總鹼溶於有機溶劑，添加不足以中和總鹼的適量酸溶液萃取，則強鹼先成鹽而轉入酸溶液層，萃取出來生物鹼的鹼度隨添加酸溶液量的增加而減弱。根據上述原理，可分離不同鹼度的生物鹼。萃取時，應用緩衝溶液調節 pH 梯度，每調節 pH 值一次，用有機溶劑萃取 2～3 次。反之，也可採用 pH 值由高到低的方法。

　　(3) 利用層析法進行分離：層析法廣泛地用於生物鹼的分離。多數採用吸附層析，但應用層析的實例也不少，是目前常用的分離方法。吸附劑常用中性或弱鹼性氧化鋁，有時使用矽膠、纖維素、聚醯胺。對苷類生物鹼或極性較大的生物鹼可用反相材料（例如 RP-8 或 RP-18 等）或葡聚糖凝膠

進行分離。實驗過程中，常運用中壓或低壓層析管柱、製備薄層色譜分離。

(4)**利用生物鹼分子中特殊功能基團的特性進行分離**：例如，具有酚羥基的生物鹼易溶於氫鈉溶液中，從而與非酚性鹼分離；具有內酯結構的生物鹼，利用其溶於鹼液開環成鹽，加酸又環合析出的特性，從而與非內酯生物鹼分離；具有醯胺鍵的生物鹼，於氫氧化鉀的乙醇溶液中加熱，能產生皂化反應而生成鹽，增大了水溶性，從而與不能或不易皂化的其他生物鹼分離。

第四節　具代表性的生物鹼

1. **胡椒鹼（piperine）**：為白色晶體，熔點為 130℃。鹼性極弱（對石蕊試紙呈現中性），不易與酸結合。不溶於水與石油醚，易溶於氯仿、乙醇、乙醚、苯、醋酸中。由於結構中共軛鏈較長，因此具有抗氧化性、擴張膽管等作用。

胡椒鹼（piperine）

胡椒鹼為醯胺衍生物，有如下反應：

胡椒酸（piperic acid）　　　　六氫吡啶（piperidine）

　　由結構得知，胡椒酸有四種順反異構體，熔點分別為 134～136℃、154～156℃、200～202℃、215～217℃。分子對稱性高，則熔點高。上述胡椒酸，熔點為 215～217℃，下圖所示結構為**胡椒酸（piperic acid）**，熔點為 134～146℃。

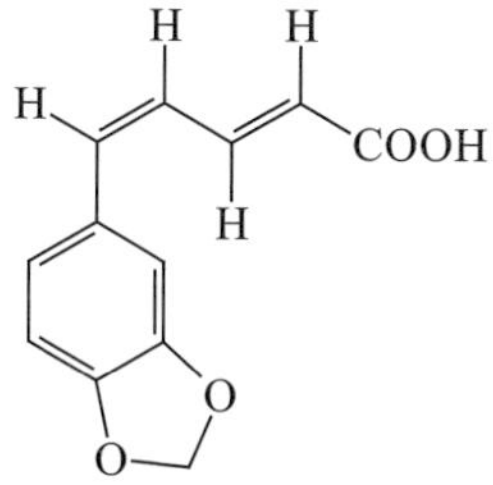

胡椒酸異構體

　　萃取步驟：15 g 黑胡椒以 95% 乙醇（150～180 mL）回流 12 小時後進行抽濾，濾液濃縮至 15 mL，加入熱 2 mol/L KOH 醇溶液之後過濾，於濾液中加入 15 mL 水，此時會有大量黃色晶體析出，再進行抽濾並乾燥之，使丙酮重新結晶，可得到白色晶體（熔點為 129～131℃）。市售白胡椒約含 2% 胡椒鹼。

　　2. **菸鹼（nicotine）**：又稱尼古丁，分子式是 $C_{10}H_{14}N_2$，學名 3-（1-甲基 -2- 吡咯烷基）吡啶。熔點為 246℃，無色或微黃色油狀液體，旋光性 $[\alpha]_D$ 為 -168°，有一手性碳，天然的為左旋物。對植物神經和中樞神經有先興奮後麻痺的作用，40 mg 將致死，在菸草中含有 4～5% 菸鹼，吸菸過多的人會引起慢性中毒。菸鹼可作為殺蟲劑（5%）和殺菌劑。

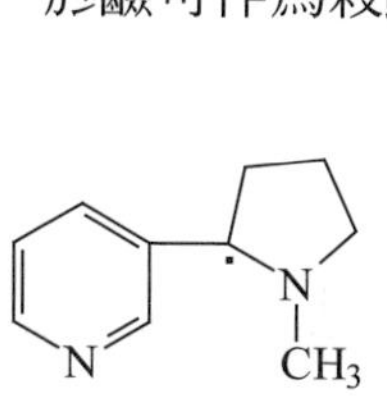

菸鹼（nicotine）

物質特性：

(1)具有鹼性，使酚酞與碘化汞變紅，pH 8.2～10。

(2)與碘化汞（鉍）鉀生成錯合物而呈色：

$$B（生物鹼）+ HgI_2.KI \rightarrow B.HgI_2.KI（有色物）$$

(3)與苦味酸或鞣酸生成沉澱。

(4)可被高錳酸鉀氧化成菸酸：

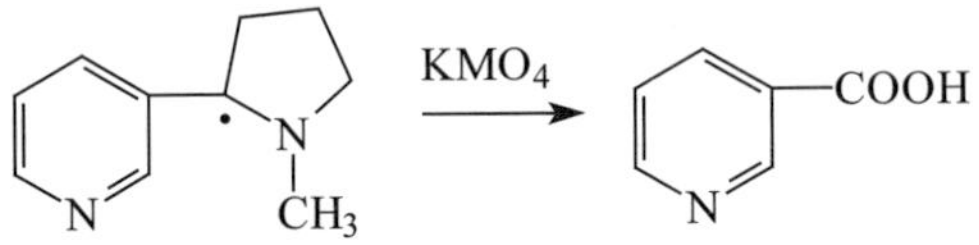

萃取步驟：將 3～5 g 菸絲加入 10% HCl 100 mL 中加熱 20 分鐘，之後進行抽濾，濾液用 25% NaOH 中和至 pH 7～7.5，接著以水蒸氣蒸餾，可得無色透明液體。

3. 茶鹼、可可豆鹼與咖啡鹼

• **茶鹼（theophylline）**：學名為 1, 3- 二甲基黃嘌呤，在茶葉中的含量為 0.002%，無色針狀晶體，味苦，熔點為 269～272℃，易溶於沸水、氯仿中，與 NaOH 水溶液可生成鹽。茶鹼有鬆弛平滑肌、擴張血管和冠狀動脈的作用，臨床上可用於治療心絞痛和哮喘等，效果比咖啡鹼和可可鹼好；利尿作用比可可豆鹼強，但作用時間較短。

• **可可豆鹼（theobromine）**：學名是 3, 7- 二甲基黃嘌呤，與茶鹼為同分異構體，是可可豆中的主要成分。在茶葉中含 0.05%、可可豆中約含有 1.5～3%。白色粉末狀結品，味苦，熔點為 357℃，290℃升華，易溶於熱水，難溶於冷水、乙醇、乙醚。與 NaOH 水溶液生成鹽，具有兩

性。可可豆鹼主要用於心臟性水腫病的治療，當利尿劑之作用持久，刺激性小。

・**咖啡鹼（caffeine）**：學名爲 1, 3, 7- 三甲基黃嘌呤，又稱咖啡因。在茶葉中含 0.1～0.5%。無色針狀晶體，味苦，熔點爲 234～237℃，178℃昇華。易溶於水、乙醇、丙酮、三氯甲烷。咖啡鹼能興奮中樞神經，對心臟和腎也有興奮作用、可製作中樞神經興奮劑和利尿、強心藥。

茶鹼（theophylline）　　可可豆鹼（theobromine）　　咖啡鹼（caffeine）

4. **小蘗鹼（berberine）**：又名爲黃連素。主要存在於小蘗的根莖、樹皮中。分子式爲 $[C_{20}H_{18}NO_4]^+$，從水或稀乙醇中結晶所得之小蘗鹼爲黃色針狀結品。鹽酸小蘗鹼爲黃色小針晶。羥基化合物爲黃色針狀結晶（乙醚），熔點爲 145℃（分解）。游離小蘗鹼易溶於熱，略溶於水、熱乙醇，難溶於苯、氯仿、丙酮。鹽酸小蘗鹼微溶於冷水，易溶於熱水，幾乎不溶於冷乙醇、氯仿和乙醚。小蘗鹼和大分子有機酸生成的鹽在水中的溶解度都很小。小蘗鹼有四級銨式、醛式、醇式，3 種能互變的結構式，以四級銨式最穩定。小蘗鹼的鹽都是四級銨鹽，於硫酸小蘗鹼的水溶液中加入定量的氫氧化鋇，可生成棕紅色強鹼性游離小蘗鹼，易溶於水，難溶於乙醚，稱爲四級銨式小蘗鹼。如果於水溶性的四級銨式小蘗鹼水溶液中加入過量的鹼則生成游離小蘗鹼的沉澱，稱爲醇式小蘗鹼。如果用過量的氫氧化鈉處理小蘗鹼鹽類，則能生成溶於乙醚的游離小蘗鹼，可與羥胺反應生成衍生物，說明分子中有活性醛基，稱爲醛式小蘗鹼。

　　小檗鹼主要用於治療細菌性痢疾，還可用於傷寒、肺結核、流行性腦脊髓膜炎、肺膿腫、高血壓、布氏桿菌病、急性扁桃體炎、心律不整、糖尿病、膽囊炎、胃病、抗血小板凝聚、肥厚性心肌病變的心臟衰竭和慢性充血性心臟衰竭等的治療。

　　5. **三尖杉鹼（cephalotaxine）**：存在於三尖杉屬植物中，分子式爲 $C_{18}H_{21}NO_4$，白色結晶，熔點爲 132～133℃，旋光性 $[\alpha]_D$ 爲 −204°。使溴的四氯化碳及高錳酸鉀溶液褪色，遇 H_2SO_4 出現從紅色到深紫色的顏色變化，用水稀釋後變綠色。三尖杉鹼具顯著的抗癌作用，臨床治療惡性腫瘤的有效率爲 32.4%（特別是白血病）。

　　萃取步驟：以 80% 乙醇浸取三尖杉莖粉，浸取液濃縮加氨水來調整其 pH 值至 9～10，以氯仿反覆萃取，蒸去氯仿，再以填充具有多孔性顆粒狀的 Al_2O_3 進行管柱層析後將乙醚洗脫，濃縮後得三尖杉粗鹼，在乙醚中重新結晶 1～2 次後可得純品。

　　6. **嗎啡（morphine）**：是鴉片的主要成分之一，含 6～15%。嗎啡的分子式爲 $C_{17}H_{19}O_3N_2$，無色柱狀結晶，熔點爲 253～254℃，旋光性 $[\alpha]_D$ 爲 −132°（甲醇）。溶於熱水、乙醇、乙醚、氯仿；難溶於氨、苯；易溶於鹼水或酸水。具優異的鎮痛作用，是人類最早使用的一種鎮痛劑，也具有強麻醉的作用。

　　萃取步驟：鴉片（由嬰粟未成熟果實的膠汁晾乾而成，爲黑褐色固體）加水得其水萃取液，在水萃取液中加入 25% 氨水與乙醇得到沉澱物，接著在沉澱物中加入乙酸，去掉不溶沉澱物得到酸液，酸液中再加入氨水可得到沉澱物，即爲嗎啡，若加鹽酸則可得到嗎啡鹽酸鹽。

小檗鹼（berberine）　　　三尖杉鹼（cephalotaxine）　　　嗎啡（morphine）

7. **利血平（reserpine）**：存在於蘿芙木、蛇根木的根莖中，分子式為 $C_{33}H_{40}O_9N_2$，無色稜狀結晶，熔點為 264～265℃（分解），旋光性 $[\alpha]_D^{23}$ 為 −118°，易溶於氯仿、冰醋酸；可溶於苯、乙酸乙酯；微溶於丙酮、甲醇和乙醚。利血平對光比較敏感，溶液見光易氧化變質。利血平對降低高血壓有較好療效，且毒性低，並有顯著的鎮靜和安定作用。

8. **莨菪鹼（hyoscyamine）**：是從曼陀羅的葉、花、根及種子中分離得到的生物鹼，含量雖為 0.2～1.5%。莨菪鹼是左旋生物鹼，為細針狀結晶，分子式為 $C_{17}H_{23}O_3N$，熔點為 111℃，旋光性 $[\alpha]_D$ 為 −21°。易溶於一般有機溶劑。將莨菪鹼加熱或用鹼處理，即消旋化轉化為**阿托品（atropine）**，因而有人認為阿托品不是天然產物，而是在萃取過程中的消旋化產物。阿托品是副交感神經抑制劑，常用於治療腸胃及腎絞痛等症，同時有放大瞳孔的作用，醫用阿托品為硫酸鹽 $B_2.H_2SO_4.H_2O$，熔點 195～196℃，易溶於水。

9. **奎寧（quinine）**：是繼嗎啡後最早開始研究的生物鹼之一，為金雞納樹皮的主要成分，含量高達 3%（總鹼含量高達 6%），是治療瘧疾的主要成分。分子式為 $C_{20}H_{24}O_2N_2$，分子結構中具有四個手性中心，從金雞納生樹皮中提出的奎寧通常會製成硫酸鹽，含 7 個結晶水，$B_2.H_2SO_4.$

H_2O，熔點爲 195～196℃，易溶於水。奎寧類衍生物還**有辛可尼定（cin-chonidine）、奎尼定（quinidine）、辛可寧（cinchonine）**等約 30 多種生物鹼。

利血平（reserpine）

莨菪鹼（hyoscyamine）

奎寧（quinine, R=OCH$_3$）
辛可尼定（cinchonidine, R=H）

奎尼定（quinidine, R=OCH$_3$）
辛可寧（cinchonine, R=H）

　　10.**喜樹鹼（camptothecin）**：是淡黃色結晶，分子式爲 $C_{20}H_{16}N_2O_4$，熔點爲 264～266℃，旋光性 $[\alpha]_D$ 爲 40°（CHCl$_3$：CH$_3$OH=4：1），在中國特有植物喜樹中發現，具抗癌活性。臨床主要用於治療胃癌、膀胱癌、白血病等，但因有血尿、尿急尿頻等副作用而受到限制。於喜樹中分得喜樹鹼後又進一步分離，可得 10- 羥基喜樹鹼，分子式爲 $C_{20}H_{16}N_2O_6$，熔點爲 266～267℃，旋光性 $[\alpha]_D$ 爲 −147°（吡啶）。10- 羥基喜樹鹼則可用於治療肝癌與頭頸部腫瘤，副作用遠比喜樹鹼爲小。近年來又發現喜樹鹼用黃麴黴素 T-36 可選擇性地氧化成 10- 羥基喜樹鹼。

喜樹鹼（camptothecin, R=H）

10- 羥基喜樹鹼（10-hydroxycamptothecin, R=OH）

喜樹鹼 -11（camptothecin-11）

　　喜樹鹼類生物鹼是一類特殊的生物鹼，是帶有喹啉環的五環化合物，含 δ- 內醯胺與 δ- 內酯環，它們都屬於中性乃至近酸性的化合物，無一般生物鹼反應（與碘化秘鉀試劑反應呈陰性），也不能與酸成鹽，不溶於一般有機溶劑與水，能溶於稀鹼而開內酯環，與一般生物鹼的萃取方法不同，可從乙醇萃取液濃縮後的濃水溶液中用氯仿直接萃取出來。喜樹鹼的衍生物目前有用於臨床的 9- 二甲氨基 -10- 羥基喜樹鹼，或稱爲**拓撲替康（topotecan）**，已被美國 FDA 於 1996 年批准上市。Topotecan 被廣泛用於治療卵巢癌與小細胞肺癌。喜樹鹼 -11（CPT-11）或稱**伊立替康（irino-tecan）**，即 7- 乙基 -10-[4-（l- 派啶）-1- 派啶]- 醯氧基喜樹鹼 {7-ethyl-10-[4-（1-peperidino）-1-peperidino] -carbonyloxy camptothecin} ，是另一個由 FDA 於 1996 年批准上市的喜樹鹼類似物。CPT-11 用於治療卵巢癌及已轉移的直腸結腸癌。

11.**雷公藤鹼（wilfordine）**：是從雷公藤中分離出的一種大環生物鹼，熔點為 175～176℃。雷公藤鹼有一定毒性，一般不內服。對於殺蟲且有顯著的效果，可用於製造生物殺蟲農藥。在藥效上，可外用治療風濕性關節炎、皮膚發癢等症狀。但是，雷公藤鹼會影響生物體的腎上腺皮質、性激素、蛋白質代謝、環核苷酸等功能，故如何萃取、純化或合成出高藥效低毒性的雷公藤生物鹼或其衍生物，將會影響雷公藤鹼的應用價值。

雷公藤鹼（wilfordine）

習題

1. 何謂生物鹼？其分類為何？

2. 請簡述生物鹼的物質特性。

3. 請舉例一個你（妳）知道的生物鹼分離萃取的方法。

4. 請舉例一個你（妳）知道的生物鹼並說明該生物鹼的特性。

第十章 萜類和揮發油類化合物

　　萜類化合物（**terpenoids**）是一種廣泛存在自然界的天然產物，凡由甲戊二羥酸衍生且分子式符合（C_5H_8）通式的衍生物，統稱**類萜化合物**（**quinones**）。按組成分子的異戊二烯基本結構的數目，可將萜類化合物分為單萜、倍半萜、二萜、二倍半萜、三萜、四萜和多萜（表 10-1），每種萜類化合物又可分為直鏈、單環、雙環、三環、四環和多環等，其含氧衍生物還可以分為醇、醛、酮、酯、酸、醚等，萜類化合物的生合成路徑，請參見第四章圖 4-1 **甲戊二羥酸途徑**（**mevalonic acid pathway**）。

表 10-1　萜類化合物的分類及分布

名稱	通式 $(C_5H_8)_n$	碳原子數	主要存在形式
半萜	n=1	5	植物葉
單萜	n=2	10	植物精油
倍半萜	n=3	15	植物精油
二萜	n=4	20	樹脂、苦味質、植物醇、乳汁
二倍半萜	n=5	25	海綿、植物病菌。地衣
三萜	n=5	30	皂苷、樹脂、乳汁
四萜	n=8	40	植物色素
多聚萜	$(C_5H_8)_n$	$7.5 \times 10^3 \sim 3 \times 10^5$	橡膠、硬橡膠、多萜醇

　　萜類化合物在自然界分布廣泛且種類繁多。低級萜類主要存在於高等植物、藻類、苔蘚和地衣中，在昆蟲和微生物中也有發現。萜類化合物

在有花植物的 94 個目中均可發現。單萜主要存在於唇形目、菊目、蕓香目、紅端木目、木蘭目中；倍半萜主要存在於木蘭目、蕓香目、唇形目；二萜主要存在於無患子目中；三萜主要存在於毛莨目、石竹目、山茶目、玄參目、報春花目中。這些化合物中有為人們熟悉的成分，例如橡膠和薄荷醇；也有用作藥物成分，例如青蒿素、紫杉醇；有的是甜味劑，例如甜菊苷。除了植物之外，亦於海洋生物中發現大量的萜類化合物，目前已知有超過 22,000 種。

第一節　萜類化合物的分類

一、單萜類化合物

單萜類化合物（**monoterpenoids**）廣泛存在於高等植物中，常存在於唇形科、傘形科、樟科、松科等植物的分泌組織，例如油室、腺體、樹脂道中，是植物揮發油中沸點較低（140～180℃）部分的主要組成成分。較高沸點（約 200～230℃）的單萜含氧衍生物，多具有較強的香氣和生理活性，常是醫藥、化妝品、食品工業的重要原料。有些單萜以苷的形式存在。

近年來，單萜物質的研究進展很快，基本骨架就有 30 多種。單萜化合物一般常按其結構的碳環數分類，有無環、單環、雙環、三環型等，其中大多為六元環，也有五元環、四元環、三元環、七元環等。

1. 無環單萜

　　常見的無環單萜有**香葉醇（geraniol）**、**橙花醇（nerol）**、**香茅醇（citronellol）**、**香葉醛（geranial）**、**橙花醛（neral）**及**香茅醛（citronella）**。

香葉醇（geraniol）

（是玫瑰油、檸檬草油、香葉油、香茅油的主要成分，具有類似玫瑰香氣）

橙花醇（nerol）

（是橙花油、檸檬草油等揮發油的主要成分，具有玫瑰香氣）

香茅醇（citronellol）

（是香茅油、玫瑰油等揮發油的主要成分，具有玫瑰香氣）

香葉醛（geranial）
α- 檸檬醛（反式）

橙花醛（neral）
β- 檸檬醛（順式）

香茅醛（citronella）

2. 環狀單萜

　　根據環合方式的不同，可將單環單萜化合物分為對薄荷烷型、環香葉烷型和其他類型。

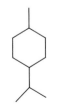

對薄荷烷型

環香葉烷型

(1)**對薄荷烷型**（**p-menthane**）：常見的對薄荷烷型有**薄荷醇**（**menthol**）、**桉油精**（**eucalyptol**）及**驅蛔素**（**ascaridole**）。

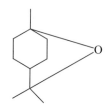

ι- 薄荷醇（*ι*-menthol）

（具有清涼、麻醉作用，亦具有防腐和殺菌作用，用於鎮痛和止癢）

桉油精（eucalyptol）

（桉葉揮發油的主要成分，具有解熱、消炎、抗菌、防腐作用）

驅蛔素（ascaridole）

（土荊芥油的主成分，強力驅蛔蟲藥）

(2)**環香葉烷型**（**cyclogeraniane**）：**紫羅蘭酮**（**ionon**）存在於千屈菜科指甲花揮發油中。

α- 紫羅蘭酮（α-ionon）

（用於配製高級香料）

β- 紫羅蘭酮（β-ionon）

（合成 VA 的原料）

(3)**其他類型**：可以作為生毛劑的**斑蝥素**（**cantharidin**）及用於治療肝癌的 ***N*- 羥基斑蝥胺**（***N*-hydroxycantharidimide**）也是環狀單萜。

斑蝥素（cantharidin）

（存在於斑蝥、芫青科乾
燥蟲體中，作為皮膚發
紅、發泡、生毛劑）

*N-*羥基斑蝥胺（*N-*hydroxycantharidimide）

（用於治療肝癌）

3. 雙環單萜

常見的雙環單萜有**芍藥苷（paeoniflorin）**及**樟腦（camphor）**。

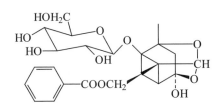

芍藥苷（paeoniflorin）

（可從芍藥根中得到，具有鎮靜、鎮
痛、抗發炎、防治老年癡呆等功效）

樟腦（camphor）

（易昇華，具有局部刺激和防
腐作用，可作為強心劑）

4. 環烯醚單萜化合物

環烯醚萜是環戊烷單萜衍生物，為**溴蟻二醛（iridodial）**的縮醛衍生
物。

(1)**環烯醚萜及其苷**：環烯醚萜類成分多以苷的形式存在，以 10 碳環
烯醚萜苷占多數；C_1 羥基多與葡萄糖成單糖苷；C_{11} 有的氧化成羧酸，並
可以成酯。例如，**梔子苷（gardenoside）**及**京尼平苷（geniposide）**。

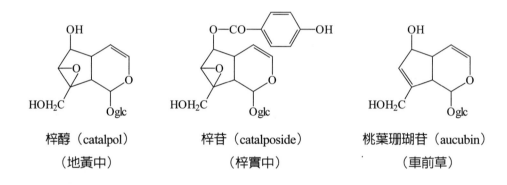

梔子苷（gardenoside）　　　　　　京尼平苷（geniposide）

(2) C$_4$- **去甲環烯醚萜及其苷**：是環烯醚萜的降解苷，由 9 個碳構成。
例如，**梓醇（catalpol）**、**梓苷（catalposide）**及**桃葉珊瑚苷（aucubin）**。

梓醇（catalpol）　　　　梓苷（catalposide）　　　桃葉珊瑚苷（aucubin）
（地黃中）　　　　　　　（梓實中）　　　　　　　（車前草）

(3) **裂環環烯醚萜及其苷**：裂環環烯醚萜化合物，例如**龍膽苦苷（gentio-picroside）**及**當歸苷（sweroside）**。

龍膽苦苷（gentiopicroside）　　　　當歸苷（sweroside）

5.卓酚酮型單萜

卓酚酮類單萜是一種變型的單環單萜，碳架結構不符合異戊二烯規

則，結構中都有一個 7 元芳香環的基本結構。例如，**崖柏素（thujapli-cin）**及**扁柏素（chamaecin）**。

特性如下：

(1)具有芳香性和酚的特性，酸性大於酚而小於羧酸。

(2)酚羥基易於甲基化，不易醯化。

(3)羰基的性質類似羧酸的羰基，不能和一般的羰基試劑反應。

(4)與金屬離子形成錯合物，呈現各種鮮明顏色，銅錯合物爲綠色結晶，鐵錯合物爲赤色結晶。

α- 崖柏素（α-thujaplicin） γ- 崖柏素（γ-thujaplicin） 扁柏素（chamaecin）

二、倍半萜類化合物

　　依照倍半萜類化合物結構中的碳環數，可以將其分爲無環、單環、雙環、三環、四環型等；根據環上碳原子數可以分爲五、六、七元環，直到十二元大環。

1.無環（鏈狀）倍半萜

　　無環（鏈狀）倍半萜的化合物，例如**金合歡烯（farnesene）**。

α- 金合歡烯（α-farnesene）　β- 金合歡烯（β-farnesene）　金合歡烯（farnesene）

2.環狀倍半萜

常見的環狀倍半萜有**青蒿素（arteannuin）**、**鷹爪素（yingzhaosu）**、**棉酚（gossypol）**及**山道年（santonin）**。

青蒿素（arteannuin, artemisinin）　　　鷹爪素（yingzhaosu）

棉酚（gossypol）　　　α- 山道年（α-santonin）

3.薁類（azulenoids）衍生物

凡由五元與七元環開合的芳香骨架都稱為薁類化合物。植物中的倍半萜薁類多數是其氫化衍生物，失去芳香性多數為愈創木烷類。例如，**澤蘭苦內酯（euparotin）**及**洋甘菊薁（chamazulene）**。

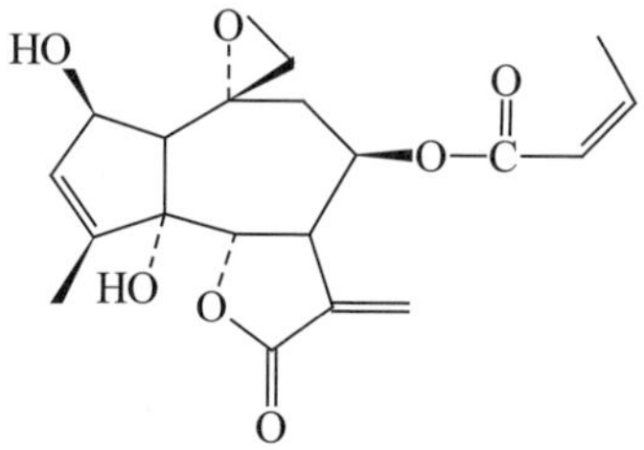

澤蘭苦內酯（euparotin） 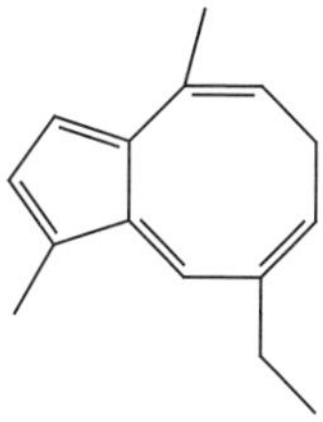　　　　　洋甘菊薁（chamazulene）

三、二萜類化合物

由 4 個異戊二烯單位構成 $(C_5H_8)_4$，含 20 個碳原子的化合物類群。

1.鏈狀二萜

例如，**植物醇（phytol）**存在於葉綠素中，作為合成維生素 E、K_1 的原料。

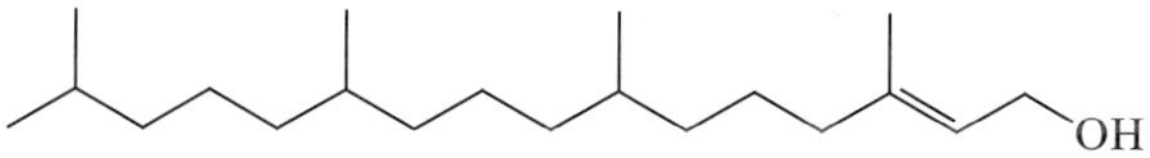

植物醇（phytol）

2.環狀二萜

包括單環、雙環、三環和四環二萜。存在於植物中環狀二萜類，較重要的有：

(1)**維生素 A（vitamin A）**：屬單環二萜類化合物。

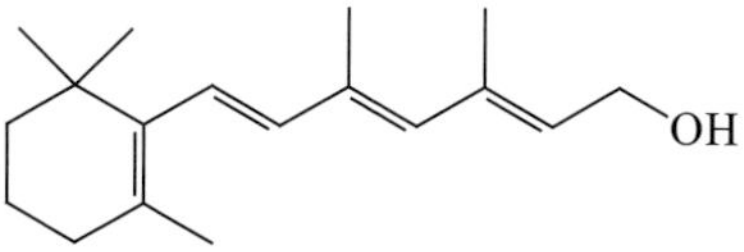

維生素 A（vitamin A）

(2) **穿心蓮內酯（andrographolide）**：屬雙環二萜類化合物，具有抗炎作用。但水溶性不好，為增強穿心蓮內酯水溶性，將其製備成衍生物。

穿心蓮內酯

	R_1	R_2	R_3
銀杏內酯 A	-OH	H	H
銀杏內酯 B	H	-OH	H
銀杏內酯 C	-OH	-OH	-OH
銀杏內酯 M	H	-OH	-OH
銀杏內酯 J	-OH	H	-OH

(3) **銀杏內酯（bilobalide）**：屬雙環二萜類。作為拮抗血小板活化因子，用於治療因血小板活化因子引起的種種休克狀障礙。

(4) **雷公藤根中二萜類成分**：雷公藤根中的**雷公藤甲素（triptolide）**、**雷公藤乙素（tripdiolide）**及**雷公藤內酯（triptonolide）**屬三環二萜類，具抗癌活性。

(5) **紫杉醇（taxol）**：又稱紅豆杉醇（屬三環二萜類），1972 年底美國 FDA 批准上市，臨床用於治療卵巢癌、乳腺癌和肺癌療效較好。

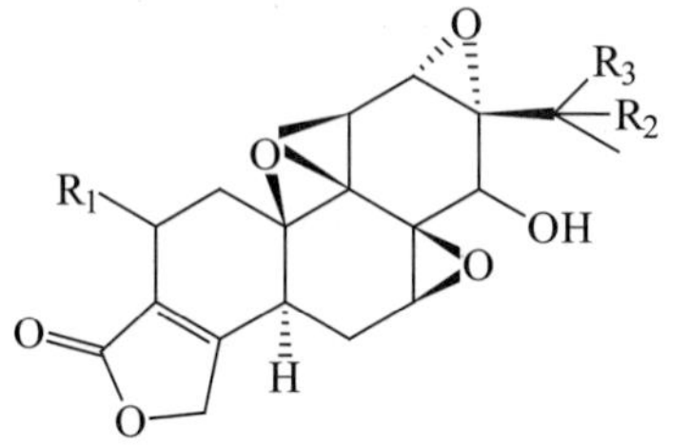

	R₁	R₂	R₃
雷公藤甲素	H	H	CH₃
雷公藤乙素	OH	H	CH₃
雷公藤內酯	H	OH	CH₃

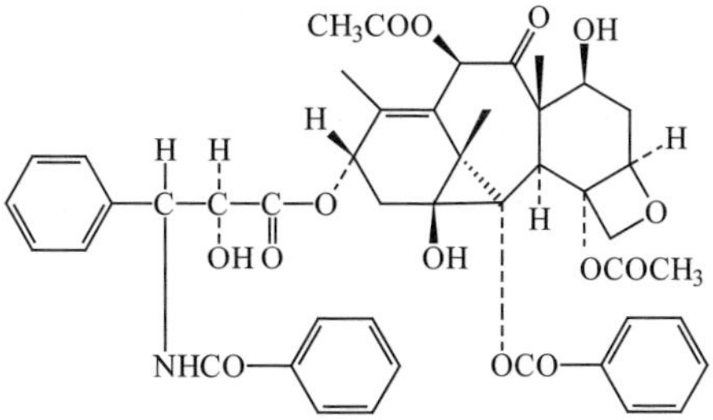

紫杉醇（taxol）

3. 二倍半萜類化合物（**sesterterpenoids**）

　　由 5 個異戊二烯組成，含 25 個碳原子的化合物。該類化合物數量少，約有 6 種類型 30 餘種化合物。例如，**蛇孢甲殼素 A（ophiobolin A）**。

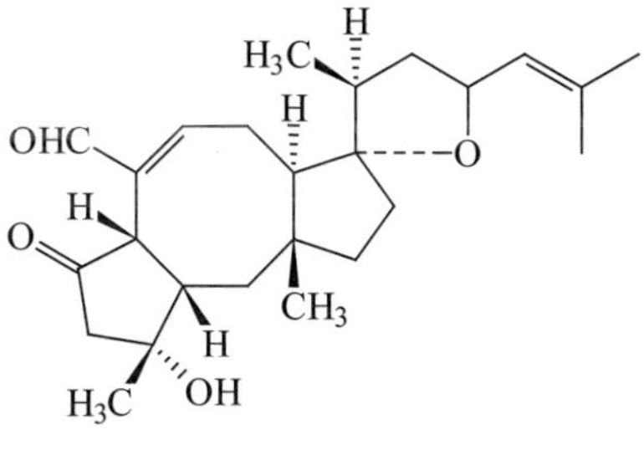

蛇孢甲殼素 A（ophiobolin A）

第二節　　萜類化合物的物質特性

一、理化性質

　　1. **物質特性**：單萜和倍半萜常溫下多為具有特殊香氣的油狀液體或

低熔點的固體，可以揮發。單萜的沸點比倍半萜低，並且單萜和倍半萜隨分子量和雙鍵的增加、宮能基團的增多，化合物的揮發性降低，熔點和沸點相應增高。可利用此規則採分餾的方法進行分離。二萜和二倍半萜多為晶體性固體。

萜類化合物多具有苦味，有的味極苦，所以萜類化合物又稱苦味素。但有的化合物具有較強的甜味，例如甜菊苷，其甜味是蔗糖的 300 倍。大多數萜類具有不對稱碳原子，具有光學活性，且多有異構體存在。低分子萜類化合物具有較高的折射率。

2. **溶解性**：一般萜類化合物親脂性較強，易溶於苯、氯仿、乙酸乙酯等有機溶劑。難溶解或微溶解於水，但單萜和倍半萜會隨水蒸氣蒸餾而出。隨著分子中含氧官能基的增加，水溶性增加，亦可溶於甲醇、乙醇、丙酮等極性溶劑。具有內酯結構的萜類化合物能溶於鹼溶液，酸化後又自水中析出，利用此特性可以分離純化具有內酯結構的萜類化合物。萜類化合物在高溫、光照和酸鹼存在的條件下，可以發生氧化或重排，引起結構的改變。在萃取時，應慎重考慮。

二、化學性質

大多數萜類化合物分子中含有雙鍵、醛基、酮基等官能基團，因此化學性質活潑，可發生氧化、分子重排等許多化學反應。可利用這些性質來鑑別、分離和萃取萜類化合物。

1. **加成反應**：含有雙鍵的萜類化合物可與氫鹵酸類（例如氫碘酸或氯化氫）、溴、亞硝醯氯、順丁烯二酸酐等試劑發生加成反應，生成結晶性的加成產物，可用於萜類的分離與純化。含有羰基的萜類化合物可與亞

硫酸氫鈉、硝基苯肼、亞硝酸鈉、吉拉德試劑等試劑發生加成反應，生成結晶加成產物，再於烯酸或稀鹼的條件下水解，可生成原來的成分。

2. **氧化反應**：萜類化合物中的多種基團可以被氧化劑氧化。當氧化劑不同，氧化的條件不同，生成的氧化產物也會各不相同。常用的氧化劑有高錳酸鉀、臭氧、鉻酐（二氧化鉻）、二氧化硒和四醋酸鉛等，其中以臭氧的應用最廣泛，既可用來測定分子中雙鍵的位置，亦可用於萜類化合物的醛酮合成。

3. **脫氫反應**：萜類化合物的脫氫反應一般是在惰性氣體的保護下，用鉑黑或鈀當催化劑，將萜類成分與硫或硒共熱（200～300℃）而脫氫，有時可能導致環的裂解或環合。在脫氫反應中，環萜的碳架因脫氫而轉變為芳香烴類衍生物，所得芳香烴類衍生物可以藉由合成的方法來加以鑑定。脫氫反應對研究萜類化合物之母核骨架是一種很有價值的反應。

4. **分子重排反應**：萜類化合物在進行加成、消除、親核取代反應時，常常發生碳架的改變，引起重排。

三、萜類化合物的鑑別

萜類化合物多用 TILC 鑑別，常用的試劑有 0.5% 茴香醛硫酸冰乙酸溶液、0.5% 香草醛硫酸乙醇溶液、10% 硫酸乙醇溶液、5% 對二甲氨基苯甲醛乙醇溶液即 Ehrlich 試劑等。例如，芍藥苷與 10% 硫酸乙醇溶液加熱後呈現紫褐色等。

第三節　萜類化合物的萃取分離

萜類化合物的結構千變萬化，萃取分離方法因其結構類型的不同而呈現多樣化。萜類化合物雖都由活性異戊二烯基衍變而來，但種類繁多、骨架複雜、結構包容極廣。因此，萃取分離的方法也就因其結構類型的不同而呈現多元化。

鑑於單萜和倍半萜多為揮發油的組成成分，它們的萃取分離方法將在揮發油中重點論述，本節僅介紹環烯醚萜苷、倍半萜內酯及其二萜的萃取與分離。

一、萜類的萃取

在萜類化合物中，環烯醚萜以苷的形式較多見。環烯醚萜苷多以單糖苷的形式存在，苷元的分子較小且多具有基，所以親水性較強，一般易溶於水、甲醇、乙醇和正丁醇等溶劑，難溶於一些親脂性強的有機溶劑，故多用甲醇或乙醇為溶劑進行萃取。

非苷形式的萜類化合物具有較強的親脂性，溶於甲醇、乙醇，易溶於氯仿、乙酸乙酯，苯、乙醚等親脂性有機溶劑。這類化合物一般用有機溶劑萃取，或用甲醇或乙醇萃取後再用親脂性有機溶劑萃取。

必須注意的是萜類化合物，尤其是倍半萜內酯類化合物容易發生結構重排，二萜類易聚合而樹脂化，導致結構的變化，所以宜選用新鮮藥材或迅速晾乾的藥材，並盡可能避免酸、鹼的處理。含苷類成分時，則要避免接觸到酸，以防止在萃取過程中發生水解，且應按萃取苷類成分的方法事先破壞酶的活性。

1.溶劑萃取法

(1)**苷類化合物的萃取**：常用甲醇或乙醇爲溶劑進行萃取，經減壓濃縮後轉溶於水中，濾除水中不溶性雜質，繼續用乙醚或石油醚萃取，除去殘留的樹脂等脂溶性雜質，回收水溶液部分再用正丁醇萃取，最後減壓回收正丁醇後，即得粗總苷。

(2)**非苷類化合物的萃取**：用甲醇或乙醇爲溶劑進行萃取，減壓回收醇液至無醇味，殘留液再用乙酸乙酯萃取，回收溶劑得總萜類萃取物；或用不同極性的有機溶劑按極性遞增的順序依次分別萃取，得到不同極性的萜類萃取物，再進行分離。

2.鹼萃取酸沉澱法

利用具有內酯結構的化合物在熱鹼液中開環成鹽而溶於水，酸化後又閉環，析出原內酯化合物的特性來萃取倍半萜類內酯化合物。但當用酸、鹼處理時可能會造成構型的改變，應加以注意。

3.吸附法

(1)**大孔樹脂吸附法**：將含苷的水溶液通過大孔樹脂吸附，用水、稀醇、醇依次洗脫，再分別處理，可得純化的苷類化合物。例如，將甜菊乾葉用熱水萃取出汁液，再進行鹼化後，以大孔吸附樹脂柱進行吸附，用水清洗管柱後，用 95% 乙醇沖洗，收集其沖洗液並脫色處理，接著用甲醇結晶，即可得到甜葉菊苷結晶。

(2)**活性碳吸附法**：苷類的水萃取液通過活性碳吸附管柱，用水洗除去水溶性雜質後，再用適當的有機溶劑（例如稀醇、醇）依次洗脫，有可能得到純品。例如，桃葉珊瑚苷的分離。

二、萜類的分離

1. **結晶法分離**：有些萜類的萃取液濃縮到小體積時往往會有結晶析出，濾除結晶，再以適量的溶劑重新結晶，可得到純化的萜類化合物。

2. **管柱層析分離**：萜類化合物的分離多用吸附管柱層析法，常用的吸附劑有矽膠、中性氧化鋁等，應用最多的是矽膠。若選用矽膠為管柱層析的吸附劑，待分離物與吸附劑之比例約為（1：30）～（1：60）。而選用氧化鋁作吸附劑時，一般多選用中性氧化鋁，待分離物與吸附劑之比例約為（1：30）～（1：50）。此外，也可採用硝酸銀管柱層析進行分離，因萜類化合物結構中多具有雙鍵，且不同萜類的雙鍵數目和位置不同，與硝酸銀形成 π 錯合物的難易程度和穩定性也有不同，可利用此規則進行分離。並根據實際情況，聯合使用硝酸銀—矽膠或硝酸銀—中性氧化鋁管柱層析分離，以提高分離效果。

萜類化合物柱色譜分離一般選用非極性或弱極性有機溶劑，例如正己烷、環己烷、石油醚、乙醚、苯、乙酸乙酯或混合溶劑來當洗脫劑。在實際操作中應根據被分離物的極性大小來考慮。常用的溶劑系統有石油醚—乙酸乙酯、苯—乙酸乙酯、苯—氯仿，多羥基的萜類化合物可選用氯仿—乙醇、氯仿—丙酮為洗脫劑。

3. **利用結構中特殊官能基進行分離**：具有內酯結構的萜類化合物可在鹼性條件下開環，加酸後又環合，利用此性質可與非內酯類化合物分離，例如倍半萜內酯的分離。此外，含有不飽和雙鍵、羰基等的萜類化合物可用加成的方法製備成衍生物加以分離，萜類生物鹼也可用酸萃取鹼沉澱法來進行分離。

第四節　揮發油

揮發油（volatile oil）又稱**精油（essential oil）**，是具有芳香氣味的油狀液體的總稱。在常溫下能揮發，可隨水蒸氣蒸餾。

迄今為止已發現含有揮發油的植物有 3,000 餘種。在目前芳香植物有 56 科 136 屬，約莫 300 種。例如，蕓香科植物：蕓香、降香、花椒、橙、檸檬、佛手、吳茱萸等；傘形科植物：小茴香、芫荽、川芎、白芷、防風、柴胡、當歸、獨活等；菊科植物：菊、蒿、艾、白朮、澤蘭、木香等；唇形科植物：薄荷、藿香、荊芥、紫蘇、羅勒等；樟科植物：山雞椒、烏藥、肉桂、樟樹等；木蘭科植物：五味子、八角茴香、厚朴等；桃金娘科植物：丁香、桉、白千層等；馬兜鈴科植物細辛、馬兜鈴等；薑科植物：薑黃、薑、高良薑、砂仁、豆蔻等；馬鞭草科植物：馬鞭草、牡荊、蔓荊；禾本科植物：香茅、蕓香草等；敗醬科植物：敗醬、緬草、甘松等都含有豐富的揮發油類成分。

揮發油存在於植物的腺毛、油室、油管、分泌細胞或樹脂道中，大多數呈油滴狀存在，也有些與樹脂、黏液質共同存在，還有少數以苷的形式存在。揮發油在植物體中的存在部位常各不相同，有的在全株植物中皆含有，有的則在花、果、葉、根或根莖部分的某一器官中含量較多，隨植物品種不同而有較大差異。同一植物的藥用部位不同，其所含揮發油的組成成分也有差異。例如，樟科桂屬植物的樹皮揮發油多含桂皮醛，葉片中主要含丁香酚，根和木部則含較多樟腦。有的植物由於採集時間不同，同一藥用部分所含的揮發油成分也不完全一樣。例如，胡荽子，果實未熟時其揮發油主要含桂皮醛和異桂皮醛，成熟時則以芳樟醇、楊梅葉烯為主。

一、揮發油的生理活性

揮發油多具有祛痰、止咳、平喘、驅風、健胃、解熱、鎮痛、抗菌消炎等作用。例如：

- **柴胡揮發油**製備的注射液——退熱。
- **丁香油**——局部麻醉、止痛。
- **薄荷油**——清涼、驅風、消炎、局部麻醉。

臨床應用上，例如樟腦、冰片、薄荷腦、丁香酚等。揮發油在日用食品及化學工業上也是重要的原料。

二、揮發油的物質特性

1. **物質特性**：揮發油在常溫下大多為無色或微帶淡黃色的透明液體，也有少數因含有薁類化合物或溶有色素而具有其他顏色。例如，苦艾油呈現藍綠色，麝香草油呈現紅色。

揮發油大多數具有特殊的氣味，以及辛辣燒灼的感覺，呈中性或酸性反應。其氣味往往是品質優劣的重要指標。

揮發油在常溫下為液體，有的在冷卻其主要成分後可能析出結晶。一般將這種結晶稱為「腦」，例如**薄荷腦（menthol）、樟腦（camphor）**等。揮發油在常溫下可自行揮發而不留任何痕跡，這是揮發油與脂肪油的本質區別。

2. **溶解度**：揮發油易溶於石油醚、乙醚、二硫化碳、油脂等有機溶劑中，不溶於水。在高濃度乙醇中能全部溶解，在低濃度乙醇中只能部分溶解。

3. **物理常數**：揮發油幾乎均有光學活性，旋光度在 +97°～177° 範圍內；具有高折射性，折射率在 1.43～1.61 之間；揮發油的沸點一般在 70～300℃ 之間，可以隨水蒸氣蒸餾；揮發油多數比水輕，也有比水重者（例如，丁香油、桂皮油），相對密度在 0.85～1.065 之間。

4. **穩定性**：揮發油與空氣、光等長時間接觸會逐漸氧化變質，使揮發油香味喪失，顏色變深，密度增加，並能形成樹脂樣物質，不能隨水蒸氣蒸餾。因此，揮發油製備方法的選擇是很重要的，產品應貯存於棕色瓶內，裝滿、密封，以低溫避光保存。

三、揮發油的組成

揮發油所含成分比較複雜，一種揮發油中常常含有幾十種到上百種化學成分。構成揮發油的成分物質類型主要可分爲如下四類化合物，其中以萜類化合物較常見，有些含有脂肪族或小分子的芳香族化合物。

1.萜類化合物

揮發油中的萜類成分，主要是單萜、倍半萜及它們的含氧衍生物，含氧衍生物大多是生物活性較強或具有芳香氣味的主要組成成分。例如，人參揮發油中含有較多的 **β- 欖香烯（β-elemene）**，薄荷油中含 8% 左右的**薄荷醇（menthol）**、樟腦油中約含 50% 的**樟腦（camphor）**等。

2.芳香族化合物

芳香族化合物在揮發油中的含量僅次於萜類，揮發油中的芳香族化合物有的是萜類衍生物。例如，**百里香草酚（thymol）**、**孜然芹烯（p-cymene）**、**α- 薑黃烯（α-curcumene）**等；有些是苯丙烷類衍生物，結構具有 C_6-C_3 骨架，例如桂皮油中的**桂皮醛（cinnamaldehyde）**、八角茴香

油及茴香油中的主要成分**茴香醚（anethole）**、丁香油中的主要成分**丁香油酚（eugenol）**等。

3.脂肪族化合物

揮發油中常存在一些小分子脂肪族化合物。例如，甲基正壬酮存在於魚腥草、黃柏果實及蕓香揮發油中，正庚烷存在於松節油中，正癸烷存在於桂花的頭香成分中。有些揮發油中還常含有小分子醇、醛及酸類化合物。例如，異戊醛存在於橘子、檸檬、薄荷、桉葉、香茅等揮發油中，**癸醯乙醛（decanoyl acetaldehyde）**異戊酸存在於啤酒花、緬草、桉葉、香茅、迷迭香等揮發油中。

4.其他類化合物

除上述三類化合物外，還有一些物質。例如，**芥子油（mustard oil）、揮發杏仁油（volatile bitter almond oil）、大蒜油（garlic oil）**等，也能隨水蒸氣蒸餾，也常稱之爲「**揮發油**」。它們在植物中多以苷的形式存在。黑芥子油是芥子苷經酶水解後產生的異硫氰酸烯丙酯；揮發杏仁油是苦杏仁中的苦杏仁苷水解後產生的苯甲醛；大蒜油則是大蒜中大蒜氨酸經酶水解後產生的**大蒜辣素（allicin）**等物質。

另外，某些液體生物鹼，例如川芎嗪（**tetramethylpyrazine**）、**菸鹼（nicotine）、毒藜鹼（anabasine）**等，也可隨水蒸氣蒸餾，但這些化合物往往不作爲揮發油類成分。

四、揮發油的萃取

1.水蒸氣蒸餾法

　　從揮發油的性質可知，該類化合物與水不相混溶、揮發性大，受熱後二者蒸氣壓的總和與大氣壓相等時，溶液即開始沸騰，繼續加熱則揮發油可隨水蒸氣蒸餾出來。因此，天然藥物中的揮發油成分可以利用水蒸氣蒸餾法萃取。

　　此法雖然設備簡單、操作容易、成本低、產量大、揮發油的回收率較高，但原料易受強熱而焦化或使成分發生變化，所得揮發油的芳香氣味也可能發生改變，往往降低作為香料的價值。有些揮發油含水溶性雜質較多，可將初次蒸餾液重新蒸餾，鹽析後再用低沸點有機溶劑萃取。

2.萃取法

　　對不宜用水蒸氣蒸餾法萃取的揮發油原料，可以直接利用有機溶劑進行萃取。常用的方法有溶劑萃取法、油脂吸收法、超臨界流體萃取法等。

- **溶劑萃取法**：揮發油可採用回流浸出法或冷浸法。用石油醚（30～60℃）、二硫化碳、四氯化碳、苯等有機溶劑萃取，回收有機溶劑後即得浸膏，浸膏再用熱乙醇溶解，放置冷卻並濾除雜質，回收乙醇後即得純淨油。

- **油脂吸收法**：利用油脂類可以吸收揮發油的性質，萃取貴重的揮發油。例如，玫瑰油、茉莉花油常採用此法進行。常用無臭味的豬油 3 份與牛油 2 份的混合物均勻地塗在 50 cm×100 cm 的玻璃板兩面，然後將此玻璃板嵌入高 5～10 cm 的木製框架中，在玻璃板上面舖放金屬網，網上放一層新鮮花瓣，這樣一個個的木框玻璃板重疊起來，花瓣被包圍在兩層脂肪的中間，揮發油逐漸被油

脂吸收，待脂肪充分吸收芳香成分後，刮下脂肪，即爲「**香脂**」，謂之冷吸收法。或者將花等原料浸泡於油脂中，於 50～60℃條件下低溫加熱，讓芳香成分溶於油脂中，此則爲溫浸吸收法。吸收揮發油後的油脂可直接供香料工業用，也可加入無水乙醇一起攪拌，醇溶液減壓蒸去乙醇即得精油。

- **超臨界流體率取法**：用二氧化碳超臨界流體萃取法萃取芳香揮發油，具有防止氧化、熱解及提高品質的優點，所得芳香揮發油氣味與原料相同，明顯優於其他方法。例如，檸檬油、桂花油、香蘭素的萃取。但其技術要求高，設備費用投資大，目前應用還不普遍。

3.冷壓法

此法適用於含揮發油較多的新鮮植物原料。例如，橘、柑、檸檬果皮等的原料，可經撕裂，搗碎冷壓後靜置分層，或用離心機分出油分，即得粗品。本法所得揮發油可保持原有的香味，但可能溶出原料中的不揮發性物質。例如，檸檬油常溶出原料中的葉綠素，使檸檬油呈綠色。

五、揮發油成分的分離

1.物理方法

(1)**冷凍處理**：通常將揮發油置於 0℃以下使其析出結晶，如無結晶析出則可將溫度降至 –20℃，繼續放置。取出結晶，再經重新結晶即可獲得純品。例如，薄荷油冷卻至 –10℃，冷凍 12 小時後可析出第一批粗腦，再於 –20℃中冷凍 24 小時可析出第二批粗腦，將粗腦加熱熔融，在 0℃冷凍，可得較純的薄荷腦。

(2)**分餾法**：用此法分離揮發油時常在減壓下進行。單萜烯類化合

物通常在 35～70℃/1.333 kPa 被蒸餾出來，單萜的含氧化合物在 70～100℃/1.333 kPa 被蒸餾出來，倍半萜烯及其含氧化合物在更高的溫度被蒸餾出來，有些倍半萜含氧化合物的沸點很高，所得的各餾分中的組成成分有時有交叉的情況。

2.化學方法

(1) 利用酸、鹼性不同進行分離

① **酚、酸性成分的分離**：將揮發油溶於等量乙醚中，先後以 3～5% 的碳酸氫鈉和氫氧化鈉溶液進行萃取，分出鹼溶液，酸化後用乙醚萃取，回收乙醚，前者可得酸性成分，後者可得酚性成分。工業上從丁香羅勒油中萃取丁香酚就是應用此法。

② **鹼性成分的分離**：含有鹼性成分的揮發油溶於乙醚後，加稀鹽酸或稀硫酸萃取，所得酸溶液層鹼化後用乙醚萃取，回收乙醚可得鹼性成分。

(2) 利用官能基特性進行分離

對於一些中性揮發油，多利用官能基的特性，製備成相應的衍生物的方法進行分離。

① **醇類成分的分離**：揮發油與丙二酸單醯氯或丁二酸酐可反應生成酯，再將生成物溶於碳酸鈉溶液，用乙醚洗去未反應的揮發油，鹼溶液皂化，再以乙醚萃取所生成的酯，回收乙醚後，殘留物經皂化，可得到原有的醇類成分。

② **醛、酮成分的分離**：將除去酚、酸性成分的揮發油用水洗至中性，以無水硫酸鈉乾燥後，加入飽和亞硫酸氫鈉溶液充分震盪搖勻，將生成的結晶加成物加酸或鹼液處理，使加成物水解，再用乙醚萃取，可得醛或酮類化合物。

③ **其他成分的分離**：揮發油中的酯類成分可用精餾或層析法分離。揮發油中的醚萜成分可利用醚類與濃酸形成烊鹽易於結晶的性質，再進行分離。例如桉葉油中**桉油精（eucalyptol）**的分離就可應用此法。

3. **層析法**：以矽膠和氧化鋁吸附管柱層析應用最廣泛。由於揮發油的組分多而複雜，分離用層析法與分餾法配合常可獲得較好的效果。一般將分餾餾分溶於石油醚等極性小的溶劑中，通過氧化鋁或矽膠柱，依次用石油醚、石油醚－乙酸乙酯等溶劑洗脫，洗脫液分別以薄層層析進行檢查，直到獲得單體成分。

揮發油的層析除採用一般常規方法外，還可採用硝酸銀管柱層析或硝酸銀薄層層析進行分離。依據萜類化合物雙鍵數目和位置不同，與硝酸銀形成 π 錯合物的難易及穩定性不同，使其分離。硝酸銀在吸附劑中的含量一般以 2～2.5% 比較適宜。此外，氣相層析和製備薄層層析也是分離揮發油常用的方法。

習題

1. 何謂萜類化合物？有哪些分類？
2. 請舉例一個你（妳）知道的萜類化合物分離萃取的方法。
3. 何謂紫衫醇？請解釋它屬於何種類型的化合物、有何特性及生理功能？
4. 何謂揮發油？其生理活性為何？
5. 請舉例一個你（妳）知道的揮發油分離萃取的方法。
6. 請舉例一個你（妳）知道的揮發油及其揮發油內的成分物質。

第十一章 其他類型天然產物

天然產物中除了糖和糖苷、生物鹼、黃酮類、萜類、甾體類、醌類、香豆素和木脂素等化學成分外，還廣泛存在鞣質、有機酸、胺基酸、蛋白質和酶等其他類型物質。昆蟲激素及海洋天然產物。

第一節　有機酸

有機酸（organic acid）（不包括胺基酸）廣泛存在於天然產物中，主要以鹽的形式存在。例如，與鉀、鈉、鈣等金屬陽離子成鹽或與生物鹼結合成鹽等，亦有結合成酯的形式存在，也有少數有機酸以游離態存在。有機酸有些具有生理活性，例如抗癌作用，原兒茶酸具有抑菌作用，丹參中的 D-(+)-β-（3,4- 二羥基苯）乳酸是水溶性擴張冠狀動脈的有效成分。

一、有機酸的類型

天然產物中存在的有機酸類型很多，主要成分爲**脂肪族有機酸和芳香族有機酸**兩類。在藥材中存在較普遍的芳香族有機酸是羥基桂皮酸的衍生物，例如對**羥基桂皮酸（hydroxy cinamic acid）、咖啡酸（caffeic acid）、阿魏酸（ferulic acid）、異阿魏酸（isoferulic acid）**和**芥子酸（erucic acid）**等。咖啡酸具有止血、鎮咳和祛痰作用。

對羥基桂皮酸（R=R'=H，R"=OH）
咖啡酸（R=OH，R'=H，R"=OH）
阿魏酸（R=OCH_3，R'=H，R"=OH）
異阿魏酸（R=OH，R'=H，R"= OCH_3）
芥子酸（R=R'= OCH_3，R"=OH）

　　咖啡酸在植物中有時以酸的形式存在，例如菌陳的利膽成分之一是 **3-咖啡奎寧酸（3-caffeoylquinic acid）**，又稱**綠原酸（chlorogenic acid）**的混合物。

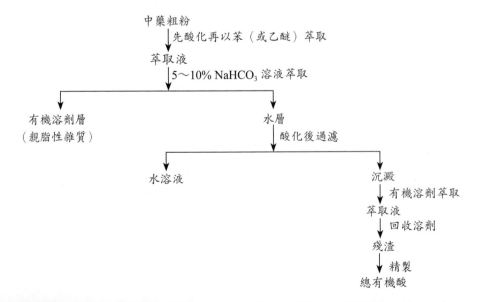

綠原酸（3-咖啡醯奎寧酸）　　　　　　3, 4-二咖啡醯奎寧酸

二、有機酸的萃取分離

　　有機酸的萃取分離一般採用下列兩種方法：

　　(1) **有機溶劑萃取法**：游離的有機酸（分子量小的例外）一般易溶於有機溶劑而難溶於水，有機酸則易溶於水而難溶於有機溶劑，故可以先酸化之使有機酸游離，然後選擇適合的有機溶劑來進行萃取。一般流程如下：

中藥粗粉
　↓先酸化再以苯（或乙醚）萃取
萃取液
　↓5～10% NaHCO₃ 溶液萃取

有機溶劑層　　　　　　　　　　水層
（親脂性雜質）　　　　　　　　　↓酸化後過濾

水溶液　　　　　　　　　　　　　沉澱
　　　　　　　　　　　　　　　　　↓有機溶劑萃取
　　　　　　　　　　　　　　　　萃取液
　　　　　　　　　　　　　　　　　↓回收溶劑
　　　　　　　　　　　　　　　　殘渣
　　　　　　　　　　　　　　　　　↓精製
　　　　　　　　　　　　　　　　總有機酸

(2)可將藥材的水萃取液通過強酸性陽離子交換樹脂，除去鹼性物質，而酸性和中性物質則通過樹脂流出，再將流出液經由強鹼性陰離子交換樹脂，有機酸根離子即被交換在樹脂上，糖和其他中性雜質可流經樹脂而被除去，接著將樹脂用水洗淨後，以稀酸或鹼溶液即可將有機酸從柱上洗下來。也可將藥材的水萃取液先通過鹼性陰離子交換樹脂，使有機酸根離子交換在樹脂上，而鹼性和中性雜質則流經樹脂而除去，接著將樹脂用水洗淨後，用稀酸脫洗即可獲得游離的有機酸。但也可以用稀氨水洗脫，有機酸即變為銨鹽而留在洗脫液中，將此洗脫液減壓蒸去過剩的氨水，再以酸進行酸化，總有機酸即游離析出。

以上兩種方法得到的總有機酸，尚待進一步用結晶法或層析法進行分離，才能獲得單體。

三、有機酸的確認

有機酸多數採用矽膠薄膜層析法進行確認，展開劑多數為含酸或水或氨水的有機溶劑。例如，二異丙醚甲酸—水（90：7：3）；甲酸丁酯—乙酸乙酯—甲酸（81.8：9.1：9.1）等。也可用濾紙層析法進行檢測。為防止有機酸在展開過程中發生解離，常在展開液中加入一定比例的甲酸或乙酸等，以消除其因解離而產生的脫尾現象。也可將有機酸製成各種衍生物以改善其分離效果，例如與尿形成的衍生物可使多種脂肪酸得到分離。

有機酸常用的呈色機劑為 pH 指示劑，例如溴甲酚綠、溴甲酚紫及甲基紅—溴酚藍混合指示劑等。當展開劑中含有酸性成分時，在噴灑上述呈色劑以前，應先將薄膜層在 120℃加熱 1 小時，以除去薄膜層上的酸性背景，以得到分離斑點的呈色效果。

四、有機酸萃取分離實例

(1)北升麻中有機酸的萃取分離：北升麻（*Cimicifuga dahurica (Turcz.)*）即興安升麻，是常用的升麻品種之一，有解毒透疹、提升等功能。主要含有**咖啡酸（caffeic acid）、阿魏酸（ferulic acid）**等，萃取流程如下：

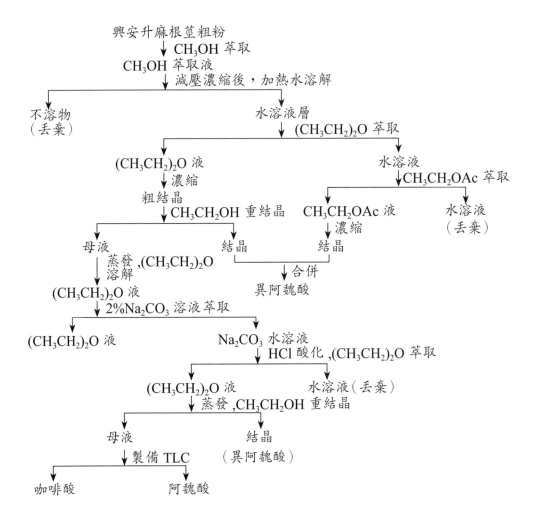

(2)**綠原酸的萃取分離**：金銀花為忍冬科植物忍冬（*Lonicera japonica Thumb*）、紅腺忍冬（*L. hypoglauca Miq.*）、山銀花（*L. confusa DC.*）或毛花柱忍冬（*L. dasystyla Rehd.*）的乾燥花蕾或初開的花，為常用中藥。金

銀花性寒味甘，具有清熱解毒、涼散風熱的功效。藥理實驗證明金銀花的醇萃取物具有顯著的抗菌作用，主要有效成分爲有機酸。例如，**綠原酸（chlorogenic acid）、異綠原酸（isochlorogenic acid）、3, 4- 二咖啡醯奎寧酸（3, 4-dicaffeoylquinic acid）、3, 5- 二咖啡醯奎寧酸（3, 5-dicaffeoylquinic acid）和 4, 5- 二咖啡醯奎寧酸（4, 5-dicaffeoylquinic acid）**是金銀花抗菌作用的主要有效成分。

綠原酸的萃取：利用綠原酸極性較大的性質來萃取，通常採用水煮萃取法、水煮醇沉澱，以 70% 乙醇用回流萃取法從金銀花、杜仲等藥材中萃取綠原酸。也可用水萃取及利用石灰進行沉澱法分離綠原酸，但回收率較低。這是因爲綠原酸分子結構中含有酯鍵，用石灰水處理後的水溶液呈現鹼性，引起酯鍵水解而降低綠原酸的回收率。

綠原酸的分離：可採用離子交換樹脂法和聚醯胺吸附法。

- **離子交換法**：利用綠原酸能夠解離成陰離子狀態來進行，可與強鹼型陰離子交換樹脂進行分離純化。
- **聚醯胺吸附法**：是將萃取物溶於水，通過聚醯胺吸附管柱，依次用水、30% 甲醇、50% 甲醇和 70% 甲醇清洗，收集 70% 甲醇脫洗液，濃縮得到粗品，再用重結晶法或其他層析法進一步分離，即可得到綠原酸。綠原酸爲針狀結晶（水），熔點 208℃。

綠原酸的鑑定方法如下：取金銀花粉末 0.2 g，加入甲醇 5 mL，放置 12 小時後過濾，濾液爲供應測試的溶液，另取綠原酸對照品，加入甲醇製成每 1 mL 含 1 mg 的溶液，作爲對照品溶液。吸取供試品溶液 10～20 mL，對照品溶液的 10 mL，分別點於同一以 CMC-Na 爲黏合劑的矽膠薄

層板上，以乙酸丁醋—甲醇—水（7：2.5：2.5）的上層溶液爲展開劑，展開並取出晾乾，在紫外光（365 nm）下檢測。

第二節　鞣質

鞣質（tanning）又稱爲鞣酸或單寧，是存在植物界中一類結構比較複雜的多元酚化合物。這類物質能與蛋白質結合形成不溶於水的沉澱，故可與生獸皮的蛋白質形成致密、柔韌、不易腐敗又難以透水的皮革，所以稱爲鞣質。鞣質廣泛存在於植物界，約 70% 以上的中草藥含有鞣質的成分，特別在種子植物中分布很普遍。鞣質存在於植物的皮，莖、葉、根果等部位。植物被昆蟲傷害後所形成的**蟲癭**（insect gall）中含有大量的鞣質，例如五倍子中所含鞣質高達 70% 以上。

鞣質具有多種生物活性：

1. **收斂作用**：內服可用於治療腸胃出血，外用於創傷、灼傷的刨面。鞣質可使表面滲出物中的蛋白質凝固，保護刨面，防止感染。

2. **抗菌、抗病毒作用**：鞣質能凝固微生物體內的原生質，具有一定的抑菌作用。有些鞣質還有抗病毒作用，例如貫眾鞣質可抵抗流感病毒。

3. **解毒作用**：由於鞣質可與重金屬鹽和生物鹼產生不溶性沉澱，有些具有毒性的重金屬或生物鹼被人體吸收後，可用鞣質當作解毒劑，減少有毒物質被人體吸收的機率。

4. **降壓作用**：從檳榔中分離出的一種鞣質，口服或注射對高血壓大鼠均有降壓作用，但對正常血壓無影響。

5. **驅蟲作用**：試驗研究結果表明，石榴皮的鞣質具有驅蟲作用；檳榔的驅蟲有效成分主要是長鏈脂肪酸，而其縮合鞣質具有協同作用。

6. **其他作用**：近代藥理試驗研究表明，分別發現有些鞣質還可清除

體內的自由基、對神經系統具有抑制作用，尚可降低血清中尿素氮的含量，具有抗過敏反應和抗炎作用等。

一、鞣質的分類

根據鞣質的化學結構及其是否被酸水解的性質，可將鞣質分為兩大類，即可**水解鞣質（hydrolyzable tannins）**和**縮合鞣質（condensed tannins）**。可水解鞣質是由酚酸與多元醇通過苷鍵和酯鍵形成的化合物，可被酸、鹼和酶催化水解。根據可水解鞣質經水解後產生酚酸的種類，又可將其分為**沒食子酸鞣質**和**逆沒食子酸鞣質**。

1.沒食子酸鞣質

這類鞣質水解後可生成**沒食子酸（gallic acid）**（或其縮合物）和（或）多元醇。

沒食子酸（gallic acid）　　　　間―雙沒食子酸

沒食子酸鞣質水解後產生的多元醇大多為葡萄糖。例如，**五倍子鞣質（ellagic acid）**的化學結構研究顯示，基本結構為 1, 2, 3, 4, 6- 五 -O- 沒食子醯 -*D*- 葡萄糖，在 2 位、3 位、4 位的沒食子醯基上還可連接多個沒食子醯基。實際上，五倍子鞣質是具有這一基本結構的多沒食子醯基化合物的混合物，結構如下：

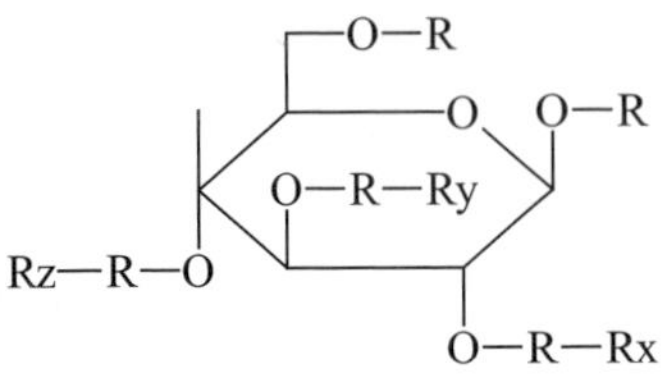

五倍子鞣質（ellagic acid） 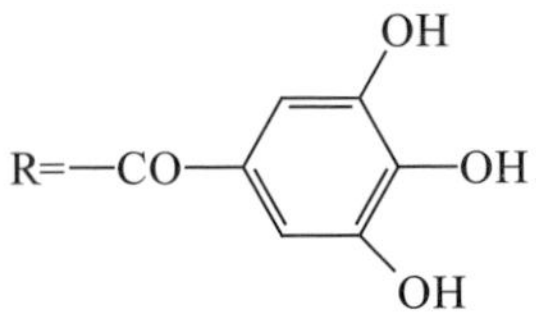　　　　　　　沒食子醯基

2.逆沒食子酸鞣質

這類鞣質水解後產生逆沒食子酸和糖，或同時有沒食子酸其他酸生成。有些逆沒食子酸鞣質的原生物並無逆沒食子酸的組成，逆沒食子酸是由鞣質水解所產生或黃羥基聯苯二甲酸脫水轉化而成

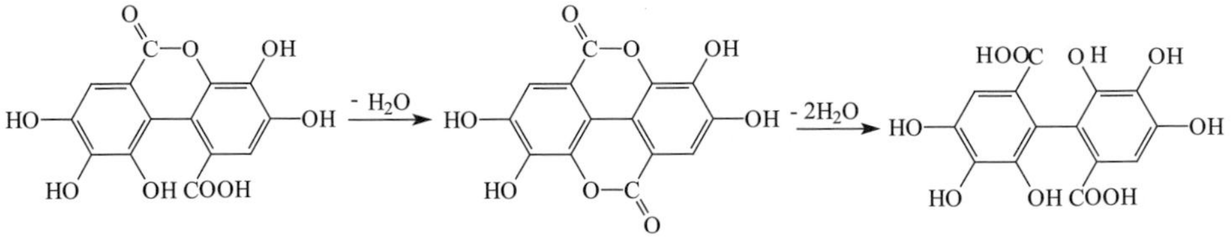

黃沒食子酸　　　　　　　逆沒食子酸　　　　　　六羥基聯苯二甲酸

例如，中藥訶子（Fructus chebulae）含 20～40% 的**訶子鞣質（ehebulinic acid）**，為逆沒食子酸型混合物，水解後可產生 1 mol 黃沒食子酸和 2 mol 葡萄糖，前者脫水即生成逆沒食子酸。

縮合鞣質不能被酸水解，經酸處理後反而縮合成不溶於水的高分子鞣酐，又稱**鞣紅（tanin red）**。

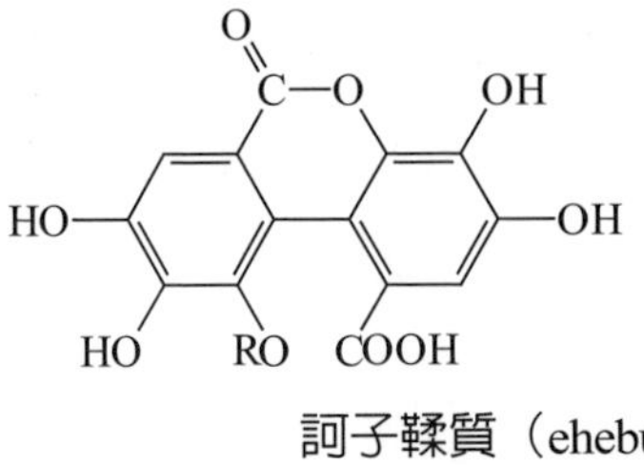

R = ——glc——glc

訶子鞣質（ehebulinic acid）

　　縮合鞣質的化學結構複雜，其生合成途徑目前尚未清楚。但普遍認為，組成縮合鞣質的基本單元是黃烷 -3- 醇，最常見的是**兒茶素（catechin）**。例如，**大黃鞣質（rheumtannic acid）**是由表兒茶素的 4 位和 8 位碳—碳縮合而成，而且結構中尚存在沒食子醯形成的酯鍵。

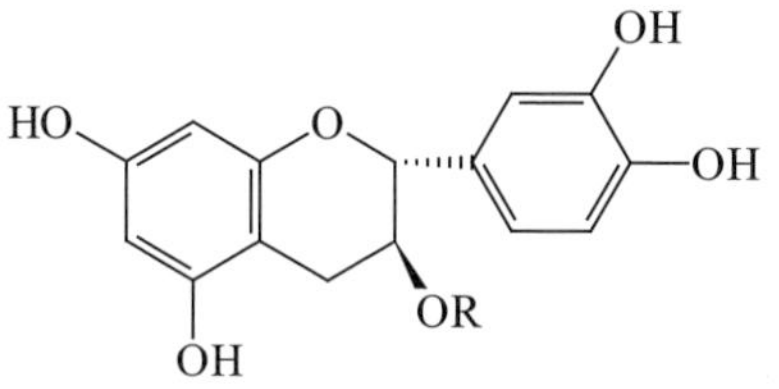

(+)- 兒茶素（2R, 3S）

(+)-catechin（2R, 3S）

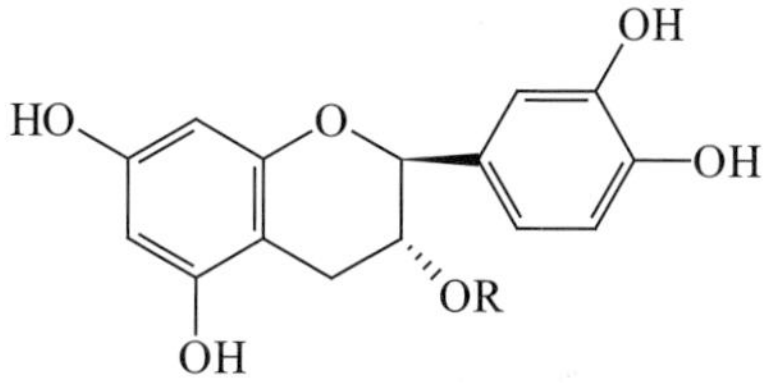

(-)- 兒茶素（2S, 3R）

(-)-catechin（2S, 3R）

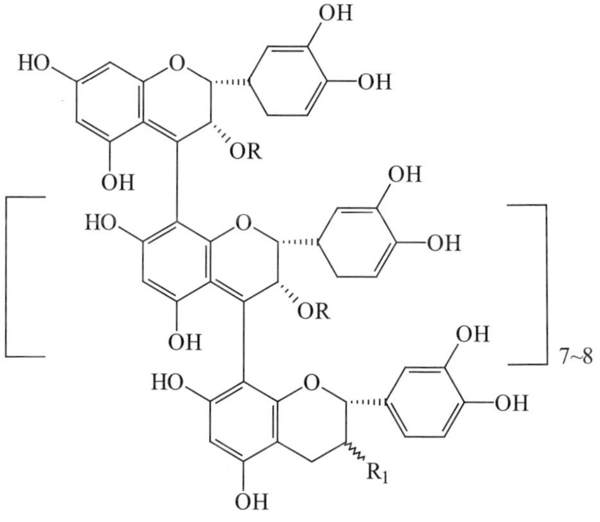

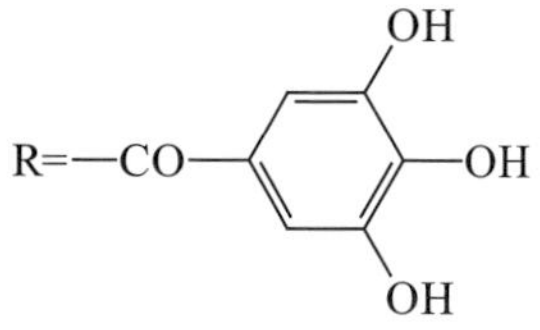

$R = -CO-$（圖）

大黃鞣質 I：$R_1 = -OH$
（rheumtannic acid I）

大黃鞣質 II：$R_1 = \cdots O-R$
（rheumtannic acid II）

二、鞣質的物質特性

　　1. **物質特性**：鞣質多為無定形粉末，相對分子質量在 500～3,000 道耳吞（dalton）之間；呈現米黃色、棕色、褐色等。具有吸濕性。

2. **溶解性**：鞣質具有較強的極性，可溶於水、甲醇、乙醇、丙酮等親水性溶劑，也可溶於乙酸乙酯、難溶於乙醚、氯仿等親酯性溶劑。

3. **還原性**：鞣質是多酚類化合物，易氧化，具有較強的還原性，能還原多倫試劑和斐林試劑。

4. **與蛋白質作用**：鞣質與蛋白質結合生成不溶於水的複合物沉澱。實驗室一般使用明膠沉澱鞣質，這是用以檢驗、萃取或除去鞣質的常用方法。

5. **與三氧化鐵作用**：鞣質的水溶液可與三氧化鐵作用反應呈現藍黑色或綠黑色，通常用以檢驗鞣質反應，藍黑墨水的製造也是利用鞣質的這一個性質。

6. **與重金屬鹽作用**：鞣質的水溶液能與醋酸鉛、醋酸銅、氧化亞錫等重金屬鹽產生沉澱反應，這一性質通常用於鞣質的萃取分離或除去中藥萃取液中的鞣質。

7. **與生物鹼作用**：鞣質為多元酚類化合物，由於具有酸性，故可與生物鹼結合生成難溶於水的沉澱物，常作為檢測生物鹼的沉澱試劑。

8. **與鐵氰化鉀的氨溶液作用**：鞣質的水溶液與鐵氰化鉀氨溶液反應呈現深紅色，並很快變成棕色。

9. **兩類鞣質的區別反應**：水解鞣質與縮合鞣質的定性鑑別見表 11-1。

表 11-1　兩類鞣質的鑑別反應

試劑	水解鞣質	縮合鞣質
烯酸共沸	無沉澱	暗紅色沉澱或形成鞣紅
溴水	無沉澱	黃色或橙紅色沉澱
三氯化鐵	藍色或藍黑色（或沉澱）	綠色或綠黑色（或沉澱）
石灰水	青灰色沉澱	棕色或棕紅色沉澱

試劑	水解鞣質	縮合鞣質
乙酸鉛	沉澱	沉澱（可溶於稀乙酸）
甲醛和鹽酸	無沉澱	沉澱

三、鞣質的萃取分離

1. **萃取**：一般用 95% 乙醇作為溶劑，採用冷浸或滲鹿法萃取，萃取液減壓濃縮成浸膏。

2. **分離**：通常用熱水溶液萃取的浸膏來濾除不溶物，濾液用乙醚等親脂性有機溶劑除去脂溶性成分，再用乙酸乙酯從水溶液中萃取鞣質。回收乙酸乙酯，加水溶解，在水溶液中加入醋酸鉛或咖啡鹼沉澱鞣質，經處埋後再用層析法進一步分離。

葡聚糖凝膠柱層析法也是分離鞣質的常用方法，以水、不同濃度的甲醇和丙酮當洗脫劑。依次用水洗脫糖類成分，並以 10～30% 甲醇的水溶液洗脫酚性苷類成分（例如黃酮苷）。40～80% 甲醇的水溶液洗脫相對分子量約為 300～700 道耳吞（dalton）的鞣質，100% 甲醇可洗脫出相對分子質量為 700～10,000 道耳吞（dalton）的鞣質，50% 丙酮的水溶液則可洗脫出相對分子質量大於 10,000 道耳吞（dalton）的鞣質。薄層層析、濾紙層析相高效液相色譜也廣泛用於鞣質的分離。

四、除鞣質的方法

在很多中藥中，鞣質不是有效成分。由於鞣質的性質不穩定，致使中藥製劑容易變色混濁或沉澱，從而影響製劑的品質，可採用以下方法除去中藥萃取物中的鞣質。

　　1. **熱處理冷藏法**：鞣質在水溶液中是一種膠體狀態，高溫可破壞膠體使之聚集，低溫則可降低其運動的穩定性而使之沉澱。因此，可先將藥液蒸煮，然後冷凍放置再進行過濾，即可除去大部分的鞣質。

　　2. **石灰沉澱法**：利用鞣質與鈣離子結合會生成不溶性沉澱物，在中藥的水萃取液中加入氫氧化鈣，使鞣質沉澱析出，或在中藥原料中拌入石灰乳，使鞣質與鈣離子結合爲不溶性產物，再用水或其他溶劑萃取出有效成分。

　　3. **鉛鹽沉澱法**：在中藥的水萃取液中加入飽和的醋酸鉛或鹼式醋酸鉛溶液，可使鞣質完全沉澱，然後按常規方法除去濾液中過剩的鉛鹽。

　　4. **明膠沉澱法**：在中藥的水萃取液中，加入適量約 4% 的明膠溶液，使鞣質完全沉澱，再濾除沉澱物，將濾液減壓濃縮至小體積，加入 3〜5 倍分量的乙醇，以沉澱過量的明膠。

　　5. **聚醯胺吸附法**：將中藥的水萃取液通過聚醯胺柱，鞣質與聚醯胺會以氫鍵結合而牢牢吸附在聚醯胺柱上，80% 乙醇難以洗脫，而中藥中其他成分均可被 80% 乙醇洗脫下來，以此達到除去鞣質的目的。

　　6. **醇溶液調 pH 法**：利用鞣質與鹼成鹽後難溶於醇的性質，可在乙醇溶液中用 40% 氫氧化鈉調整至 pH 9〜10，使鞣質沉澱而後濾除。

第三節　胺基酸、蛋白質和酶

一、胺基酸

　　胺基酸（amino acid）廣泛存在於動、植物體中，除構成蛋白質的胺基酸外，其他游離胺基酸也大量存在於中草藥中。有些胺基酸爲中藥的有效成分，例如使君子中的**使君子胺酸（quisqualic acid）**具有驅蛔蟲作用；毛邊南瓜子中的**南瓜子胺酸（cucurbitine）**具有治療絲蟲病和血

吸蟲病的作用；天冬、玄參、棉根中的**天門冬醯胺（asparagine）**具有
鎮咳和平喘作用；三七中的**田七胺酸（dencichine）**具有止血作用。

使君子胺酸	南瓜子胺酸	天門冬醯胺	田七胺酸
（quisqualic acid）	（cucurbitine）	（asparagine）	（dencichine）

　　胺基酸為酸鹼兩性化合物，一般能溶於水，易溶於酸水和鹼水，難溶
於親脂性有機溶劑。胺基酸的檢驗試劑有茚三酮試劑、吲哚醌試劑及 1, 2-
萘酚 -4- 磺酸試劑，後兩種試劑對不同胺基酸會顯示不同的顏色，但其檢
出靈敏度不及茚三酮試劑，故常用於胺基酸檢驗的試劑多為茚三酮。

　　胺基酸一般採用以下萃取分離方法：

　　1. **水萃取法**：藥用植物粗粉用水浸泡、過濾，減壓濃縮至 1 mL 相當
於 1 g 生藥，加 2 倍量的乙醇並沉澱去除蛋白質、糖類雜質，再次過濾，
使濾液濃縮至小體積，然後透過強酸性陽離子交換樹脂，用 1 mol/L 氫氧
化鈉或 1～2 mol/L 氨水洗脫，收集對茚三酮呈陽性的部分即為總胺基酸。

　　2. **稀乙醇萃取法**：將藥用植物粗粉用 70% 乙醇回流或冷浸，乙醇萃
取液經減壓濃縮至無醇味，然後按水萃法通過適當的陽離子交換樹脂，即
得總胺基酸。

　　總胺基酸進一步的分離，一般是先用濾紙層析檢查含有幾種胺基酸，
然後再選擇分離方法。胺基酸的分離方法有以下幾種：

1. **離子交換法樹脂**：這是分離胺基酸的常用的方法，可直接將水或稀乙醇萃取物，通過裝有陽離子交換樹脂的交換管柱。在酸性條件下，帶正電荷的氨基與樹脂上的 -SO₃H 交換。由於胺基酸的正電荷會隨著溶液的 pH 值而發生變化，也就是說，在同樣的胺基酸溶液中，若 pH 值不同，則胺基酸所帶的正電荷會各不相同，與 -SO₃H 上的氨離子交換能力強弱也不同。利用這種差別，使其相互分離。例如板藍根中胺基酸的分離，在陽離子交換樹脂上，鹼性胺基酸最強，中性胺基酸次之，酸性胺基酸的交換能力最弱。

2. **鹽析法**：某些酸性胺基酸與重金屬化合物可生成難溶性鹽，如氫氧化鋇或氫氧化鈣，而某些鹼性胺基酸可與一般酸結合成鹽並與其他胺基酸分離。例如，南瓜中的南瓜子胺酸是透過與高氯酸結合成結晶性鹽而分離出來的。

3. **電泳法**：帶電質點在電場中向電荷相反方向移動的現象稱電泳。胺基酸是兩性電解質，在同一 pH 條件下，各種胺基酸所帶電荷不同。若將混合胺基酸的水溶液置於電泳凝膠或紙片上，在一定的電場中，中性胺基酸會留在中間原處，具淨正電荷的胺基酸會移向陰極，具淨負電荷的胺基酸則移向陰極。移動速度與溶液的 pH 值有關，溶液的 pH 愈接近等電點，則胺基酸所帶的淨電荷愈低，移速愈慢，反之，則加快。因此，適當調節胺基酸混合液的 pH 值，可達到分離混合胺基酸的目的。

二、蛋白質

蛋白質（protein）大量存在於中草藥中，在中藥製劑的工業中，大多數情況會將其視為雜質除去。但近幾十年來，隨著對中藥化學成分的深

入研究，陸續發現有些中草藥的蛋白質具有一定的生物活性。例如，天花粉中的天花粉蛋白有引產作用，臨床用於中期妊娠引產並用於治療惡性葡萄胎；半夏鮮汁中的半夏蛋白具有抑制早期妊娠作用。

　　蛋白質是一種由胺基酸通過肽鍵聚合而成的高分子化合物，分子量可達數百萬。多數可溶於水，形成膠體溶液，加熱煮沸則變性凝結而自水中析出。不溶於有機溶劑，因此中藥製劑生產中常用水煮醇沉法除去蛋白質沉澱。此外，蛋白質由於存在大量肽鏈，將其溶於鹼性水溶液中，加入少量硫酸銅溶液，會呈現紫色或紫紅色，這種顯色反應稱為雙縮尿反應，也是檢驗蛋白質的常用方法。

　　蛋白質在水和其他溶劑中的溶解度，因蛋白質種類的不同有較大的差異。白蛋白和鹼性蛋白質在水中的溶解度較大，大多數的其他蛋白質在水中的溶解度較低。有的可溶於稀無機酸或鹼溶液或稀鹽溶液中，例如球蛋白類、穀蛋白類。一般的分離方法，可用水萃取液以硫酸銨飽和，沉澱出蛋白質，或用 5～10%NaCl 水溶液作為在植物中萃取蛋白質的溶劑，在萃取液中加入 NaCl，飽和時可析出蛋白質。也常利用透析法萃取純蛋白質，或以遞增濃度的二醇或丙酮來分段萃取，分別加入適量乙醚來沉澱出蛋白質。要進一步分離蛋白質，則常採用離子交換柱色譜，或凝膠過濾法、電泳法、超速離心法等。

三、酶

　　酶（enzyme）是一種活性蛋白質，除了具有蛋白質的通性外，還具有促進中藥化學成分水解的性質，例如苷類。酶的水解作用具有專一性，這種活性酶往往與水解成分共同存在一植物體內，這是中藥化學成分研究

和中藥製劑生產過程中應考慮的問題。在大多數情況下，需防止酶水解中藥中欲萃取的成分，避免有效成分的分解，必要時應使酶變性並破壞其活性，例如加熱、加入電解質或重金屬鹽等均能使酶失去活性；有時可利用酶水解的專一性，選擇性的水解某種苷鍵，例如強心苷即是利用酶解除去黃夾苷乙分子的葡萄糖，所得次生苷的強心作用提高 5 倍左右。

第四節　植物激素、昆蟲激素和農用天然產物

自然界的生命體內存在各種各樣的**化學信息素（semiochemicals）**，它是在個體之間傳播信息的一種物質，運用於生物體內，操縱著從生到死的各個生命階段；釋放於體外，具有吸引異性、正常生活、繁衍後代、防衛自身和參與社會活動等生命現象的控制作用。生命和天然的化學信息素很可能是同根而生，可以說，化學信息素能發揮生命過程的控制作用，達到體內和體外的高度協調和有機整體。當控制目的不同，信息素的成分也不同。

化學信息素通常在生物體中含量極低，它們可能是單一的有光學活性的化合物，也可能是由並不等量的對映異構體所組成。立體化學和生物活性的關係十分複雜，呈現出多元化的呼應關係。有機合成在化學生態學中發揮了重要的作用，通過對映異構體的選擇性合成，得到進行生物測試所需數量，並由此可以確定它們的結構及立體構型，了解化合物的結構與其生物活性的關聯。

一、植物激素

植物激素（phytohormone）是在植物體內向各器官傳導、可調節控制植物生理現象的物質，會在植物的特定部位進行生物合成。目前，主要的植物激素有如下所示的 7 類。

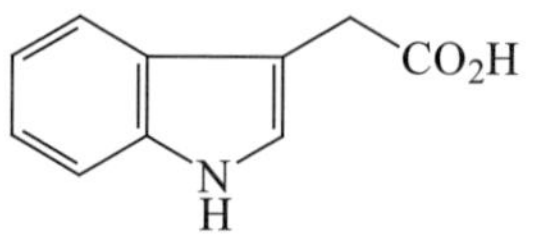

吲哚 -3- 乙酸植物生長素（auxin）

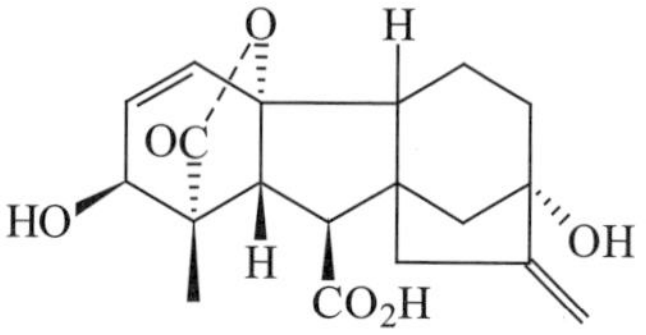

赤黴素（gibberellins）

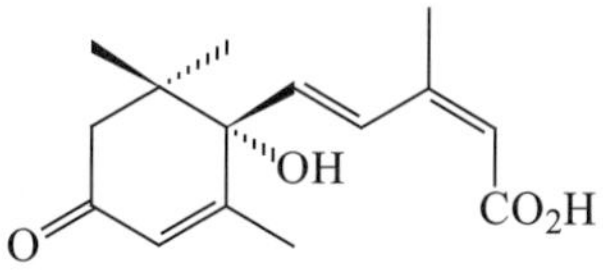

脫落酸（abscisic acid）

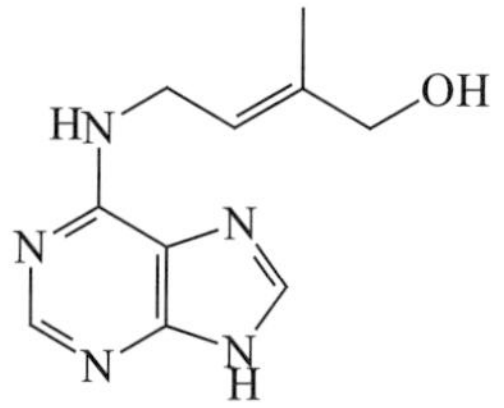

玉米素（zeatin）

$H_2C = CH_2$
乙烯（ethylene）

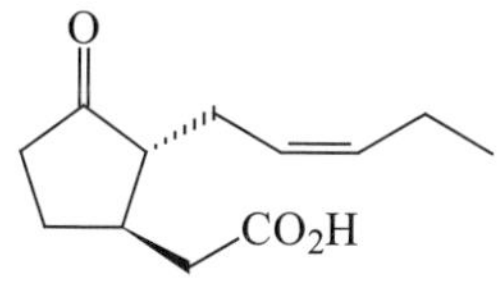

茉莉酮酸（jasmonic acid）

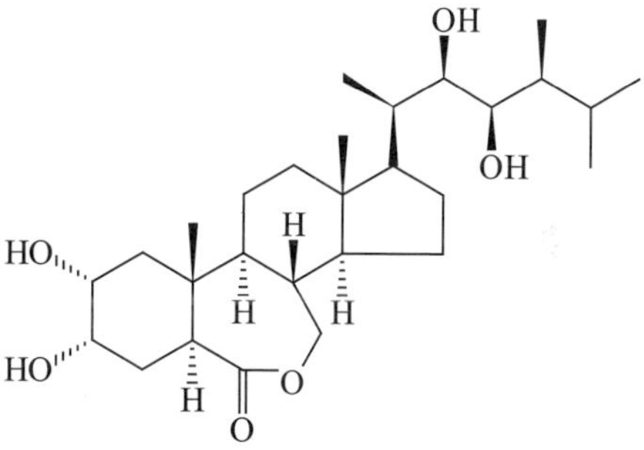

油菜素內酯（brassinolide）

　　1. **吲哚乙酸（indoleacetic acid）**：荷蘭有機化學家 F. Kogl 從人尿中提取出促進植物生長的物質，並命名爲異植物生長素。日本東北大學學者於 1925 年首次合成了吲哚 -3- 乙酸（indole-3-acetic acid）。現在稱爲**植物生長素（auxin）**是調控植物生長的重要激素之一。

　　2. **赤黴素類（gibberellins）**：1938 年日本數田貞治郎與住木渝介從

水稻惡苗病菌的培養濾液中分離出此物質。赤黴素是一種結構較複雜的物質，也是另一種調控植物生長的重要激素。

3. **脫落酸（abscisic acid）**：1363 年由美國的 F. T. Addicott 與大熊和彥等人從 300 kg 的棉籽中獲得 9 mg 的結晶，該物質經英國的 J. W. Cornforth 等人研究，發現與植物的休眠現象有關。白樺和楓樹從夏季到初秋會形成新芽，而那些芽將休眠到隔年春天。把誘導休眠的物質分離出來後就是脫落酸，脫落酸除了具有促使落果、落葉、休眠的作用外，還有關閉葉片氣孔抑制水分蒸發的作用。脫落酸還可由植物致病性黴菌類的尾孢菌屬（*Cecospora*）與灰孢黴屬（*Botrytis*）中產生。

4. **植物細胞分裂素**：1955 年美國的 F. Skoog 發現**植物細胞分裂素類（cytokinins）**，它能促進植物細胞分裂。1964 年澳大利亞的 D. S. Letham 從 60 kg 未成熟的玉米種子中分離出 0.7 mg 的**玉米素（zeatin）**，玉米素是具代表性的細胞分裂素。植物細胞分裂素能促進細胞的分裂與分化。園藝觀賞用的蘭花等組織培養中就採用了細胞分裂素。

5. **乙烯（ethylene）**：19 世紀末，街道的煤氣燈管道破裂，在煤氣洩漏之處引起樹木提前落葉，這說明了煤氣中有某種物質在產生作用。1908 年，美國人 Crocker 發現乙烯能促進香石竹莖和花的生長。隨後，1911 年俄國 Nejubow 發現乙烯能促進大豆莖的生長。1934 年時，證實了蘋果果實釋放出的揮發性成分中存在乙烯，具有促進蘋果和香蕉等果實成熟的作用，目前已運用在香蕉的生產過程中。現在已清楚乙烯由 1- 氨基環丙烷酸生物合成的過程。

6. **茉莉酮酸（jasmonic acid）及其相關物質**：1980 年日本加藤次郎等人，從多種植物中分離出能促使植物衰老的茉莉酮酸與其甲酯物質。1989 年，日本古原照彥等人分離出與糖苷相關的塊根油酮，可促進馬鈴薯塊莖的形成。茉莉酮酸類具有豐富的生物活性，是植物激素的一種。

7. **油菜素內酯（brassinolide）**：1979 年美國 M. d. Grove 等人從 40 kg 西洋油菜的花粉中分離出 4 mg 結晶，透過 X 光射線繞射結晶分析確定其結構。油菜素內酯具有使細胞伸長與膨大的效果。

二、昆蟲激素

昆蟲內激素主要包括**腦激素（brain hormone, BH）**、**蛻皮激素（moulting hormone, MH）**和**保幼激素（juvenile hormone, JH）**三大類。蛻皮激素是昆蟲的幼蟲蛻皮成蛹時必需的激素，第一個被成功地分離出的昆蟲激素是 Butenandt A. FJ. 等人經過 11 年的努力，於 1954 年從 500 kg 蠶蛹中分離出的 25 mg 蛻皮激素。到 1965 年始確定其結構。保幼激素主要具有抑制變態以維持幼蟲狀態的作用，1956 年，從天蠶中首先獲得含保幼激素的活性油成分，1967 年，得到 300 μg 純品並正確定義出其結構。至今已發現 4 種保幼激素，將它們噴施於蠶，可使蠶體增大，生長期延長，進而使蠶絲增產。有趣的是，本來僅僅是從昆蟲和甲殼動物中才獲得的蛻皮激素，卻被發現它也存在於一些植物之中，例如百日青、牛膝等，露水草中的 β- 蛻皮激素更高達 2% 以上。但仍不清楚蛻皮激素存在於這些植物中的作用。

1. **昆蟲變態激素**：最初是在昆蟲體內發現，又稱蛻皮激素，能促進細胞生長作用、刺激真皮細胞分裂、產生新的表皮、使昆蟲脫皮，並且對

人體有促進蛋白質合成的作用。在牛膝、川牛膝中亦發現此類成分，例如**蛻皮酮（ecdysteroids）**、**20- 羥基蛻皮酮（20-hydroxy ecdysone）**等。

　　昆蟲變態激素亦爲甾體化合物，結構中 A/B、B/C、C/D 環的合併爲順式、反式、反式。C_6 位常爲羰基，C_7、C_8 位爲雙鍵，構成 α, β 不飽和酮結構。另外具有多個羥基，C_{17} 位連接的側鏈由 8～10 個碳組成，且含有羥基。

蛻皮酮（α- 蛻皮酮 , ecdysteroids）

20- 羥基蛻皮酮

（β- 蛻皮酮 , 20-hydroxyecdysone）

　　昆蟲變態激素在昆蟲體內含量極微，一般採用有機溶劑萃取，然後用逆流分配法分離純化。

　　2. **保幼激素類**：作用是抑制昆蟲變態過程以維持幼蟲形態。昆蟲變態過程不僅藉由蛻皮激素（MH）來調節，更主要的原因是在此過程中保幼激素的缺失。保幼激素還有許多其他作用，例如控制間歇期、卵蛋白的合成（蛋黃素，vitellin）、卵巢的發育、蝗蟲和蚜蟲的發育期、決定蜜蜂中從蜂后到工蜂的各個等級、控制激素的產生及對其反應等。保幼激素在昆蟲體內的含量極低，Roller 等人獲得 300 mg 純粹的 JH，以質譜儀分析

得分子式為 $C_{18}O_{30}O_3$；用 200 mg 測定 1H-MHR 質譜；結合微量化學衍生物，最後確定出其化學結構，包括雙鍵構型，但其環氧基的構型未定。分子中包括甲酯部分一共有 18 個碳，稱為 C_{18}-JH，又稱 JH-I。不久又從中分離出含量更低的 C_{17}-JH. 或稱 JH-II。

　　植物中也存在昆蟲保幼激素，即植源性保幼激素。各種紙漿，特別是從香油樹所得的紙張產品，對半翅目害蟲無翅紅蝽顯示極強的保幼激素活性，幼蟲與這些紙張接觸或用這些產品的類脂萃取物處理後，經一次或多次額外蛻皮，因不能成熟而最後死亡，這種導致昆蟲死亡的紙張含有**保幼酮（juvabione）**及**脫氫保幼酮（dehydrojuvabione）**。

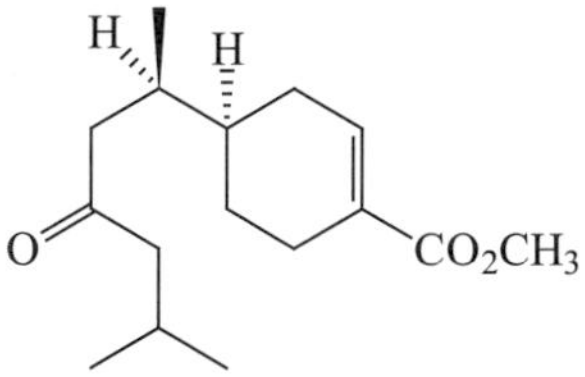

保幼酮（juvabione） 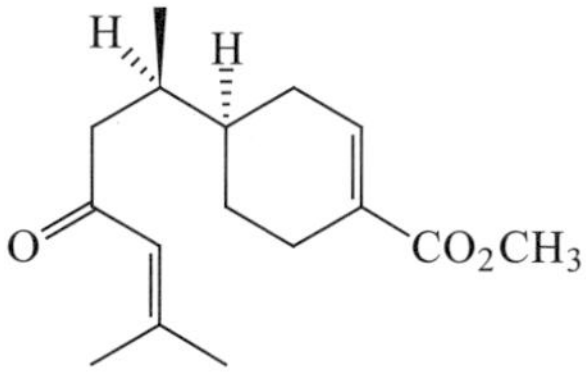　　　　脫氫保幼酮（dehydrojuvabione）

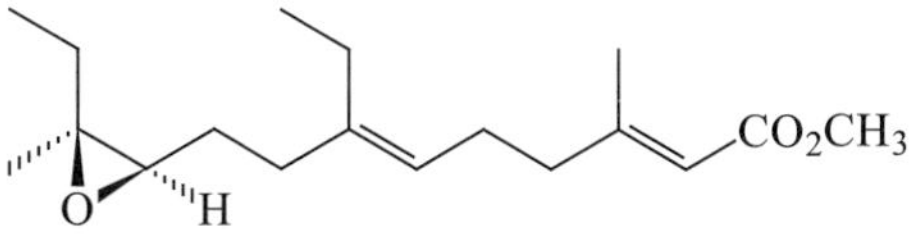

JH I 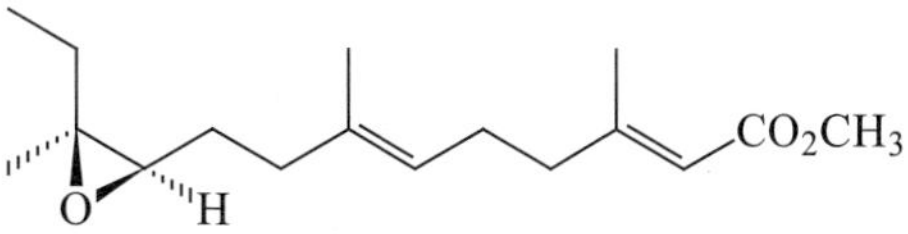　　　　　　　　　　JH II

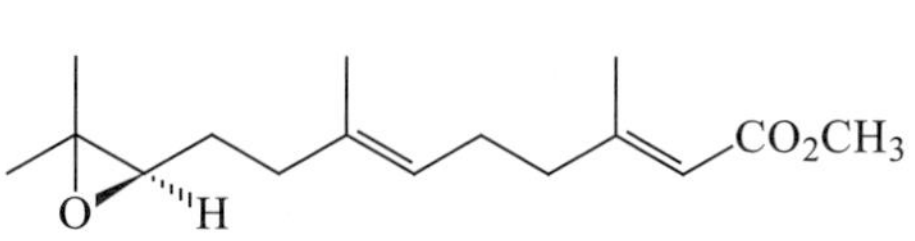

JH III 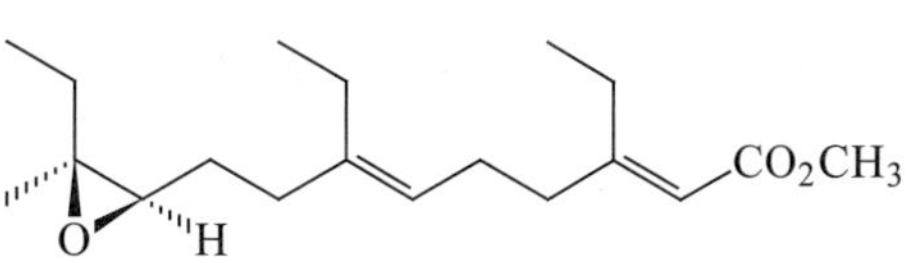　　　　　　　　　JH10

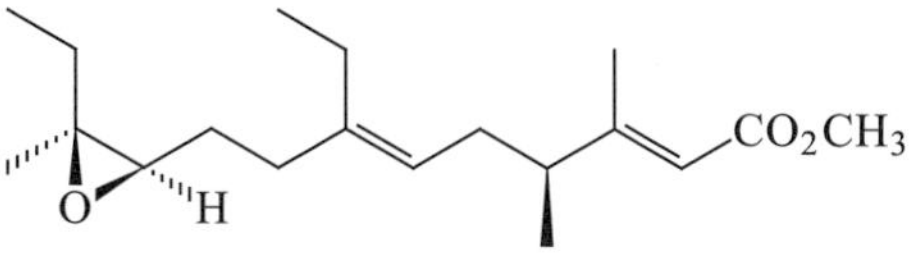

4- 甲基 JH I 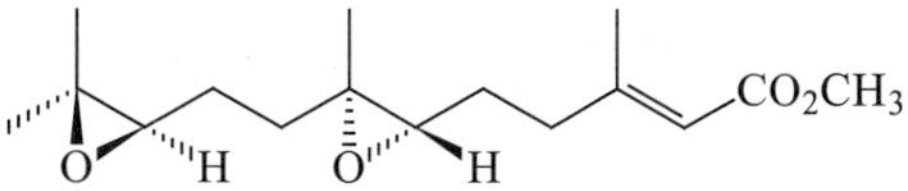　　　　　　JH B₃

一些常見的保幼激素類和有關物質的結構如下：

昆蟲外激素又稱昆蟲激素或昆蟲信息素，包括性、集結、追蹤、警告、產卵等各種信息等。所有的這些激素含量雖然極微，但生理效果十分明顯。信息素中研究得最多、發展最快的是性激素。德國科學家 Butenandt 及 Karlsond 在 1954 年從 50 萬隻未交配過的雌性蠶蛾中分離出 12 mg 性激素，發現只要 $10\sim12$ g 就能使雌性蠶蛾興奮，一隻雌蛾在交配前每秒鐘在尾部放出毫微克級產物順風擴散後，即可使數千公尺外的雄蛾迎風飛向雌蛾。這也是從昆蟲中發現的第一個性激素，學名為（10E, 12Z）-十六碳二烯醇。

3. **腦激素類**：從 50 年代開始，歐美及日本的學者就試圖去純化腦激素。日本學者石崎及鈴木等人在 80 年代中期，首次從家蠶的頭部分離出腦激素是一種前胸腺刺激激素，與胰島素（insulin）的結構非常相似，目前已將該激素的 cDNA 片段重組到大腸桿菌中，通過微生物生物合成，得到只有生物活性的前胸腺激素。昆蟲的其他一些激素如羽化激素、休眠激素等均為肽類物質。

昆蟲激素也是近幾年研究較多的物質。性激素也有不少應用，如棉鈴蟲的性誘激素已應用於誘殺棉鈴蟲，抑制其大爆發。

三、農用天然產物

來自於植物的殺蟲物質，結構多樣、種類繁多，充分反映出自然界中植物與昆蟲的相互制約、相互依存狀態。天然殺蟲化合物種類眾多，但被開發成殺蟲產品並應用農用市場的並不多。

除蟲菊酯（pyrethrins）（1～6）來自於菊科植物除蟲菊（*Pyrethrum cineraefolium*）的乾花萃取物，是具有極強活性的 6 種殺蟲物質的總稱。這類物質通過菊酸部分的偕二甲基和醇部分側鏈上的不飽和部分，嵌入神經膜受體位置而產生作用。由於此乃由多種殺蟲物質混合而成，且成本較高，結構又不太穩定，因此難於廣泛使用，但昆蟲抗性增加緩慢，因而一直顯示極高的活性。該類物質已應用半個多世紀，卻仍是目前的研發重點。澳大利亞的除蟲菊公司自 1986 年起步，1993 年就發展到每年處理乾花 2500 噸；而英國的公司則迅速將超臨界新技術應用於萃取除蟲菊酯。隨著對生存環境的關注及消費水準的提高，在中國形成天然菊酯產業的時機已經成熟；雲南等地區具有與除蟲菊主產國相類似的生態環境，可以發展成為除蟲菊的另一主產區。以此天然殺蟲物質為基礎發展出來的擬菊酯類仿生農藥，已經研發生產出將近 30 種，目前約占殺蟲劑市場的 18%。

毒扁豆鹼（physostigmine）為毒扁豆中的劇毒物質，以此為先導化合物，合成了一大類氨基甲酸酯類殺蟲劑，並發展成殺蟲農藥中 3 大類之一。這類殺蟲劑透過抑制乙醯膽鹼酯酶，使神經傳遞過程中的傳遞介質乙醯膽鹼難以分解而產生作用。

毒扁豆鹼（physostigmine）

		R_1	R_2
除蟲菊酯	1	CH_3	CH_2
（pyrethrins）	2	$COOCH_3$	CH_2
瓜菊酯	3	CH_3	CH_3
（cinerins）	4	$COOCH_3$	CH_3
茉莉菊酯	5	CH_3	CH_3
（jasmolin）	6	$COOCH_3$	CH_3

　　還可以舉出一些農用天然產物的例子，例如 20 世紀 30 年代發現的赤黴素類化合物是一種強烈影響植物生長和發育的植物內源激素，它能引起稻秧瘋狂成長而變化直到枯萎。同時還有促進植物雄化、阻止老化和單性結果等作用，適當運用則可使果實肥大，縮短蔬菜休眠期，促進花卉開花。另一方面，人們也開發出不少抑制赤黴素生物活性的阻滯劑，例如矮壯素之類的生長調節劑，以使植物節間縮短，形成增產的作用。20 世紀 80 年代以來，從油菜花粉中分離得到的一類含七元環的甾醇內酯，被發現具有增加植物營養體的生長和促進受精作用，對農業提升產量有明顯的效果。研究者們不辭辛勞地從在油菜花上採集花粉的蜜蜂腿上收集花粉，結果從 227 kg 花粉中得到 15 mg 樣品，它們的結構雖然較為複雜，但有機化學家也已經能夠在實驗室中成功地進行全合成和結構改造工作。

　　從某種意義，自然界本身亦是創製農藥的最好設計師。目前已知有 400 多種植物含有天然抗拒昆蟲侵襲的物質，還有幾百種天然的植物含有各種不同的生長調節活性物質。人類對生物界的了解還不夠透澈，但所取得的成果已經能造成農業生物學的持續革命，增加作物產量，提高品質和品種的同時留下一個更美好的地球環境。不可否認的是，自然界的各種奧

妙細節十分複雜，在科學基礎研究方面還有待持續深入探討。例如，植物病毒也是造成農作物減產和品質劣化的重要原因之一，**殺植物病毒劑（hybrizing agent）**的研究也和殺蟲劑、除草劑一樣開始活躍起來。**細胞激素（cytokine）**是一種內源激素，可促進細胞分裂、刺激生長發育和具有防止衰老的作用。**化學雜交劑（hybrizing agent）**可阻止植株發育和自花授粉，從而透過異花授粉來獲取植物雜交種子。綠色植物在進行光合作用的同時，還進行著吸收氧氣放出二氧化碳的另一種呼吸作用，這種**光呼吸作用（photorespiration）**使得碳素損失，淨光合作用速率下降，導致作物產量減少。利用有機化合物，對光呼吸作用進行化學控制的研究報告也逐年增加。一門研究生物體如何利用化學信息素進行種屬內部和不同種屬之間相互作用的新興學科——**化學生態學（chemical ecology）**，已經興起，其基本內容即是有關化學信息素的分離、結構鑑定和合成及應用。

第五節　海洋天然產物

海洋的面積約占地球表面積的 70% 左右，海洋中的動物和植物遠比陸地上的多，計有 30 門 50 萬種以上，例如海洋動物的種類，據統計是陸地上的 4 倍，光海綿的種類就有 5000 多種。由於海洋生物的生態環境與陸地生物全然不同，從海洋生物所處的海水這一特殊的環境來看，它們沒有劇烈的溫差變化，鹽濃度高，水壓大，生物體較易受到病原微生物的侵襲，而且通常是用整個機體來吸收稀薄的養分。由於生存環境的這些特點；海洋生物在其進化過程中產生了與陸地生物不同的生理代謝系統。在海洋中形成的天然產物也與陸地產物有很多不同之處。人們對陸地上的天然產物研究已經有 200 多年歷史，但對海洋天然產物的大規模研究，直到 1969 年發現柳珊瑚中含有豐富的前列腺素以後，才受到全面重視，這可

能與在海洋中採集動植物樣品比較困難，以及與大部分海洋天然產物結構的複雜性有關。隨著分離分析儀器和結構快速測定方法的改良進步，尤其是進入 20 世紀 80 年代以來，對高極性有機化合物的分離純化技術和新興生理活性試驗方法的開發，以及手性有機合成技術的進步，使得包括海洋微生物代謝產物在內的海洋天然產物研究，取得了顯著的進步。

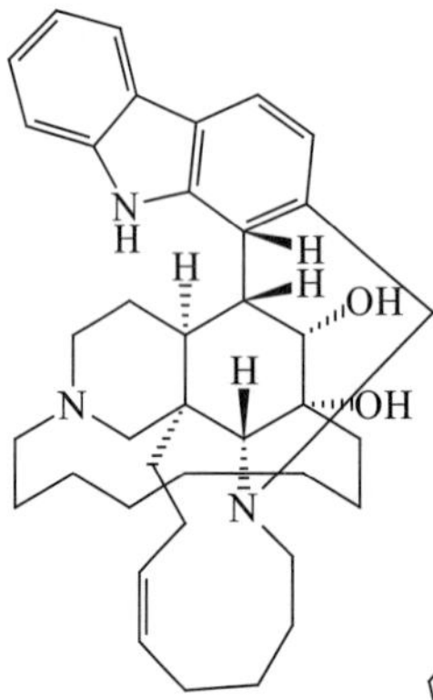

maeganedin

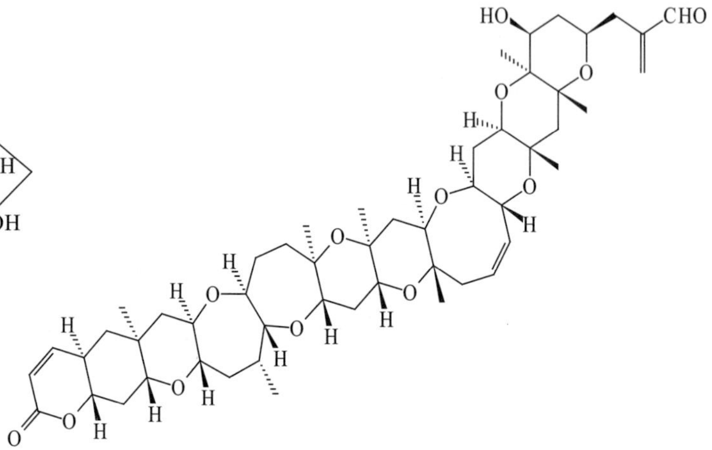

短裸甲藻毒素（brevetoxin B）

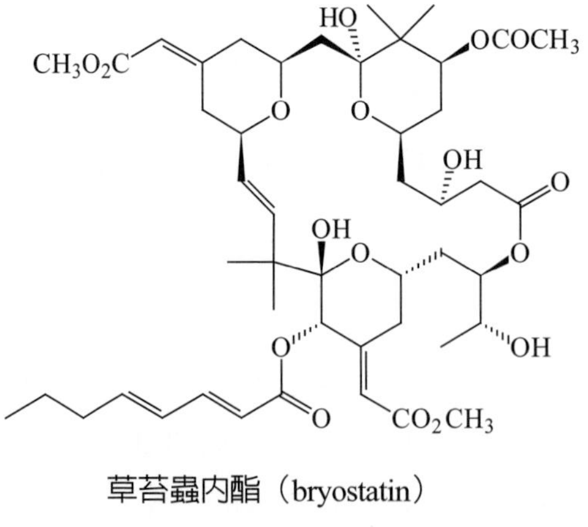

草苔蟲內酯（bryostatin）

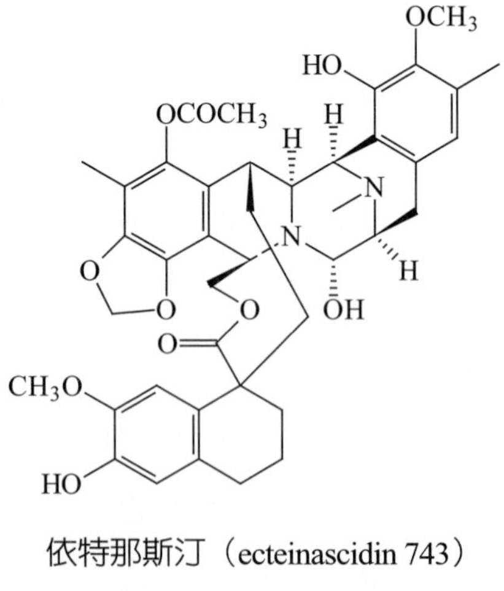

依特那斯汀（ecteinascidin 743）

海洋天然產物研究的範圍主要包括海洋植物、低等無脊椎動物和微生物三大族群。由於生態環境的巨大差異，海洋生物的次生代謝產物無論結構還是生理功能均與陸地生物有很大的不同，主要表現在分子骨架的重排、遷移和高度氧化，分子結構龐大、複雜、分子中手性原子多。海洋天然有機化合物的類型包括萜類、甾體、生物鹼、多肽、大環內酯、前列腺素類似物、聚多烯炔化合物、聚醇和聚醚等。海洋次生代謝產物結構中往往含有一些獨特的化學官能基團。例如，多鹵素取代的化合物；含硫甲胺基化合物；含腈基、異腈基、異硫腈基的倍半萜和二萜等。許多化合物如以 **maeganedin** 爲代表的大環二胺類海洋生物鹼的生物合成途徑，至今仍不清楚。一些著名的海洋天然產物例如**短裸甲藻毒素（brevetoxin B）、岩沙海葵毒素（palytoxin）**和**草苔蟲內酯（bryostatin）**都是通過化學鑑定結合波譜技術（包括單晶 X 光射線繞射）才成功確定其結構的範例。

許多海洋化合物顯示多元化的生物活性，其中以抗炎和細胞毒性尤爲突出。美國國立衛生研究院（NIH）癌症研究所（NCI）每年投於海洋藥物研究的經費占全部天然藥物研究經費的一半以上，他們的巨大投入已獲得豐厚的回報。單單目前正在 NCI 進行臨床療效測試的海洋抗癌藥物就至少有 6 個。例如，**ecteinascidin 743、dolastatin 10、halichondrin B** 等。此外，還有一些很有潛力的海洋藥物候選正在進行臨床前研究。海洋生物活性物質不僅在癌症治療方面可應用，而且在治療其他多種疾病方面都具有巨大的潛力和美好的應用前景。例如，加勒比海的一種柳珊瑚（pseudo pterogorgia elisabethae）中發現的活性成分 **pseudopterosin A** 具有很強的抗炎活性，而被用於皮膚過敏性疾病的治療。以上列舉的幾個例子僅只是 NIH 公開發表過的。事實上，還有很多海洋藥物正處於臨床研究的不同階段。

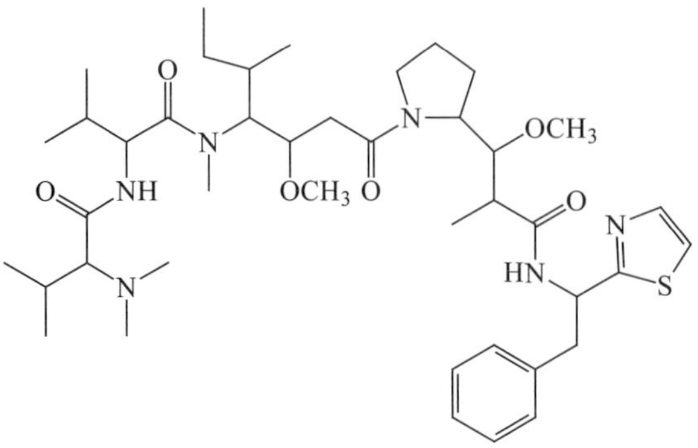

dolastatin 10

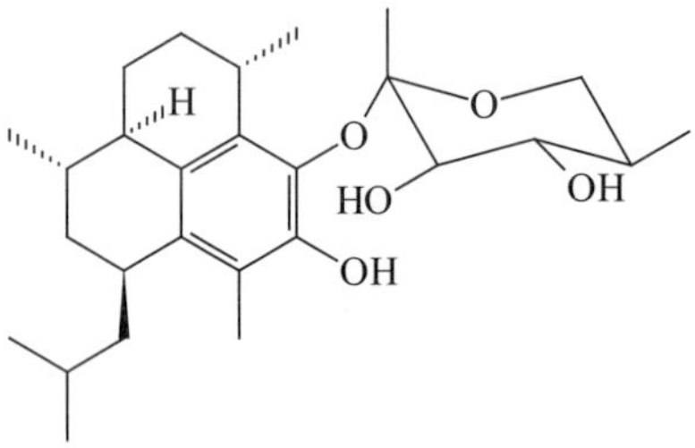

pseudopterosin A

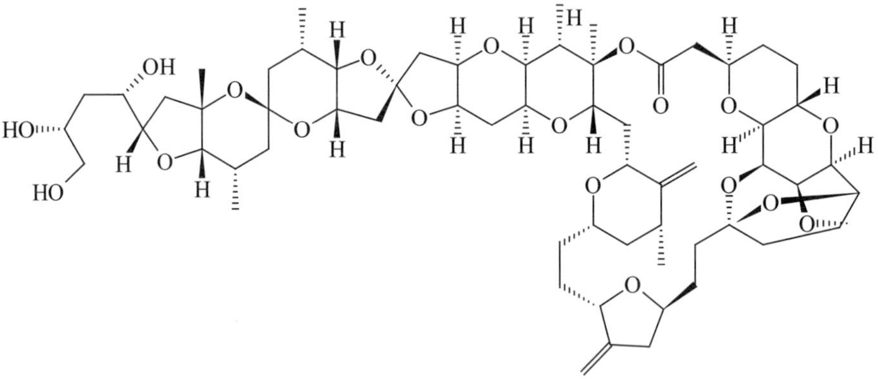

halichondrin B

另外，有不少含鹵化合物的結構是陸地上看不到的，例如：

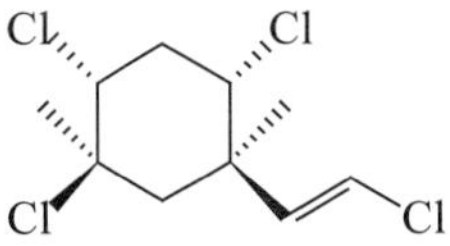

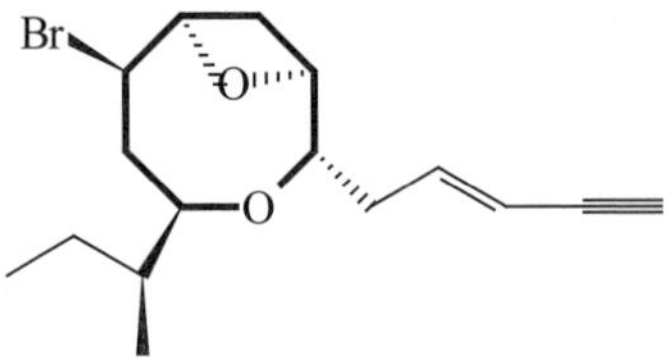

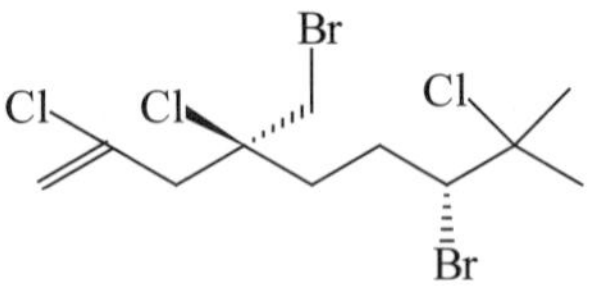

地球上有 80% 的生物生活在海洋中，但已被研究過的尚只有百分之幾。對海洋天然產物的研究不但能促進生物學的發展，也能不斷發現新型

結構的化合物，提出更合理的生物合成途徑，促進食物和醫藥、農藥的發展。例如從海洋異足索沙蠶中分離出一種毒性較大、結構異常簡單的殺蟲有效成分——**沙蠶毒素（nereistoxin）**，日本科學家對其結構與殺蟲效果關係進行詳盡的研究後，從幾百種相關的候選化合物中開發出**巴丹（padan）**這一種藥效廣泛且高效但對人畜無害的農藥，年產量占了日本農藥總耗用量的 20% 以上。這種以具有明顯生理活性的天然產物為先導化合物（lead compounds），加以改造其結構，並合成出結構簡單但具有重要應用價值的類似物的研究思路和方法，也是有機合成化學和天然產物化學的一個重要研究領域。

巴丹（padan）　　　　　　　　　　沙蠶毒素（nereistoxin）

　　又如，從生源合成的角度而言，萜類化合物在陸地上多是由質子誘導環化而成，而海洋萜類化合物卻主要是由鹵離子，尤其是 Br- 誘導而形成的：

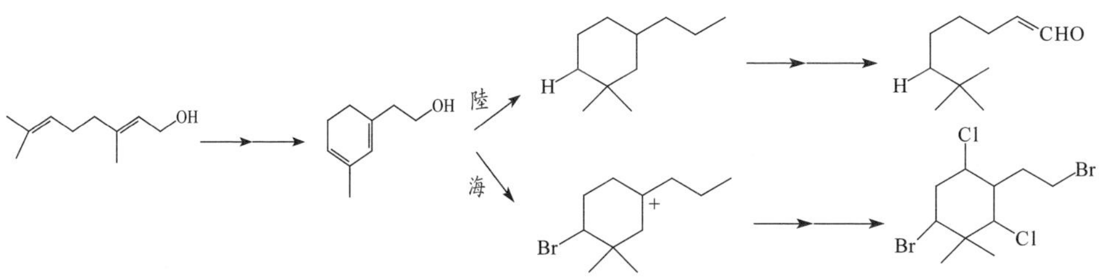

　　許多海洋天然產物具有特殊的生理功能。據報導，美國國立腫瘤研究所每年篩選萬種新的抗腫瘤藥物，其中一半以上來自海洋產物。許多海洋

天然產物有毒，但實際上許多抗腫瘤的活性物質都有一定的毒性。20 世紀 60 年代對**河豚毒素（tetrodotoxin, TTX）**和 70 年代對**岩沙海葵毒素（palytoxin, PPX）**的研究與發展就是最具代表性之一。

　　海洋還是一個極大的醫藥寶庫，從中人類已經得到許多有效的藥物，可用於治療心律不整、結核病和抗病毒作用等，又如深海魚油被認為具有改善記憶和強健大腦及調節血脂的作用，而成為一個受到矚目的新保健藥品。海洋是地球上生命的發源地，目前海洋天然產物的研究集中於以下幾方面。一為海洋毒素，海洋毒素對海洋的生態環境有顯著的影響，會引起海洋生物死亡並隨食物鏈影響人類食物，研究海洋毒素是了解海洋生態機制的重要組成部分，可以為生理和藥理研究提供工具。另一個領域是海洋藥物，人們有信心期待著從海洋生物中不斷找到結構新穎、帶有奇特官能基團和特殊生理作用的物質。此外，發現新的海洋有機物的代謝產物，找到活性化合物的起源微生物，通過培養和發酵技術來生產這些生理活性物質；利用海洋天然產物作為生化探針去研究基本細胞生化過程的研究等，也愈來愈受到重視。

習題

1. 何謂鞣質？有何分類及生理功能？
2. 請舉例一個你（妳）知道的去除鞣質的方法。
3. 未交配的梨小食心蟲雌蟲腹端可以釋放出一種能夠引誘雄蟲的昆蟲信息素，人們曾經合成該信息素用於對該害蟲的防治。請說明昆蟲信息素的種類及特性。

4. 海洋的面積約占地球表面積的 70% 左右，海洋中的動物和植物遠比陸
   地上的多，計有 30 門 50 萬種以上。請舉例一個已可應用的海洋天然產
   物並說明其特性。

📖 參考文獻

1. 化妝品衛生管理條例暨有關法規，行政院衛生福利部，2000。

2. 劉成梅、游海著，天然產物有效成分的分離與應用，化學工業出版社，2003。

3. 李炳奇、馬彥梅著，天然產物化學，化學工業出版社，2010。

4. 劉相、汪秋安著，天然產物化學第二版，化學工業出版社，2010。

5. 楊世林、楊學東、劉江雲著，天然產物化學研究，科學出版社，2009。

6. R. H. Thomson (ed.). The Chemistry of Natural Products. London: Blackie Academic and professional, 1993.

7. Richard J. P. Cannell (ed.). Natural Products Isolation. Totowa, New Jersey: Humana Press Inc, 1998.

8. 徐雅芬、羅淑慧著，天然萃取物應用在保健品、化妝品及醫藥產業之發展契機，生物技術開發中心，2006。

9. 何士慶、蘇淑茵、劉祖惠著，中草藥化妝保養品之研究與應用，科技圖書股份有限公司，2006。

10. 張效銘、趙坤山著，化妝品原料學第二版，滄海圖書資訊股份有限公司，2015。

11. 董雲發、凌晨著，植物化妝品及配方，化學工業出版社，2005。

12. 黃建材，生藥學，國興出版社，1990。

13. 施明智、蕭思玉、蔡敏郎著，食品加工學，五南圖書出版公司，2013。

14. 劉華鋼著，中藥化妝品學，中國中醫藥出版社，2006。

15. 張效銘、趙坤山著，化妝品基礎化學，滄海圖書資訊股份有限公司，2015。

16.趙坤山、張效銘著，李慶國校訂，化妝品化學第二版，五南圖書出版股份有限公司，2016。

17.羅怡情著，化妝品成分辭典，聯經初版社，2005。

18.王理中、王燕，英漢化妝品辭典，化學工業出版社，2001。

　天然物有效成分的萃取與分離技術

單元一：回流萃取技術

　　回流萃取技術是利用乙醇等易揮發的有機溶劑對天然物有效成分進行萃取，當浸出液在萃取罐中受熱後蒸發，蒸氣被引入到冷凝管中再次冷凝成液體，回流到萃取罐中繼續進行浸取原料，這樣周而復始，直到有效成分回流萃取完全的方法。由於浸出液在萃取罐中受熱時間較長，受熱易破壞原料成分的浸出則不適合此方法。

　　一般少量操作時，可將藥材粗粉裝入適宜的燒瓶中（藥材的分量爲燒瓶容量的 1/3～1/2），加溶劑使其浸過藥材面 1～2 公分高，燒瓶上接一冷凝器，實驗室多採水浴加熱，沸騰後溶劑蒸汽經過冷凝器冷凝又流回燒瓶中，如此回流 1 小時，濾出萃取液，加入新溶劑重新回流 1～2 小時。如此再反覆兩次，合併萃取液，蒸餾回收溶劑可得濃縮萃取物。此方法效率較冷滲漉法高，但溶劑消耗量大，操作麻煩，大量生產中較少被採用（大量生產中多採用連續萃取法）。

　　爲了彌補回流萃取法中需要溶劑量大、操作較繁瑣的不足，可採用循環萃取法。實驗室常用蒸發脂肪萃取器或稱索氏萃取器。應用揮發性有機溶劑萃取中草藥有效成分，不論小型實驗或大量生產，均以連續萃取法較好，且需要的溶劑量較少，萃取成分也較完全。連續萃取法，一般需要數

小時（6～8 小時）才能萃取完全，遇熱不穩定易變化的成分也不宜採用
此法。圖 1-1 是實驗室熱回流萃取與循環萃取裝置圖。

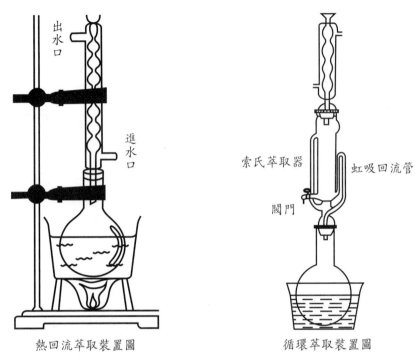

出水口

進水口

索氏萃取器

虹吸回流管

閥門

熱回流萃取裝置圖　　　　　循環萃取裝置圖

圖 1-1　熱回流萃取及循環萃取裝置圖

　　回流萃取法基本上是浸漬法，可以分為熱回流萃取和循環萃取，特點
是溶劑可循環使用，浸取更加完全。缺點是由於加熱時間長，故不適用於
熱敏感性藥材和揮發性藥材的萃取。生產中進行回流萃取的裝置是多功能
萃取罐，圖 1-2 是多功能中草藥萃取罐和回流萃取示意圖。

　　目前，中草藥萃取生產技術及裝備多採用傳統的萃取技術，主要有以
下幾種：煎煮萃取、循環回流萃取、滲漉萃取、逆流罐組萃取等。都是在
封閉環境中完全浸出，隨著浸出過程的進行，浸出液濃度加大、藥材濃度

降低（指藥材中可溶性物質濃度），浸出速率的速度減慢，並逐步達到平衡狀態。因此要保持穩定的浸出速率，必須更新溶劑以替換已近飽和的浸液。這些技術還存在著難以避免的缺點：①萃取效率低，藥材浪費大。②萃取時間長。③出液係數大，加重後續處理負擔，能量耗費大。④批次之間差異大。⑤屬於間歇操作、操作條件較差。

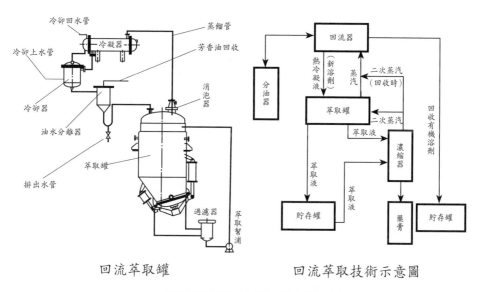

回流萃取罐　　　　　　　　回流萃取技術示意圖

圖 1-2　回流萃取罐及回流萃取技術示意圖

　　該設備的設計基於高效率的連續逆流浸出原理，主要設備由螺旋送料器，螺旋推進式連續逆流浸出槽（外設蒸氣加熱夾套），有獨特設計的連續固─液分離結構，可連續排渣構造及傳動馬達等構造，並可以選擇電腦主機控制。連續逆流萃取過程如圖 1-3。

　　待萃取固體物料（中藥材或天然物）從送料器上部料斗加入，由螺旋送料器不斷地送至浸出槽底端，浸出槽中螺旋推進器將固體物料平穩地推向上方的過程中，有效成分被連續地浸出，殘渣由上方排渣構造排出，

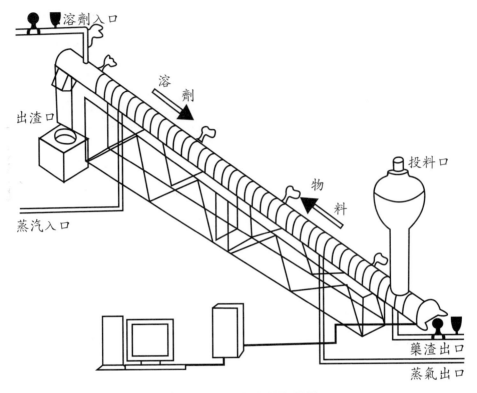

溶劑入口

溶
劑

出渣口

投料口

蒸汽入口

物
料

藥渣出口

蒸氣出口

圖 1-3　連續逆流萃取過程

同時溶劑從浸出槽上方進入，滲透固體物料走向底端的過程中濃度不斷加大，萃取液經由槽底端固一液分離構造導出。

　　整個萃取過程中，由電腦主機自動控制，固體物料和溶媒始終保持相對運動並均勻受熱，連續更新不斷擴散的界面。始終保持理想的物料一濃度差（梯度），有效成分萃取效率大，萃取速度快。出液係數小（一般控制在 6〜12 倍之間），而多功能萃取罐出液係數大（一般控制在 18〜30 倍之間），節省多餘部數溶劑加熱所需的蒸氣消耗，同時可大幅減少濃縮時間和蒸氣消耗，提高蒸氣設備的利用率。萃取相同數量和品種的中藥材時，使用該設備所需要的萃取時間明顯少於多功能萃取罐萃取時間（一般

減少 50% 以上），並節省多餘時間進行溶劑加熱所需的蒸氣消耗。加熱溫度自動控制，節省蒸氣消耗。透過實際生產數據分析，使用該設備總體上可節省的能量相當於多功能萃取罐所消耗的 50%。

由於採用高效連續逆流萃取技術，萃取速度快。開機後可連續生產，因而處理量大，效率高。免除多功能萃取罐間歇生產過程中加料、預熱、換溶劑、出渣等程序所花費的額外時間。

單元二：超音波萃取技術

超音波萃取技術（ultrasound extraction, UE）是利用空洞效應所產生強大的脈衝波，來增強萃取效果的技術。超音波是指任何聲波或振動，其頻率超過人類耳朵可以聽到的最高閾值 20 千赫。某些動物，例如狗、海豚及蝙蝠可以聽到超音波。亦有人利用這個特性製成能產生超音波的犬笛來呼喚狗隻。

超音波可以用於殺菌、清洗、萃取等加工程序。音波的傳遞依照正弦曲線縱向傳播，即一層強一層弱，依次傳遞。當弱的音波信號作用於液體中時，會對液體產生一定的負壓，則液體體積增加，液體中分子空隙加大，形成許多微小的氣泡，當強的音波信號作用於液體時，會對液體產生一定的正壓，則液體體積被壓縮減小，液體中形成微小氣泡被壓碎。液體中每個氣泡的破裂會產生能量極大的衝擊波，相當於瞬間產生數百度的高溫和高達上千的大氣壓，這種現象被稱為「**空洞現象**」。利用氣泡崩壞瞬間發生的衝擊力，破壞細菌細胞膜，而達到殺菌的效果，以此物理方法比紫外線殺菌更為有效，但超音波只適合於液體食品或藥材的殺菌（如圖 2-1 所示）。除物理作用外，超音波也會產生化學效應，其對高分子化合物具有分解作用，主要是超音波可引起有機體中產生高速振動，使分子間

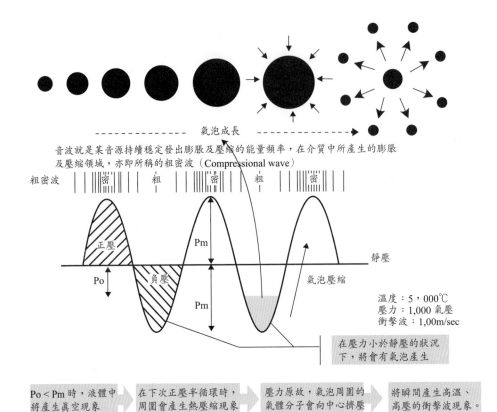

音波就是某音源持續穩定發出膨脹及壓縮的能量頻率，在介質中所產生的膨脹及壓縮領域，亦即所稱的粗密波（Compressional wave）

溫度：5,000℃
壓力：1,000 氣壓
衝擊波：1,00m/sec

在壓力小於靜壓的狀況下，將會有氣泡產生

Po＜Pm 時，液體中將產生真空現象 ➡ 在下次正壓半循環時，周圍會產生熱壓縮現象 ➡ 壓力原故，氣泡周圍的氣體分子會向中心擠壓 ➡ 將瞬間產生高溫、高壓的衝擊波現象。

圖 2-1　超音波萃取原理

產生摩擦力，而使聚集的高分子遭到破壞。也可使澱粉變成糊精、蛋白質凝固等，也為超音波可殺菌原因之一。

常見超音波之應用包括：

1. **清洗**：清除污染物，疏通細小孔洞。

2. **超音波攪拌**：加快溶解、提高均勻度、加快物理化學反應、防止腐蝕、加速油水乳化。

3. **凝聚**：加快沉澱、分離，例如種子浮選、飲料除渣等。

4. **殺菌**：殺死細菌及有機污染物，例如污水處理除氣等。

5. **粉碎**：降低溶質顆粒細微性，例如細胞粉碎、化學檢測等。

　　超音波也可以用於增強萃取效果，主要是利用空洞效應所產生強大的脈衝波。由於超音波頻率高時，波長短、穿透力強，因此可以使萃取液達到充分混合接觸，增加萃取效果。然而當逐漸提高超音波頻率時，氣泡數量隨之增加而爆破衝擊力相對減弱，所以在高頻超音波（高於 100 kHz）時並不能提高萃取效率。現在一般採用中頻超音波（約 30～70 kHz）作為最佳操作條件。實驗室廣泛使用的超音波萃取機器（圖 2-2）是將超音波換能器（transducer）產生的超音波通過介質（通常是水）傳遞，並作用於樣品，這是一種間接的作用方式，聲波強度較低，萃取效率也會降低。

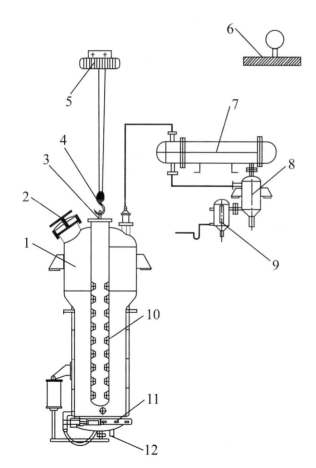

1- 萃取罐主體
2- 投料口
3- 超音波電源接口
4- 吊環
5- 電源
6- 超音波發生代蓋板
7- 冷凝器
8- 冷卻器
9- 油水分離器
10- 超音波發生器
11- 帶三層濾網出流門
12- 出液口

圖 2-2　超音波萃取器示意圖

　　利用超音波萃取的實例有，利用超音波萃取啤酒花。近年來，健康食品和中草藥的需求和抗癌新藥的尋找，愈來愈多運用超音波萃取。應用高強度、高能量的超音波，可以從各種食品、中草藥中萃取出包括各種生物檢、類黃酮、多糖類、蛋白質、葉綠素和精油等具有生物活性的物質。超音波萃取提供一個改良傳統溶劑萃取的缺點，減少處理時間和溶劑使用量並得到高產率。它能在低溫下操作，以減少溫度所造成的熱損失，亦可避免沸點物質揮發和具有生物活性物質的失去活性。

單元三：微波萃取技術

　　微波萃取技術（**microwave extraction method**）是利用微波能提高萃取效率的一種新技術。微波是一種電磁幅射，例如 X 射線、γ 射線、紫外線、光、無線電波和雷達，微波一般是 300 MHz～300 GHz 周波數的電磁波，波長約 15 公分（6 英吋），可被人體和有水分的食物吸收。微波是一種具有很大穿透力的高頻率電磁能量，可以自由地在空間中傳播，遇到金屬面會反射，可在介電質中轉換成熱能。介電質中不同組成的介電常數、比熱容、含水量不同，吸收微波熱能的程度不同，由此產生的熱量和傳遞給周遭環境的熱量也不相同。在微波萃取過程中，溶劑的極性對萃取效率有很大的影響。

一、微波的特性與原理

　　1. **微波特性**：微波與光線相同為直線前進，具有穿透、反射、吸收三種特性。

　　(1)**穿透**：具有直進性，會穿透空氣、玻璃、陶磁器、塑膠、紙張及冰等物質。

　　(2)**反射**：碰到金屬會反射產生放電，損壞磁控管。因此在微波爐內

烹煮食品不能使用金屬容器。

(3)**吸收**：不會被空氣、玻璃、陶器、塑膠類吸收，但水、食品、橡膠、美耐皿等則會吸收微波而產生熱量。

2. **微波加熱原理**：微波爐內產生的交流電磁場會使食物中的極性分子（水）和離子（食鹽）受刺激而旋轉和碰撞。當中有兩種主要方法：極性相互作用和離子相互作用，造成微波在食物中產生熱能（圖 3-1）。

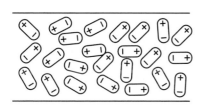 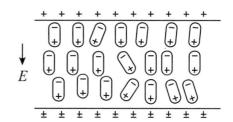

圖 3-1　電磁場中水被極化示意圖

　　食物或藥材一旦吸收微波的能量，食物或藥材中的極性分子（水）便會隨著交流電磁場旋轉。水具有電極性，一端帶正電荷，一端帶負電荷。水分子的電極通常排列很紊亂，微波爐運作時，爐內電場產生，水分子在電場中受到力矩作用，電偶極會朝向電場方向排列。當電場方向不斷改變時，水分子的方向也一直改變，不斷旋轉，水分子旋轉就會產生烹煮的熱能。此外，食物或藥材中的離子化合物（鹽）亦會因電磁場而加速，撞擊其他分子產生熱能。食物含鹽量高，加熱速度亦會增加。油分子比水分子極性低，比熱是水的一半，故高脂食物加熱速度快。

二、微波加工的優缺點

1. **優點**：包括加熱速度快、選擇性加熱、高熱傳導效率及操作簡

便。微波可以穿透包裝膜，因此包裝後食品亦可用微波加熱殺菌。與傳統烤箱比較，不容易產生致癌物（雜環胺、多環芳香族碳氫化合物、亞硝胺）。

2. **缺點**：不可用誘電物質、金屬加熱，加熱物質大小、形狀受制於電的性質及設備費較高，不容易產生傳統燒烤特有的香味與顏色。由於食品或藥材受熱內外同時發生，水分容易散失，造成產品較乾且容易加熱不均勻。

三、微波萃取的應用

在微波萃取技術中，在溶劑水和細胞內水分同時吸收微波以及微波輔助設備的放大問題，解決此問題可以採用破壁—浸取聯合技術，先用微波處理濕潤的乾藥材，再用有機溶劑浸取。微波萃取以其快速的萃取速度和較好的萃取物質量成為天然植物有效成分萃取的有力工具。

單元四：超臨界流體（SFE）萃取分離法

一、超臨界流體定義

一般物質可以分為固相、液相和氣相三態，當系統溫度及壓力達到某一特定點時，氣—液兩相密度趨於相同，兩相合併成為一均勻相。此一特點稱為該物質的**臨界點（critical point）**。所對應的溫度、壓力和密度則分別定義為該物質的臨界溫度、臨界壓力和臨界密度。高於臨界溫度及臨界壓力的均勻相則為**超臨界流體（supercritical fluid）**（圖 4-1）。常見的臨界流體包括二氧化碳、氨、乙烯、丙烯、水等。超臨界流體之密度近於液體，因此具有類似液體之溶解能力；而其黏度、擴散性又近於氣體，所以質量傳遞較液體快。超臨界流體之密度對溫度和壓力變化十分敏感，且

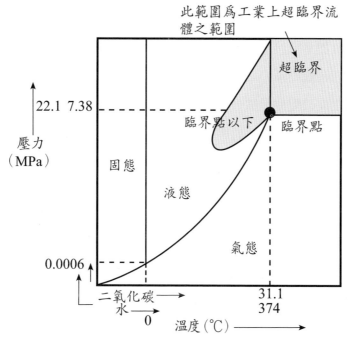

圖 4-1　二氧化碳之壓力—溫度三相圖

溶解能力在一定壓力範圍內成一定比例，所以可利用控制溫度和壓力方式改變物質的溶解度。

　　目前以二氧化碳為超臨界流體的研究較多，因為無毒、不燃燒、對大部分物質不產生反應、廉價等優點。二氧化碳之超臨界狀態下為 74 atm，31℃。此時，二氧化碳對不同溶質的溶解能力差別很大，此與溶質極性、沸點和分子量有關：

- 親脂性、低沸點成分可在低壓萃取（104 Pa）。
- 化合物的極性官能基愈多，就愈難萃取。
- 化合物分子量愈高，愈難萃取。

二、超臨界流體萃取的基本原理

超臨界流體萃取具備蒸餾與有機溶液萃取的雙重效果，無殘留萃取溶劑的困擾。在超臨界區中之擴散係數高、黏度低、表面張力低、密度亦會改變，可藉由此改變促進欲分離物質之溶解，藉以達到分離效果。二氧化碳臨界流體具有很大的溶解力與物質的高滲透力，在常溫下將物質萃取且不會與萃取物質起化學反應。物質被萃取後仍可確保完全的活性，而且萃取完畢只要於常溫常壓下二氧化碳就能完全揮發，沒有溶劑殘留問題。可用於對溫度敏感的天然物質萃取，例如中藥與保健食品萃取與藥品純化。

三、超臨界流體萃取的特點

1. **萃取和分離同時進行**：當飽含溶解物的 CO_2 超臨界流體流經分離器時，由於壓力下降使得 CO_2 與萃取物迅速成為兩相（氣液分離）而分開，故回收溶劑方便。同時不僅萃取效率高，且能源消耗較少。

2. **壓力和溫度可以成為調節萃取的參數**：臨界點附近，溫度與壓力的微小變化，都會引起 CO_2 密度顯著變化，從而引起待萃取物的溶解度發生變化，故可利用控制溫度或壓力的方法達到萃取目的。例如，將壓力固定，改變溫度可將物質分離；反之溫度固定，降低壓力可使萃取物分離。

3. **萃取溫度低**：CO_2 的臨界溫度為 31℃，臨界壓力為 7.18 MPa，可以有效地防止熱敏感性成分的氧化和破壞，完整保留生物活性，且能把高沸點、低揮發性、易熱分解的物質在其沸點溫度下萃取出來。

4. **無溶劑殘留**：超臨界 CO_2 流體常態下是無毒氣體，與萃取物成分分離後，完全沒有溶劑的殘留，避免傳統萃取條件下溶劑毒性殘留問題。同時防止萃取過程對人體的毒害和對環境的污染。

5. **超臨界流體的極性可以改變**：在一定溫度下，主要改變壓力或加入適當修飾劑即可萃取不同極性的物質，可選擇範圍廣。

6. **超臨界萃取為無氧化萃取**：不與空氣接觸，不會引起氧化酸敗。

單元五：溶劑萃取分離技術

用溶劑浸萃取天然有效成分後，由於這種浸提物仍是混合物，還必須進一步分離純化。分離純化的原理主要根據目標產物與其他雜質成分物化特性差異而進行，這種差異愈大，分離純化愈容易，故在物化特性的幾個方面都有差異時，必須根據天然物有效成分特性而有所選擇。

一、兩相溶劑萃取法

簡稱萃取法，是利用混合物中各成分在兩種互不相溶的溶劑中分配係數的不同而達到分離的方法。萃取時如果各成分在兩相溶劑中分配係數相差愈大，則分離效率愈高。如果在水萃取液中的有效成分是親脂性物質，一般多用親脂性有機溶劑，例如苯、氯仿或乙醚進行兩相萃取。如果有效成分是偏親水性物質，在親脂性溶劑中難溶解，就必須改用弱親脂性的溶劑，例如乙酸乙酯、丁醇等。還可以在氯仿、乙醚中加入適量乙醇或甲醇以增大其親水性。

萃取黃酮類成分時，多用乙酸乙酯的兩相萃取。萃取親水性強的皂甘則多選用正丁醇、異戊醇和水進行兩相萃取。不過一般有機溶劑親水性愈大，與水作兩相萃取的效果就愈不好，因為會使較多親水性雜質伴隨而出，對有效成分進一步精製的影響很大。

二、兩相溶劑萃取的概念

1. 分配係數 K_0：在一定溫度，壓力下，溶質分配在兩個互不相溶的溶劑中達到平衡後，它在兩相中的濃度之比為常數 K_0，這個常數即稱為

分配係數。

$$K_0 = C_L / C_R = 萃取相濃度 / 萃餘相濃度$$

2. 在溶劑萃取中，含目標物的被萃取溶液稱爲料液（F），其中欲萃取的物質稱爲溶質，用以進行萃取的溶劑稱爲萃取劑（溶劑）（S）。

3. 經接觸混合分相後，大部分溶質轉移到萃取劑中，得到的溶液稱爲萃取液（L），被萃取出的溶質的料液稱爲萃餘液（R）。

4. 選擇性或分離程度的高低，用分離因素 β 表示：

$$\beta = (C_{L目} / C_{R目}) / (C_{L雜} / C_{R雜}) = K_目 / K_雜$$

β 被定義爲目的物與雜質分配係數之比值愈大，分離效果愈好，得到的產品愈純。

5. P（萃取百分率）

$$P = A 在有機相中的總量 / A 在兩相中的總量和$$

6. E 稱爲萃取因素，如分配係數爲 K，料液的體積爲 VF，溶劑的體積爲 Vs，則經過萃取後，溶質在萃取相與萃餘相中的數量（質量或摩爾）之比值。

$$E = K (V_S / V_F)$$

三、萃取劑的選擇原則

- 溶劑與被萃取的液相互溶度要小，黏度低，界面張力適中，使相的分散和兩相分離有利。
- 溶劑的回收和再生容易，化學穩定性好。
- 溶劑價廉易得，安全性好，例如閃點高，低毒性。

• 應用溶劑萃取法分離純化茶多酚時，選用乙酸乙酯作萃取液。

四、萃取方式，包括三個過程。

• **混合**：料液和萃取劑密切接觸。

• **分離**：萃取相與萃餘相分離。

• **溶媒回收**：萃取劑從萃取相（有時必須從萃餘相）中除去，並加以回收。

因此在萃取流程中必須包括混合器，分離器與回收器。溶劑萃取的基本流程，如圖 5-1 所示。

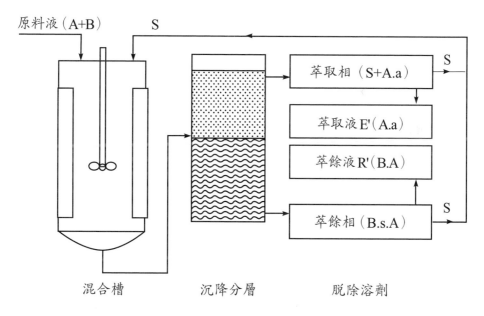

圖 5-1　溶劑萃取的基本流程

五、液液萃取塔試流程裝置

如圖 5-2 所示。

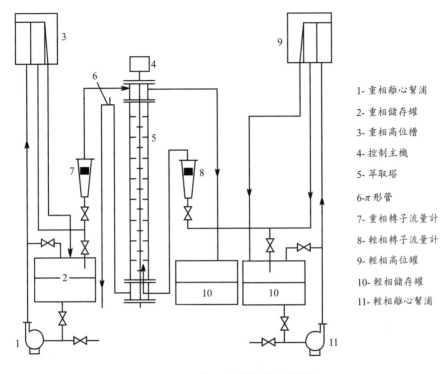

1- 重相離心幫浦

2- 重相儲存罐

3- 重相高位槽

4- 控制主機

5- 萃取塔

6-π 形管

7- 重相轉子流量計

8- 輕相轉子流量計

9- 輕相高位罐

10- 輕相儲存罐

11- 輕相離心幫浦

圖 5-2　液―液萃取塔流程圖

　　萃取塔為漿葉式旋轉萃取塔。塔身為硬質硼矽鹽玻璃管，塔頂和塔底的玻璃管端擴口處，分別通過增強酚醛壓塑法，橡皮圈、橡皮墊片與不鏽鋼法連接。塔內有 16 個環形隔板將塔分為 15 段，相鄰兩隔板的間距為 40 mm，每段的中部位置各有在同軸上安裝的由 3 片漿葉組成的攪動裝置。攪拌轉軸的底端有軸承，頂端亦經軸承穿出塔外與安裝在塔頂上的電機主軸相連。操作時的轉速由指示儀表給出相應的電壓。在塔的下部和上部輕重兩相的入口管分別在塔內向上或向下延伸 200 mm，分別形成兩個分離段，輕重兩相將在分離段內分離。萃取塔的有效高度 H 則為輕相入口管管口到兩相界面之間的距離。

單元六：大孔吸附樹酯分離技術

　　大孔吸附樹脂是一種不含交換基團的具有大孔結構的高分子吸附劑，也是一種親脂性物質。大孔樹脂在乾燥狀態下其內部具有較高的孔隙率，且孔徑較大，在 100～1000 nm 之間，故稱為大孔吸附樹脂。大孔吸附樹脂多為白色球狀顆粒，粒度多為 20～60 目，依據極性分為極性、中極性和非極性。目前常用的的為苯乙烯型和丙烯腈型，它們的理化性質穩定、對有機物的選擇性好、不受強離子、低分子及無機鹽的影響。大孔吸附樹脂由於凡得瓦引力或產生氫鍵作用，導致其具有吸附性。同時，又由於自身多孔性結構使其具有篩選特性。根據分離化合物的大致結構特性來確定分離條件，首先要知道分離化合物分子體積的大小，其次要知道分子中是否具有酚羥基、羧基或鹼性氮原子等。

一、大孔吸附樹脂法原理

　　大孔吸附樹脂（macroporous adsorption resin） 為吸附和分子篩原理相結合的分離材料，它的吸附性是由於凡得瓦引力或生成氫鍵的結果。篩選原理是由本身多孔性結構所決定。由於吸附和篩選原理，有機物根據吸附力的不同及分子量的大小在大孔吸附樹脂上經一定的溶劑洗脫而分開，這使得有機化合物尤其是水溶性化合物的萃取，得以大大地簡化。

　　大孔吸附樹脂可以有效地吸附具有不同化學特性的各類型化合物，具有各種不同的表面特性。例如，疏水性的聚苯乙烯，能將低極性有機化合物吸附，主要依靠分子中的親脂鍵、偶極離子和氫鍵的作用，這種吸附力的特點是解吸容易。當吸附過程以親脂鍵為主時，隨著被吸附的分子量增大，吸附量也隨著增加。吸附劑的表面積愈大，吸附量愈高。但對一些有機分子立體結構較大的化合物要考慮樹脂的孔徑，使分子能進入顆粒間

隙。大孔吸附樹脂具有選擇性好、機械強度高、再生處理方便、吸附速率快等優點，因此適合從水溶液中分離低極性或非極性化合物，組成分之間極性差別愈大，分離效果愈好。

二、大孔樹脂分類

大孔吸附樹脂依據極性大小和所選用的單體分子結構不同，可以分為非極性、中極性和極性等三類。

1. **非極性大孔吸附樹脂**：非極性大孔吸附樹脂是由偶極距很小的單體聚合製得，不帶任何功能基團，孔表面的疏水性較強，可以通過與小分子內的疏水部分作用吸附溶液中的有機物，適合用於在極性溶劑中吸附非極性物質。常見的有苯乙烯、二乙烯苯聚合物等。

2. **中極性大孔吸附樹脂**：中極性大孔吸附樹脂是含有酯基吸附樹脂，以多功能基團的甲基烯酸酯作為交聯劑。表面兼有疏水和親水兩種功能，既可以在極性溶劑中吸附非極性物質，又可以在非極性溶劑中吸附極性物質。例如，聚丙烯酸酯型聚合物。

3. **極性大孔吸附樹脂**：極性大孔吸附樹脂是含醯胺基、氰基、酚羥基等極性功能基團的吸附樹脂，它們通過靜電相互作用吸附極性物質。例如，丙烯醯胺。

三、大孔樹脂預處理與再生

大孔吸附樹脂預處理時，通過乙醇（或甲醇）與水交替反覆洗脫，可以除去樹脂中的殘留物，一般洗脫溶劑用量為樹脂體積的 2～3 倍，交替洗脫 2～3 次，最終以水洗脫後，保持分離使用前的狀態。樹脂經過多次使用後，吸附能力有所減弱，需要再生處理後繼續使用。再生時一般用甲醇或乙醇浸泡洗滌即可，必要時可用 1 mol/L 鹽酸或氫氧化鈉溶液依次浸

泡，然後用蒸餾水洗滌至中性，浸泡在甲醇或乙醇中備用，使用前用蒸餾水洗滌除盡醇即可使用。

四、大孔吸附樹脂裝置

大孔吸附樹脂裝置如圖 6-1 所示，圖 (a) 為串連數根大孔吸附樹脂管柱之示意圖，圖 (b) 為實際大孔吸附樹脂裝置型態。

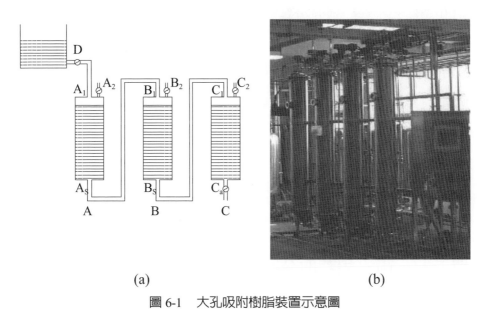

(a)　　　　　　　　　　　　　　　　(b)

圖 6-1　大孔吸附樹脂裝置示意圖

五、具體要注意事項

1. **分子極性大小的影響**：極性較大的化合物一般適合在中極性的樹脂上分離，極性小的化合物適合在非極性的樹脂上分離。

2. **分子體積大小的影響**：在一定條件下，化合物體積愈大，吸附性愈強，分子體積較大的化合物應選擇多孔徑較大的樹脂；對於中極性大孔吸附樹脂來說，被分離化合物分子上能形成氫鍵的基團愈多，在相同條件

下吸附力愈強。對某一化合物吸附力的強弱最終取決於上述綜合因素。

3. **pH 值的影響**：被分離溶液的 pH 值對化合物的分離效果相當重要。一般情況下，酸性化合物在適當酸性體系中易被充分吸附；鹼性化合物則相反（特殊要求例外）；中性化合物在大約中性的情況下吸附分離較好。

4. **被分離成分的前處理**：利用大孔吸附樹脂進行萃取純化時，必須配合一定的前處理工作。例如，欲分離的天然產物萃取液預先沉澱處理、pH 值調整、過濾等，使部分雜質在前處理過程中除去。

5. **脫洗液的選擇**：可使用水、乙醇、甲醇、丙酮、乙酸乙酯以及酸鹼溶液等。根據吸附強弱選用不同的脫洗溶劑及脫洗濃度。對非極性大孔樹脂，脫洗溶劑極性愈小，脫洗能力愈強；對於中極性大孔樹脂和極性較大的化合物而言，選用極性較大的溶劑較爲適合。

6. **樹酯管柱的清洗**：樹脂吸附化合物洗脫後。在樹脂表面或內部還殘留許多雜質成分，這些雜質必須在清洗過程中盡量洗去，否則會影響樹脂的吸附能力。

單元七：兩水相萃取分離法

一、兩水相萃取技術的基本原理

1. **兩水相的形成**：由於高聚物分子間的空間障礙作用，相互無法滲透，不能形成單一穩定相，從而具有分離傾向，如將兩種不同的水溶性聚合物的水溶液混合時，當聚合物濃度達到一定值，體系會自然地分成互不相溶的兩相，從而形成兩水相體系。

2. **萃取原理**：圖 7-1 爲 PEG/Dextran 體系相圖，通常兩種聚合物能與水無限混合，當組成體系在圖中曲線的上方時（用點 M 表示）就會分成

兩相；上項組分用點 T 表示，曲線 TCB 稱爲結線，直線 TMB 稱爲系線。結線上方是兩相區，下方爲單相區；所有組成在系統上的點，分爲兩相後，其上下相組成分別爲 T 和 B。M 點時兩相 T 和 B 的量之間的關係遵循槓桿定律；又由於兩相的密度與水相近（常在 $1.0 \sim 1.1 \ kg/dm^3$ 之間），故下上相體積之比也近似於系線上 MB 與 MT 線段長度之比。

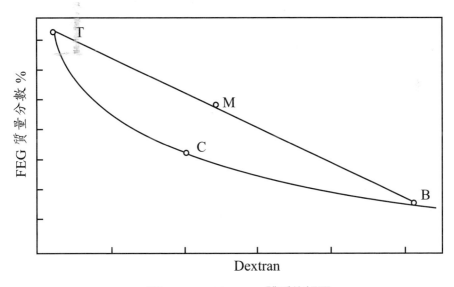

圖 7-1　PEG/Dextran 體系的相圖

　　兩水相體系萃取分離技術的原理是生物活性物質在兩水相體系中的選擇性分配，當生物活性物質（例如酶、核酸、病毒等）進入兩水相體系後，在上相和下相間進行選擇性分配，表現出一定的分配係數，因此兩水相體系對生物活性物質的分配具有很大的選擇性。

二、兩水相萃取技術特點

　　與傳統的水煎醇沉相比，兩水相萃取技術有下列特點：

　　1. 所形成的兩相大部分是水，兩相界面張力很小，爲有效成分的溶

解和萃取提供適合的環境；相際間的質量傳遞快，所需要的操作時間較短。

2. 操作方便，條件溫和，所用的聚合物如聚乙二醇等對活性有效成分有穩定作用；易於工程放大和連續操作，處理量較大。

單元八：薄膜分離技術

傳統分離技術是利用濾紙或濾布將固體—液體分離，大分子的固體留在過濾器上，小分子與液體則穿透過濾器。薄膜分離技術是利用不同成分透膜速率上的差異來達到分離效果，因此所用薄膜必須具選擇性，使某成分優先透過。物質透過薄膜的驅動力可以是濃度差、電位差、溫度差或是壓力差。

一、分類

當所用薄膜的膜孔大小在 0.05～10 μm 之間稱爲微過濾（MF）；膜孔在 1～100 nm 之間稱爲超過濾（UF）；逆滲透（RO）膜的孔徑小於 1 nm，可以阻擋一價離子（Na^+、Cl^-）的透過；奈米過濾（NF）膜孔徑大小介於逆滲透及超過濾膜之間，可阻擋分子量 200～1000 Daltons 間之粒子，可阻擋二價離子。

逆滲透（RO）原理：滲透是指半透膜隔開兩種不同濃度的溶液，其中溶質不能透過半透膜，則濃度較低的一方水分子會通過半透膜到達濃度較高的另一方，直到兩側濃度相等爲止。在還沒到達平衡之前，可在濃度較高的一方逐漸施加壓力，前述水分子移動狀態會暫時停止，此時所需壓力稱爲滲透壓（圖 8-1）。如果施加的力量大於滲透壓時，水的移動會反方向而行，即從高濃度流向低濃度，此現象稱爲逆滲透。逆滲透的純化效果可達離子層面，對於單價離子的排除率可達 90～98%，雙價離子可達

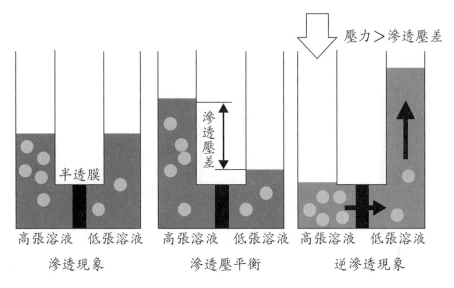

圖 8-1　　滲透現象與逆滲透現象

95～99%（可防止分子量大於 200 Daltons 物質通過），但其操作壓力相當高。

　　電透析的核心為離子交換膜，在直流電作用下，以電位差為驅動力，利用離子交換膜的選擇透過性，把電解質從溶液中分離出來，達到淡化、濃縮或純化目的。其裝置是由許多只允許陽離子通過的陽離子交換膜與只允許陰離子通過的陰離子交換膜組成（圖 8-2）。這兩種膜交替的平行排列在正負電極板之間。

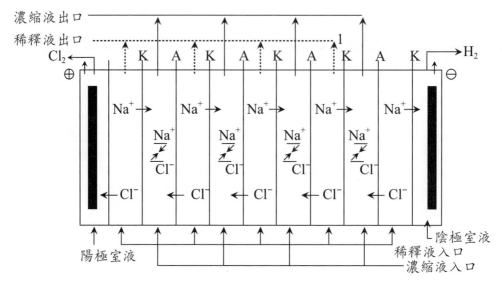

圖 8-2　電透析原理

二、薄膜類型與操作條件

1.薄膜材料

　　薄膜分離之薄膜可分成**親水性**與**疏水性**兩類，須因應原料性質不同而選擇適當之薄膜。

- **纖維素材料**以醋酸纖維素為主，優點為成膜性能佳、抗游離氯及膜不易結垢。缺點是可應用 pH 值範圍窄、不耐化學試劑、易水解及耐溫和抗菌能力差。

- **聚醯胺材料**以芳香族聚醯胺較常見，優點是熱與化學穩定性佳、機械性質佳及良好選擇滲透性。缺點是不耐氧化，膜易結垢及對游離氯非常敏感，易導致醯胺基團降解。

2.薄膜模組

常見薄膜模組可分成板框式、螺捲式、管式、毛細管式及中空纖維式（圖 8-3）。

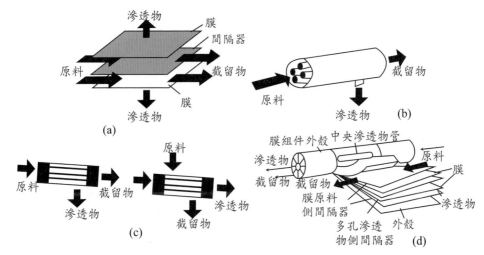

圖 8-3　各種膜示意圖。(a) 板框式；(b) 管狀；(c) 毛細管膜；(d) 螺旋式。

3.操作模式分類

- **垂直式**：流體及伴隨粒子運動方向與膜面垂直，被阻擋的粒子滯留於膜面，其餘通過濾膜成為濾液。隨著膜面粒子附著層的成長，流體流動阻力增加會導致固定壓力下操作過濾速率明顯下降（圖 8-4）。

- **掃流式**：進料流動方向平行於膜面，部分通過薄膜成為濾液，另一部分則流出濾室而濃度提高。由於掃流所誘發的濾面切線剪應力作用會掃除部分傳輸至膜面的粒子，因此當粒子附著成長至一定厚度時，就會停止成長，過濾速率也就不再明顯降低，可維持在高濾速下連續長時間操作（圖 8-4）。

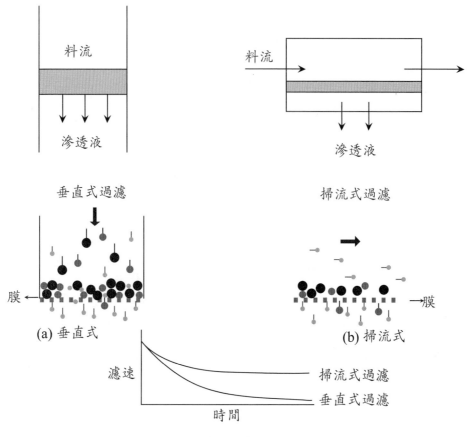

圖 8-4　薄膜過濾操作模式

三、薄膜分離的應用

　　薄膜分離屬於非熱加工技術，主要應用於製造過程中的前處理，去除雜質、除菌、濃縮、澄清、分離，甚至污水處理等。由於在薄膜分離過程中，不涉及相變化及化學變化，具有高效能、節省能源、避免環境污染等特點。

- 在**食品工業上**，可用於果汁、鮮乳、咖啡、茶等熱敏感產品的加工，水處理（廢水處理、海水淡化）、植物蛋白加工、食用膠生產及啤酒生產等方面的應用。
- 以**果汁為例**，膜處理過程中不流失風味、營養並保留產品外觀，同時能降低產品菌數，成品與現榨果汁感官品質並無顯著差異。

單元九：超過濾技術

一、超過濾技術原理

　　超過濾（ultrafiltration, UF）過程通常可以理解成與膜孔徑大小相關的篩分過程。以膜兩側的壓力為驅動力，以超過濾膜為過濾介質，在一定壓力下，當水流過膜表面時，只允許水、無機鹽及小分子物質透過膜而阻止水中的懸浮物、膠體、蛋白質和微生物等大分子物質通過，以達到溶液的淨化、分離及濃縮的目的（如圖 9-1）。

　　超過濾的薄膜孔徑範圍為 0.05～1 μm，典型的應用是從溶液中分離大分子物質和膠體，所能分離的溶質分子質量下限為幾千道耳吞（Dalton，對 1 個分子的質量，用道耳吞表示單位時，其值相當於分子量）。超過濾膜具有不對稱結構，微觀上可以分兩層結構，上層是具有致密的微孔結構，攔截大分子的功能層（或稱皮層），孔徑為 1 mm～1 μm。下層是具有大通孔的支撐層，具有增大強度的作用。因為功能層很薄，膜具有很高的透水通量。超過濾膜皮層厚度一般小於 1 μm，超過濾過程中，膜的通透量與操作壓力成正比。

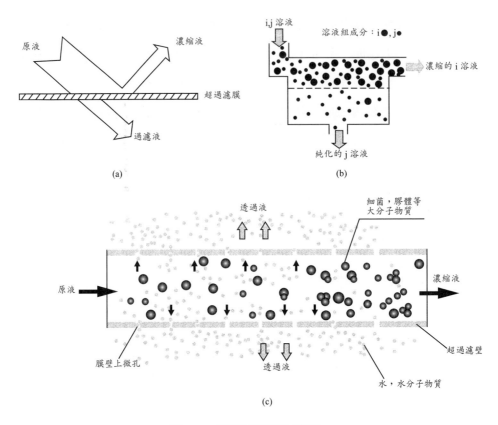

圖 9-1 超過濾過程示意圖

二、中空纖維超過濾膜

中空纖維超過濾膜是工業上應用較廣的超過濾膜之一。中空纖維超過濾膜組件主要是由成百到上千根細小的中空纖維絲和膜外殼兩部分組成，一般將中空纖維膜內徑在 0.6～6 mm 之間的超過濾膜稱爲毛細管式超過濾膜，毛細管式超過濾膜因內徑較大，因此不易被大顆粒物質堵塞，更適合於過濾原液濃度較大的情況。依據進水方式的不同，中空纖維超過濾膜又分爲內壓式和外壓式兩種。

1. **內壓式**：即原液先進入中空纖維內部，經壓力差驅動，沿徑向由

內向外滲透過中空纖維成為過濾液，濃縮液則留在中空纖維絲的內部，由另一端流出，流向如圖 9-2(a) 所示。其中，環氧樹脂端封的作用是在中空纖維膜絲的端頭密封住膜絲之間的間隙，從而使原液與透過液分離，防止原液不經過膜絲過濾而直接滲入到透過液中。

2. **外壓式**：原液經過壓力差沿徑向由外向內滲透中空纖維成為透過液，而截留的物質則匯集在中空纖維的外部，其流向如圖 9-2(b) 所示。

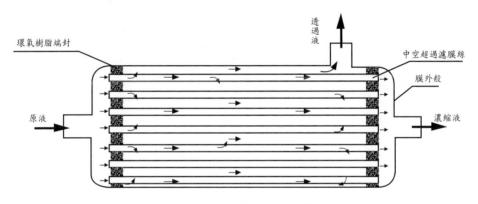

(a) 內壓式中空纖維超過濾膜

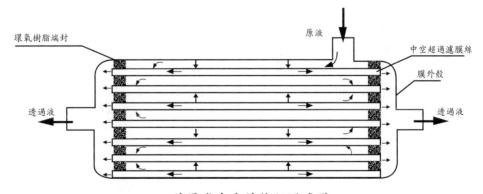

(b) 外壓式中空纖維超過濾膜

圖 9-2　中空纖維超過濾膜類型

　　中空纖維超過濾膜的過濾方式主要分為全量過濾和錯流過濾兩種：全量過濾方式是指原液中的水分子全部滲透超過濾膜，沒有濃縮液流出，如圖 9-3(a)。錯流過濾方式則是在過濾的過程中有一部分濃縮液從超過濾膜的另一端排出，如圖 9-3(b) 所示。

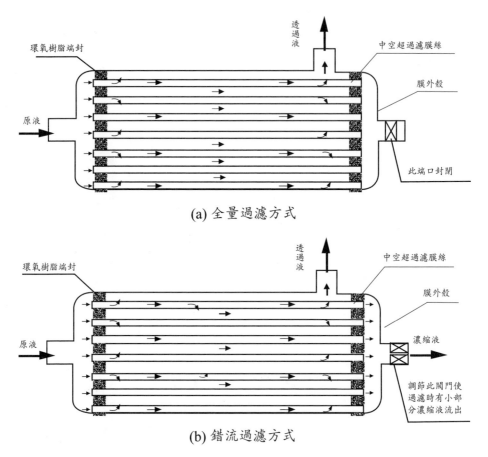

(a) 全量過濾方式

(b) 錯流過濾方式

圖 9-3　中空纖維超過濾膜的過濾方式

三、影響超過濾膜的因素

　　超過濾膜特性有三個基本參數：膜通透量（J）、截留率（R）和截留

分子量（MWC）。膜通透量是在一定壓力和溫度下，單位膜面積在單位時間內通透過的水量，表示為：

$$J = Q / A.t$$

此公式中，J 為膜通透量，L /（m^2.h）；Q 為通透過膜的透過液的體積，L；A 為膜面積，m^2；t 為操作時間，h 為 hour。

截留率是指某一溶質被超過濾膜截留的百分比，表示為：

$$R = (1 - C_p / C_f) \times 100\%$$

此公式中，R 為溶液截留率；C_f 為原液濃度；C_p 為通透液溶質濃度。

截留分子量是表現超過濾膜截留特性的分量，用測定方法確定。通常是用含有不同分子量的溶質的水溶液進行超過濾試驗，截留率達 90% 以上的最小分子量作為該膜的截留分子量。

超過濾技術實際生產過程中一般採用部分循環間歇操作，如圖 9-4 所示。

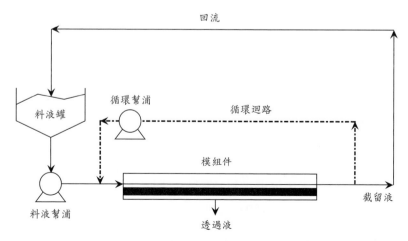

圖 9-4　生產型超過濾裝置流程圖

四、超過濾膜的優點

1. 無相際間變化,可在常溫下完成及低壓下分離純化。

2. 設備體積小,結構簡單。

3. 超過濾分離純化過程只是簡單的加壓輸送流體,操作簡單,易於管理。

4. 物質在濃縮分離過程中不發生質的變化。

5. 能將不同分子量級別的物質分級分離。

6. 超過濾一般是由高分子聚合物製成的均勻連續體,使用過程中無任何雜質脫落,保證超過濾的純淨。但長期使用過程中,超過濾容易出現膜污染現象,所謂污染是指被處理液體中的微粒、膠體粒子、有機物和微生物等大分子溶質,與膜產生物理化學作用或機械作用而引起膜表面或膜孔內吸附、沉澱,使膜孔變小或堵塞,導致膜的通透量或分離能力下降的現象。

為了最大幅度地降低或消除膜污染、延長膜的壽命,在超過濾前,一般會對料液進行預處理,包括絮凝沉降、殺菌消毒、活性碳吸附、精密過濾等方法,且定期對超過濾膜進行清洗。

單元十:濃縮技術

濃縮是天然產物萃取分離生產中常用的技術之一,是指使溶液中的溶劑蒸發,溶液濃度增大的過程。用溶劑進行有效成分或營養成分萃取後,回收溶劑一般用濃縮方法;物質的萃取液由於固體含量過低,必須經過濃縮達到一定的含量;萃取液進行後續處理時,也常須提高濃度,例如結晶、噴霧乾燥等,都要設計濃縮技術。濃縮雖然是比較簡單的技術,但操

作不當，也會造成一些損失。在實際生產中濃縮主要有蒸發濃縮（常壓濃縮、眞空濃縮）、冷凍濃縮、反滲透膜濃縮等方法。實驗室主要採用眞空濃縮，例如旋轉蒸發器眞空濃縮。

一、蒸發濃縮

利用熱使食物或藥材的水分汽化，達到濃縮之效應。隨著汽化進行，汽液相間逐漸平衡，汽化過程難以進行。蒸發濃縮除不斷提供熱能，還需不斷排除二次蒸汽。二次蒸汽直接冷凝不再利用者，稱爲單次蒸發；如果將二次蒸汽引入另一蒸汽器作爲熱源的蒸汽操作，稱爲多效蒸汽。

一般蒸發可在常壓、加壓與眞空（減壓）下進行。常壓採用開放式設備，眞空濃縮必須使用密封設備。眞空濃縮特點：①眞空下液體沸點低，濃縮效率增大。②對熱敏感食物與成分破壞較少。③有利多效蒸發利用。④需採用眞空系統，增加設備投資與動力消耗。⑤物質潛熱會隨沸點降低而增大，熱量消耗大。

在此介紹數種常用的蒸發器：

1.循環式蒸發器

(1)**中央循環管式蒸發器**：上方是蒸發室，二次蒸氣由此排出。下方由許多金屬加熱管束所組成，以增加加熱面積（圖 10-1(a)）。當蒸汽加熱時，加熱管束內溶液受熱面積遠大於中央循環管內溶液的受熱面積，因此管束中相對汽化率大於中央循環的汽化率，加熱管束中的汽液混合物之密度遠小於中央循環管內汽液混合物密度。造成混合液在加熱管束中向上，在中央循環管向下的自然循環流動模式。優點爲結構簡單，操作方便，設備便宜。缺點爲清洗與檢修麻煩，溶液循環速率低，液料在蒸發器中停留

時間長，黏度高時循環效果差。

　　(2)**外循環管式蒸發器**：主要由列管式加熱器、蒸發罐及循環管所組成（圖 10-1(b)）。料液在加熱器的管內加熱後，部分水汽化，使熱能轉換為向上運動的動能；同時加熱管內汽液混合物和循環管中未沸騰的料液之間產生密度差，導致料液的自然循環。料液受熱愈多，循環速度愈大。蒸發罐內的料液經離心旋轉後，沿外循環管回到加熱器下部，進行再循環加熱蒸發。

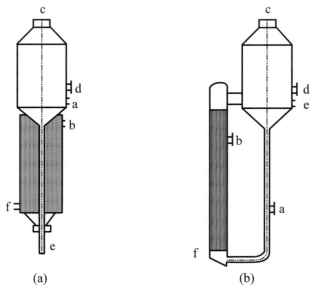

(a) a 進料口；b 進氣口；c 出氣口；d 人孔；e 出料口；f 冷凝水出口　　(b) a 進料口；b 進氣口；c 出氣口；d 人孔；e 出料口；f 冷凝水出口

圖 10-1　(a) 中央循環與 (b) 外循環管式蒸發器

2. 噴灑式蒸發器

　　液料以噴灑方式噴入蒸發室，當水分蒸發後，濃縮液降至底層回收（圖 10-2）。另一種為料液由上方以噴灑方式噴入加熱管中，濃縮液循加熱管逐漸留下而由底部回收。

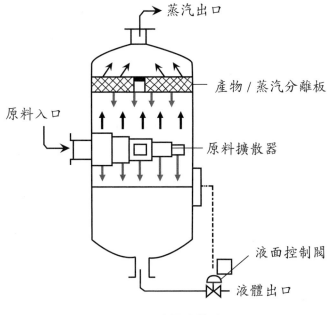

蒸汽出口

產物 / 蒸汽分離板

原料入口

原料擴散器

液面控制閥

液體出口

圖 10-2　噴灑式蒸發器

3.膜式蒸發器

此類型是利用液料成膜時加熱面積較大的原理進行濃縮。

(1)升膜式蒸發器：由一個加熱室與分離器構成，屬於自然循環，管外加熱方式（圖 10-3(a)）。加熱室由一支或數支垂直加熱管組成。原料液由底部進入加熱管內，加熱蒸汽則在管外冷凝。當原料液受熱沸騰而汽化後，所產生之二次蒸汽在管內上升，帶動原料液成膜狀往上移動。因原料液不斷蒸發汽化，可加速流動，氣液混合物進入上方分離器後，濃縮液再由分離器底部放出。此蒸發器適宜處理蒸發量大、熱敏感性，黏度不大且易起泡溶液。不適用高黏度，有結晶析出與易結垢溶液。

(2)降膜式蒸發器：其分離器位置與升膜式正好多半相反。原料液由加熱器上方加入，利用分布器均勻分布後，沿管壁成膜狀向下流動，二次

蒸汽與濃縮液混合物由加熱管底部進入分離室，濃縮液再由分離室底部排出（圖 10-3(b)）。此蒸發器用於蒸發黏度較大，濃度較高的溶液。但不適用於易結垢與結晶的溶液。

(3)**升降膜式蒸發器**：將加熱室分爲兩部分，原料由下方進入後，先進行升膜加熱，待濃縮液上升至頂端後，由另一方降下成降膜形式，最後再由下方分離器進行分離（圖 10-3(c)）。

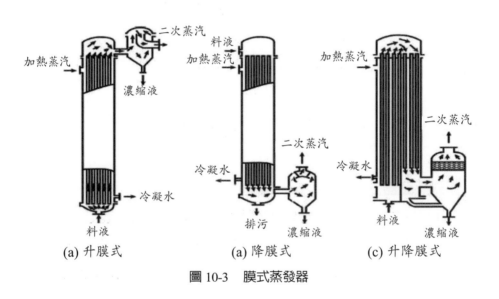

(a) 升膜式　　　　　(a) 降膜式　　　　　(c) 升降膜式

圖 10-3　膜式蒸發器

(4)**刮板式蒸發器**：主要構造爲一加熱套層與一個裝在旋轉軸上的中央刮板，刮板與套層面內壁間隙極小。作用方式在套層內通入蒸汽，液料由上方注入，在重力與旋轉刮板作用下，料液可在套層內壁中形成均勻之下旋薄膜（圖 10-4）。料液在下降過程中，不斷蒸發濃縮，濃縮液可在底部排出，二次蒸汽則由上方排出。適用於易結晶、易結垢、高黏度與熱敏感原料。構造複雜，動能消耗大，處理量小爲缺點。

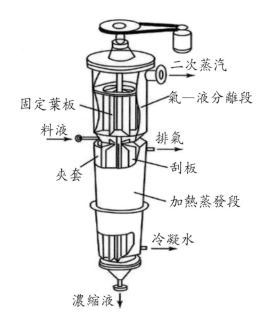

二次蒸汽

氣—液分離段

固定葉板

料液

排氣

夾套

刮板

加熱蒸發段

冷凝水

濃縮液

圖 10-4　刮板式蒸發器

(4) 單效式與多效式蒸發

　　汽化後的二次蒸汽直接冷凝而不再利用者稱為單效蒸發。如果將二次蒸汽加縮後，再引入另一蒸發器作為熱源，稱為多效蒸發。理論上 1 kg 蒸汽可蒸發 1 kg 水，產生 1 kg 二次蒸汽。利用此二次蒸汽又可蒸發 1 kg 水，產生 1 kg 二次蒸汽。一般多下效式蒸發器可根據蒸汽與原料走向形式分為①同相式、②反向式、③平行式、④混合進料式（圖 10-5）。

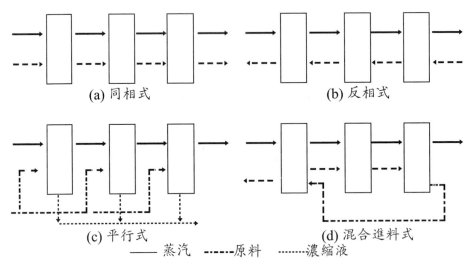

(a) 同相式　　　　　　　　　　(b) 反相式

(c) 平行式　　　　　　　　　(d) 混合進料式

───蒸汽　-----原料　·······濃縮液

圖 10-5　多效式蒸發器蒸汽與原料走向形式

二、冷凍濃縮法

　　冷凍濃縮是利用冰與水溶液間固液相平衡原理的一種濃縮方法，主要是將溶液中的水凍結後，再將冰晶去除而造成溶液濃度增加。根據勞特定律，溶液的冰點與溶質的莫耳分率成正比，故食品或藥材在冷凍時，其中的水分會先凍結，而使溶解的溶質發生濃縮效應，使冰點不斷下降，而更不易凍結。當凍結速率太快時，冰晶過小，造成固液分離困難。速率太慢，冰晶生成慢，增加操作成本。因此，凍結速率之控制為冷凍濃縮重要關鍵之一。另一關鍵是分離效果，冰晶分離有壓榨、過濾式離心與洗滌等方式。其中，離心方式較壓榨方式佳，但離心時易造成濃縮液稀釋，且離心時因旋轉甩出時濃縮液與空氣大量接觸，易造成揮發性芳香物質的逸失。洗滌方式是利用水或濃縮液將冰晶從液體中洗出，從而得到濃縮液。洗滌方式因在完全密閉空間中，可避免芳香物質損失，為工業上較常使用之方法。

　　冷凍濃縮由於加工過程未加熱，因此適用熱敏感食物或藥材濃縮，可保留芳香物質及維持高品質，可用於果汁、生物製品、藥品、調味品之濃縮。此外，冷凍濃縮亦有缺點：①濃縮過程中微生物與酵素活性未被抑制，因此製品須熱處理或冷凍保存。②產品最終濃度有一定限制。③有溶質損失。④成本高。

三、薄膜分離濃縮

　　傳統分離技術是利用濾紙或濾布將固液體分離，大分子的固體留在過濾器上，小分子與液體則穿透過濾器。薄膜分離技術是利用不同成分透膜速率上的差異來達到分離效果，因此所用薄膜必須是具選擇性，可讓某成分優先透過。物質透過薄膜的驅動力可以是濃度差、電位差、溫度差或是壓力差（詳細介紹，請參見附錄單元六）。

　　利用逆滲透的純化效果可達離子層面，對於單價離子的排除率可達90～98%，雙價離子可達 95～99%（可防止分子量大於 200 Daltons 物質通過），但其操作壓力相當高。逆滲透用於蔬果汁及其他食品溶液的濃縮，與傳統蒸發法相比，能保留蔬果汁風味、營養成分，降低能量消耗及操作簡單等優點，且能提高蔬果汁的穩定性。

單元十一：噴霧乾燥技術

　　噴霧乾燥是將液體經由噴霧器噴出而形成小液滴後，藉由熱空氣加以乾燥之一種乾燥方式。因此其原料必須爲液狀或泥狀者，但含較大固形物顆粒者則不適用。由於小液滴之表面積大，因此熱傳速率快且水分蒸發速率亦快，故可在極短時間（通常爲數秒鐘）內將液料加以乾燥。同時，其水分蒸發快，因此，實際上液料本身所升高之溫度不會很高，通常與熱

空氣之濕球溫度相當。所以，以此法乾燥所得產品之品質極佳，且復水性好。常見以噴霧乾燥製造之產品，包括奶粉、咖啡粉、豆漿粉、冰淇淋粉、乳清蛋白粉、蛋粉、茶精、果汁粉等溶於水即可食用之粉末。

噴霧乾燥機主要包括下列各部位：空氣加熱與循環系統、噴霧裝置、乾燥本體以及產品回收裝置，如圖 11-1 所示。

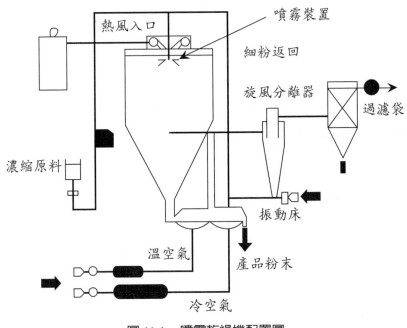

圖 11-1　噴霧乾燥機配置圖

一、噴霧裝置

產生噴霧的方式有三種。離心式噴霧器、高壓式噴霧器及雙流體式噴霧器，三種噴霧器之比較如表 11-1 所示。

表 11-1　不同噴霧器之比較

條件	噴霧器		
	離心式	高壓式	雙流體式
懸濁狀液體	可	稍可	可
易燒焦材料	可	可	稍可
高壓幫浦	不要	要	不要
價格	便宜	便宜	貴
動力消耗	大	小	適中
熱風方向	順流式	順、逆流式	順流式
產品粒度	微	粗	細
產品密度	微	大	輕
復水性	差	佳	差
粒度均一性	稍差	佳	佳

第一種時離心式或旋轉盤式，離心式噴霧器（centrifugal atomiser）
（圖 11-2(a)）：係將液料由高處落入一高速旋轉之有孔轉盤中，利用離心方式將液料甩出而形成小液滴。轉盤依需求可由 5 公分至 76 公分不等，轉速可由 3450 轉／分種至 50,000 轉／分鐘。當增加轉盤之迴轉速度或降低液料之供給速率時，則使產品之顆粒變小。

第二種噴霧器為高壓式噴霧器（pressure nozzle）（圖 11-2(b)）：作用方式係將料液藉由 500～7000 psig 之高壓，經由噴嘴之小孔噴入乾燥器中。由於液料經過高壓噴出後會形成細小霧狀，而使產品得以成為小顆粒。當增加壓力或增大原料通過噴嘴時之速率時，則產品之顆粒可降低。此噴霧器不適合含顆粒狀物體之原料，因為其可能會堵塞噴嘴或造成噴嘴之磨損而使其變大。

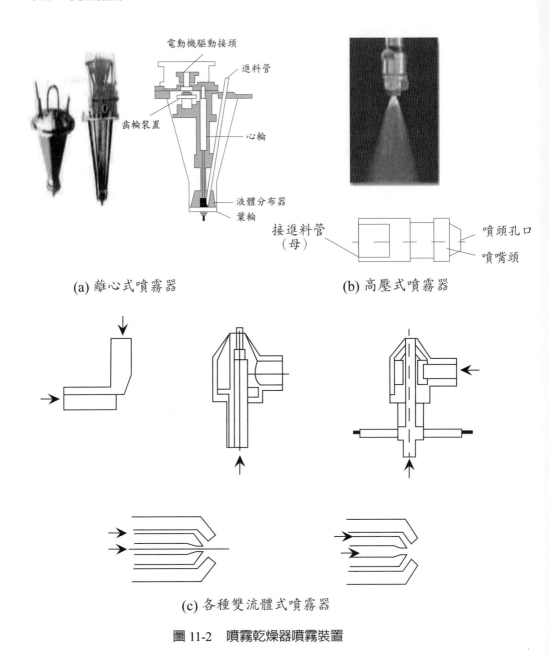

(a) 離心式噴霧器

(b) 高壓式噴霧器

(c) 各種雙流體式噴霧器

圖 11-2　噴霧乾燥器噴霧裝置

第三種噴霧器為雙流體式噴霧器（two-fluid nozzle），其形式有許多

種（圖 11-2(c)）：雙流體式噴霧器是利用空氣或蒸汽為載體，將液料推出

噴嘴，以形成微小液滴。因此，不論其形式為何種，必定有兩支流體來源之管子，一支為液料，另一支為載體。兩支管子可以同心圓之方式排列，亦可以垂直方式排列，然而，其出口須在同一處。雙流體式噴霧器所用之壓力較高壓式噴霧器為小，其適合於高黏度之原料，但由於所產生之液滴大小不均一，因此使其運用受到限制。

二、乾燥艙本體

　　當原料以噴霧器噴入乾燥機中時，可迅速與熱空氣混合而達到乾燥之目的。原料與熱空氣接觸之方式可以分為數種方式：若依機器徑身與氣流方向可以分為垂直式與水平式兩種。若依氣流與物料混合之流向分類，則可以分為順流式、逆流式及混合式三種（圖 11-3）。順流式乾燥時，液料與熱空氣以同一方向進入乾燥艙中，因此初始之乾燥速率快速，而後期因熱空氣降溫且增濕，而導致速率降低，且易吸濕。逆流式乾燥則相反，液料與熱空氣以相反方向進入乾燥艙中，乾燥效果較順流式為佳，產品較不易吸濕。圖 11-3(a) 所示為水平順流型，氣體與物料係以水平方向流動，一般所用之噴霧器多為噴嘴式（高壓式或雙流體式）。乾燥物料最後沉積於出口處，再藉由輸送帶送出。圖 11-3(b) 及 (c) 為垂直下降順流型，此型可使用噴嘴式或離心式噴霧器。若使用噴嘴式噴霧器則熱空氣宜垂直下降，而不宜呈迴轉式下降（圖 11-3(b)），使用離心式噴霧器則可使熱空氣呈迴旋式以增長接觸時間（圖 11-3(c)）。圖 11-3(d) 為垂直下降混合型。最初物料由上方噴霧器噴出後同向之熱空氣接觸，而後此熱空氣與物料行至乾燥艙底部時，再循艙底往上由上方出口排出。因此，其後進入之原料會同時與兩股熱空氣接觸。混合型又有兩種形式，一為如圖 11-3(d) 所示，原料由上往下便出去，而熱空氣則來回各走一趟（同時有順流與逆流之空氣存在）。另一種為垂直上升混合型，物料由下方進入後上升，而後再下

降，如此可增加在乾燥艙中停留之時間，使其最終產品之水分得以再降低。此種乾燥型態有一好處，即乾燥之粉末會與潮濕之原料混合，而此濕原料附著在乾燥粉末之外，使最終產品之顆粒變大而有**造粒（agglomeration）**之效果。圖 11-3(e) 為垂直上升順流型，而圖 11-3(f) 為垂直下降逆流型，其原料入口與熱空氣之路徑由其名稱即可知。

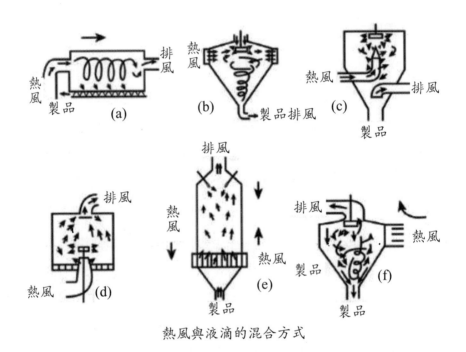

熱風與液滴的混合方式

圖 11-3 噴霧乾燥機中物料與熱風之不同混合方式，其中 (a) 水平順流型、(b) 垂直下降順流型、(c) 垂直下降順流型、(d) 垂直下降混合型、(e) 垂直上升順流型、(f) 垂直下降逆流型。

三、產品回收裝置

噴霧乾燥所得之產品，有時可經由自然沉降方式在乾燥室底層收集，

而後得以輸送帶送出，例如以水平順流型乾燥器所得之產品即可用此法收集。亦可以各種回收裝置收集，主要之回收裝置包括：旋風分離器（cyclone），袋狀過濾裝置（filter bag）、濕式除塵器（wet scrubber）。

- **旋風分離器**：是一錐形裝置，例如一般噴霧乾燥機之乾燥艙形式相同。當產品粉末進入旋風分離器後，由於氣流速率降低，同時，粉末沿壁運動產生摩擦力造成其易於沉降於旋風分離器之底部。廢氣則旋風分離器之頂端排出，此一回收裝置為最常使用者。
- **袋狀過濾裝置**：係使用一過濾袋，使含產品粉末之空氣通過此濾袋，而將物料粉末截留於濾袋上以回收產品。
- **濕式除塵器**：此裝置主要係回收廢氣中前兩種回收裝置未收集之粉塵。作用方式是將待乾燥之液體先經一噴霧器，利用含少量粉末之熱廢氣為熱媒，將其預熱並達到濃縮之效果。空氣中之粉塵遇到液體後可被其抓住而與熱空氣分離，亦達到回收產品之目的。此濃縮之液體經收集後，再次噴入主乾燥艙中乾燥。

回收裝置常常數種合併使用，以增加回收率。一般順序為先用旋風分離器，再經袋狀過濾裝置，而廢氣在經濕式過濾裝置，則可得最佳之回收率。

經由噴霧乾燥所製得之產品可為球形、不規則型或是中空形式之粉末。當粉末顆粒過細時，則與水接觸時會有互相凝聚而不溶的現象，例如一般奶粉溶於水時即有此現象。欲解決此現象，可對其進行**造粒（agglomeration）**。造粒方式除可利用垂直下降混合型之噴霧乾燥機進行之外，亦可在獲得產品後，再以噴以少量之水或蒸汽使其顆粒間變大外，再進行第二次乾燥。藉由造粒程序，除產品之顆粒變大外，同時密度亦會變

小且成爲一多孔、中空之結構，因此當溶於水時，水分可迅速進入其中而吸水溶解。

單元十二：冷凍乾燥技術

一、冷凍乾燥原理

　　冷凍乾燥（freeze-drying or lyophilization）是利用水在低於三相點之低壓下（< 4.6 mmHg），可由固態（冰）直接昇華（sublimation）成氣體（水蒸氣）之原理，藉以脫除食品或藥材中之水分而達到乾燥目的。水之三相點如圖 12-1 所示，在 4.6 mmHg 及 0°C 左右。此時水以固相（冰）、液相（水）及氣相（水蒸氣）三相同時存在，故稱三相點。冷凍乾燥機之主要結構如圖 12-2 所示。

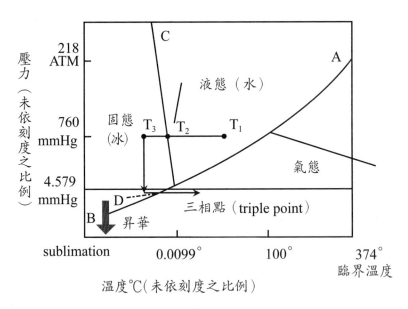

圖 12-1　純水的狀態、壓力與溫度之關係圖（三相圖）

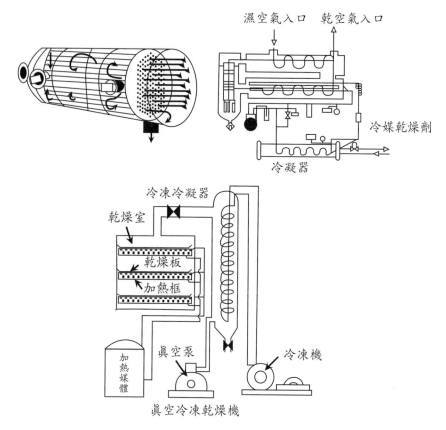

圖 12-2　冷凍乾燥機主要結構圖

二、冷凍乾燥流程

　　冷凍乾燥流程包括冷凍、減壓、加熱、昇華等步驟。第一步先將食品或藥材冷凍至 –30℃以下，其原因為一般食品或原料在 –30℃以下之溫度其所含之水分方可完全凍結成冰。大部分食品或藥材在一般冷凍溫度下（–18℃），仍有少許水分無法凍結成冰，此少許的水分對日後乾燥效果之影響極大，故必須完全凍結成冰。凍結速率會影響產品之品質，凍結速率快時，固然產品之品質較佳，復水率亦好，但由於快速凍結時，原料內部冰晶分布均勻且小，在乾燥時水蒸氣反而不易逸出，故乾燥速率較慢。若凍

結速率慢時，則會在原料中形成較大之冰晶，而可形成一食品表面與內部之通道，反而使水容易由此通道逸出，故乾燥速率會較快。但慢凍結時，由於蛋白質容易變性，因此較易造成乾燥產品品質之降低，且復水率降低。

食品或藥材完全凍結後，再將其置於冷凍乾燥機中，然後將乾燥機的壓力降低至 4.6 mmHg 以下。此時食品或藥材剛放入乾燥機並開始抽眞空之階段，由於壓力未達足夠之低壓，因此若有未凍結之水存在時，則可能有液體沸騰之現象，而造成產品的膨發現象。接著在低壓下加熱，以使水分順利昇華。整個乾燥的過程中，乾燥機中之壓力必須保持在三相點壓力（4.6 mmHg）以下，以免有液態水的產生。水分昇華時可以由凍結之冰處吸收熱量，故可使未乾燥之處仍可保持在結冰之狀態。加熱時，首先冰凍食品或藥材之表面先有升溫之現象，直至吸收足夠之熱能後，冰晶便可直接昇華成水蒸氣。若加熱溫度過高，使水蒸氣突然大量增加時，則可能使壓力突然增加，而高於三相點，便可能會有液態水之出現，而使產品有膨發現象，此時便須降低加熱溫度。當加熱溫度太低時，則乾燥所需要的時間太長。當加熱溫度太高時，則可能有液態水之出現。所以，乾燥時所用加熱溫度之控制非常重要。

爲加速並使水分之昇華順暢，在加熱板上有時會做一些改進。首先，可能利用釘狀加熱板，將一個個長釘狀金屬穿刺入食品或藥材中，以增加熱傳導面積，並有利於乾燥後期熱量可順利傳導至食品或藥材內部。另外，亦可利用兩片加熱板將食品或藥材上下夾住以增加接觸面積。但用此法由於食品或藥材緊密夾住，水分反而不容易逸失，故往往在加熱板與食品或藥材中間會加上一金屬網（圖 12-3），使水蒸氣得以經由此金屬網孔逸失。

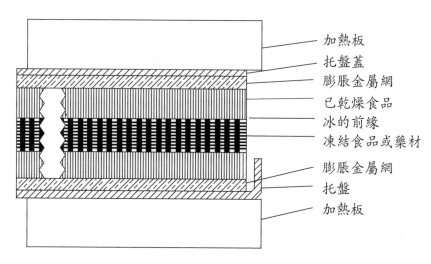

加熱板

托盤蓋

膨脹金屬網

已乾燥食品

冰的前緣

凍結食品或藥材

膨脹金屬網

托盤

加熱板

圖 12-3　使用雙面接觸式冷凍乾燥情況圖

三、影響冷凍乾燥之乾燥速率因素

1. 外界溫度輻射至食品表面之速率。

2. 食品或藥材內部熱傳導之速率。

3. 水分由食品或藥材內部擴散至表面之速率。

4. 水分由食品或藥材表面擴散至外界之速率。

　　在乾燥初期，由於熱可藉傳導直接由加熱板傳至冰凍之食品或藥材上，且處於衡率乾燥期，故冷凍速率極快。當食品或藥材乾燥一段時期後，由於表面已有部分乾燥情況產生，使熱源必須一部分輻射、一部分以傳導方式送到食品或藥材未乾燥之內部，故乾燥速率將減慢，此情形與一般乾燥時之減率乾燥期情況相同。為克服後期加熱速率降低之情形，可以電磁波（例如紅外線、微波）作為熱源，藉其在真空中穿透力較強之特性以增加乾燥速率。

由食品或藥材中所逸失之水蒸氣，會藉由眞空幫浦動作時之吸力而往幫浦之方向行進。此時，在冷凍乾燥機中有一冷凝裝置使此水分冷凝成冰，以避免水分進入幫浦中，減弱眞空幫浦之抽氣效果。冷凝裝置之溫度必須夠低，以使當水蒸氣逐漸附著於冷凝管形成冰時，則冷凝效果將降低，此爲機器在設計時需要注意的部分。在大型之冷凍乾燥機中，常會有兩組冷凝器可互相切換，以免結冰過多造成冷凝力不足之現象。

四、冷凍乾燥技術之優缺點

1.冷凍乾燥的優點

- **養分及成分破壞少**：由於乾燥時加熱溫度低，故一些熱敏感性之天然物有效成分破壞較少。

- **可維持原天然物或中草藥的形狀及質地**：由於冷凍乾燥係將天然萃取物或中草藥冷凍後再將水分加以昇華，故天然物或中草藥質地不會受到破壞，且由於乾燥時加熱程度低，故皺縮之情況較低，所以可以維持原有之形狀。

- **可保持天然物或中草藥原有顏色及風味**：由於加熱程度低，故色素之破壞少，褐變反應不容易發生，故揮發性物質較不易流失，因此可保持較佳之風味。由於整個乾燥過程中係以入眞空抽氣方式進行，故仍會有部分風味流失。

- **產品復水性佳**：由於冷凍乾燥產品水分係昇華方式逸失，故產品質地可以完整保留。同時，食品或藥材內部爲一多孔構造，故當復水時，水分可迅速進入此多孔性之結構中。因此，復水後產品之形狀與未乾燥前相近。

- **產品水分低**：有利於儲存及運輸。

2. 冷凍乾燥的缺點

- **設備費用昂貴**：整個乾燥室必須爲一氣密式之結構。同時，乾燥時必須處於極低之壓力下，造成操作成本之增加。

- **成品吸濕性高**：因此必須使用透水性較差之包裝，使儲存成本增加。同時，由於吸濕性高，故乾燥後包裝之作業時間要盡量縮短。

- **產品易氧化**：由於冷凍乾燥產品爲一多孔性產物，氧氣容易進入天然物或中草藥之內層，導致高脂肪產品氧化現象。解決辦法爲使用氧氣阻隔性較佳之包裝材質、眞空包裝或利用充氮包裝，亦可在原料中添加抗氧化劑或使用脫氧劑。

- **產品質地易崩解**：冷凍乾燥產品質地較爲鬆散，故在運輸過程過中，若碰撞過度，則會造成組織崩壞。解決辦法爲添加賦型劑來保持形狀，例如膠類、澱粉、糖類等。

　　雖然冷凍乾燥有上述缺點，但由於產品品質爲乾燥產品中最佳者，故目前多用於一些高經濟價值之產品中。

📖 中文索引

英文索引

國家圖書館出版品預行編目資料

天然物概論／張效銘著. ――初版. ――臺北
市：五南，2017.01
　　面；　公分
ISBN 978-957-11-8944-4（平裝）

1.化粧品

466.7   105022808

5B23

天然物概論

作　　者 ― 張效銘（224.2）

發 行 人 ― 楊榮川

總 編 輯 ― 王翠華

主　　編 ― 王正華

責任編輯 ― 金明芬

封面設計 ― 陳翰陞

出 版 者 ― 五南圖書出版股份有限公司

地　　址：106台北市大安區和平東路二段339號4樓

電　　話：(02)2705-5066　　傳　　真：(02)2706-6100

網　　址：http://www.wunan.com.tw

電子郵件：wunan@wunan.com.tw

劃撥帳號：01068953

戶　　名：五南圖書出版股份有限公司

法律顧問　林勝安律師事務所　林勝安律師

出版日期　2017年1月初版一刷

定　　價　新臺幣480元